闽南师范大学学术著作出版专项经费资助

MOFs基电化学传感器的构建及应用

汪庆祥　邱玮玮　高　凤　编著

化学工业出版社
·北京·

内容简介

《MOFs基电化学传感器的构建及应用》全书共分为4章，主要内容包括： MOFs及其电化学传感应用研究进展、 MOFs基环境污染物的电化学传感分析、 MOFs基生物活性小分子电化学传感器及MOFs基核酸杂交/免疫传感检测技术。全书概述了近年国内外发表的基于MOFs的电化学传感界面及分析应用的重要研究进展，并结合本书编写团队近年来在MOFs基电化学传感器在环境污染物、生物小分子、生物大分子等目标物检测应用中的研究成果，系统阐述了MOFs基电化学传感界面的构建思想、构建方法、界面表征方法、构效关系及实际应用等内容。

《MOFs基电化学传感器的构建及应用》可供从事MOFs、电化学传感器领域研究的科研人员参考阅读。

图书在版编目（CIP）数据

MOFs基电化学传感器的构建及应用 / 汪庆祥，邱玮玮，高凤编著. — 北京：化学工业出版社，2024.2（2024.11重印）
ISBN 978-7-122-44419-6

Ⅰ. ①M… Ⅱ. ①汪… ②邱… ③高… Ⅲ. ①金属材料-有机材料-电化学-化学传感器 Ⅳ. ①TP212.2

中国国家版本馆CIP数据核字（2023）第214571号

责任编辑：马泽林　　装帧设计：关　飞
责任校对：王　静

出版发行：化学工业出版社
（北京市东城区青年湖南街13号　邮政编码100011）
印　　装：北京盛通数码印刷有限公司
710mm×1000mm　1/16　印张14　字数233千字
2024年11月北京第1版第3次印刷

购书咨询：010-64518888　　售后服务：010-64518899
网　　址：http://www.cip.com.cn
凡购买本书，如有缺损质量问题，本社销售中心负责调换。

定　　价：68.00元

前言

金属-有机框（骨）架配位聚合物（MOFs）是近二十年来发展迅速的一种材料。其以金属离子为连接点，有机配位体支撑构成空间三维延伸，具有三维孔结构，是沸石和碳纳米管之外的又一类重要的新型多孔材料，在催化、储能、药物缓释和气体分离等方面都有广泛的应用价值。基于此，MOFs 如今已成为无机化学、有机化学、分析化学、能源化学等多个化学分支的重要研究方向。MOFs 具有高的孔隙率和大的比表面积、特殊的拓扑结构、高度的内部结构规则性及独特的电化学性能等特点。将 MOFs 应用于电化学传感检测领域有望提高传感器灵敏度、选择性、响应速率等多个性能指标，因此其在电化学传感分析领域的应用也受到越来越多的关注。

本专著概述了 MOFs 结构特点、发展历程、常见合成方法及当前国内外 MOFs 基电化学传感器的研究进展，然后详细介绍了本书编著者团队近年来制备的多种类型 MOFs 材料，及将其作为电化学传感材料应用于环境污染物（如重金属离子、苯二酚异构体）、生物小分子（如多巴胺、葡萄糖、过氧化氢）、生物大分子（如 microRNA、凝血酶、肌钙蛋白）等目标物检测应用中的研究成果，供读者了解和掌握 MOFs 电化学传感器构建和分析应用的实践方法。

本书由汪庆祥、邱玮玮、高凤编著。汪庆祥编写第 1 章的 1.1 和 1.4，第 2 章的 2.1、2.3 和 2.4；邱玮玮编写第 1 章的 1.2 和 1.3，第 3 章的 3.1，第 4 章的 4.1、4.4；高凤编写第 2 章的 2.2，第 3 章的 3.2、3.3 和 3.4，第 4 章的 4.2 和 4.3。课题组历届研究生杨艺珍、陈晓倩、高宁宁、褚亚茹、宋娟等参与本书相关成果的研究，感谢他们的辛勤付出。詹峰萍高级实验师、凌云副教授对本书内容进行了细心校对、勘正，在此表示感谢。感谢闽南师范大学对本书出版的资助。本书收录的部分研究成果是本书编写团队在国家自然科学基金和福建省自然科学基金下完成的，在此一并表示感谢。

本书内容涉及无机化学、分析化学、材料化学等，适用于化学、材料科学、环境科学与工程及相关领域（专业）教学人员、科研人员和学生的教学科研。希望读者阅读此书，能对当前新 MOFs 基电化学传感界面研究进展及 MOFs 功能材料的设计、合成及电化学传感应用研究有所启发。

在本书编写过程中，由于时间仓促，加之编写人员水平有限，书内难免有挂一漏万之处，欢迎各位读者批评指正。

编者

目录

第4章 MOFs基核酸杂交/免疫传感检测技术 / 157

第1章

MOFs及其电化学传感应用研究进展

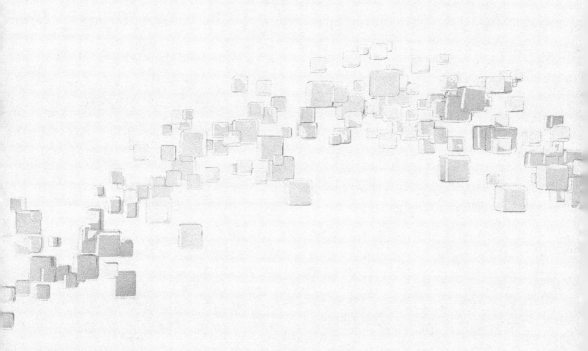

1.1 MOFs 的结构特征及发展

金属-有机框（骨）架材料（Metal-Organic Frameworks，MOFs），是由含氧或氮的有机配体与金属团簇或离子通过自组装过程杂化生成一类具有周期性的多孔状结构的材料，也称为多孔配位聚合物（Porous Coordination Polymers）或有机-无机杂化材料（Organic-Inorganic Hybrid Materials）[1,2]，其结构形成过程如图 1-1 所示。该类材料早在 20 世纪 60 年代就已被合成，但直到 1995 年才由 Yagi 提出“Metal-Organic Frameworks”这一概念。此后，MOFs 相关研究获得了材料、化学、环境、医学等领域专家的广泛关注。截至目前，通过调节金属离子、配体等方式，全球科学家已合成了 20000 余种 MOFs。

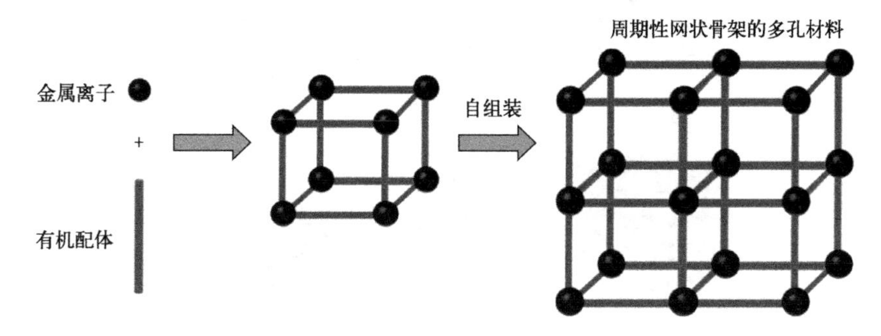

图 1-1 MOFs 拓扑结构形成过程示意

MOFs 具有特殊的拓扑结构、规则的内部结构排列、可调的孔结构和尺寸，这些属性与沸石和介孔分子筛相似，但在具体的形貌参数与化学性质上二者又有很大的区别。比如：由于 MOFs 孔道是由金属和有机组分共同构成，因此较无机分子筛材料对有机分子和有机反应具有更大的催化活性和选择性。另外，MOFs 具有易于制备、比表面积大、孔隙度高、结构多样性及孔道表面可修饰等特点而广泛应用于气体存储、催化、传感、分离等领域[3-8]。同样，由于 MOFs 具有上述诸多的优良物理和化学特性，近十几年来，MOFs 在电化学领域，如电化学储能、电催化和电化学生物传感器等领域，也受到人们越来越多的关注，并成为近年来相关领域的研究热点。

与传统多孔材料相比，MOFs 的设计、合成和应用涉及无机化学、有机化学和配位化学等多个学科，从合成和结构特性上讲，其包括如下几方面的特点[9-11]。

（1）制备过程简单。由于羧酸类以及含氮杂环类有机配体与过渡金属离子有较高的反应活性，因此通常采用一步法合成金属-有机框架材料，即可通过金属离子与有机配体自组装形成。

（2）由于路易斯酸与过渡金属离子之间产生的静电效应，可以灵活地改变有机配体中的官能团和配位性能。

（3）作为骨架的顶点金属离子，不但可以提供骨架中枢，而且能够在中枢形成分支，使骨架得以延伸，进而形成多维结构。

从历程上看，MOFs 的结构和性能经历三代的发展和提升（图 1-2）[12]。

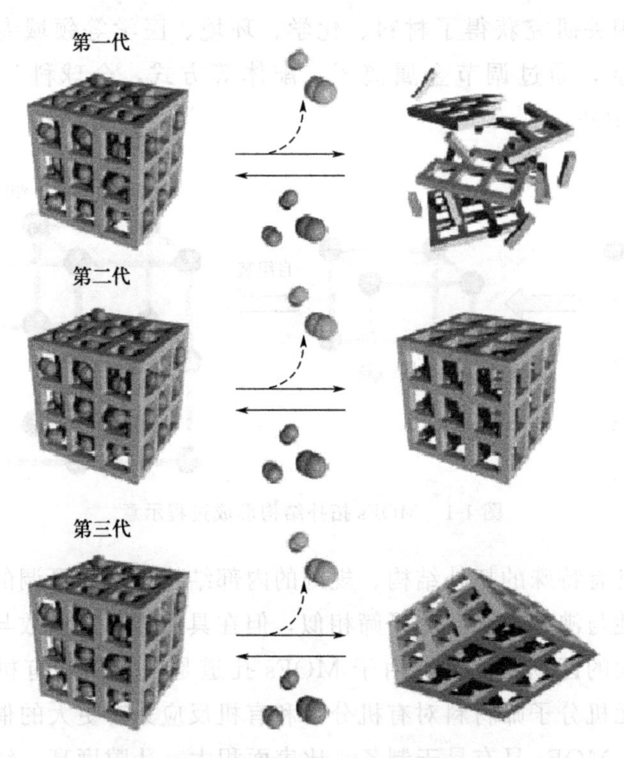

图 1-2　MOFs 三代发展历程

第一代：该代 MOFs 结构不稳定，当把客体分子移走时，主体骨架结构会发生坍塌，从而破坏其原有的孔结构。

第二代：该代 MOFs 为有刚性特征的微孔骨架材料，在结构稳定性方面得到了很大提升。当把客体分子移走时，留下空位，骨架仍可保持原来的完整性和永久的孔道。典型代表为羧酸类化合物作为有机配体构成的 MOFs。

第三代：该代 MOFs 受到外界因素（如光、电场、热、压力和化学试剂等）的刺激，骨架中孔隙的形状会发生可逆变化，为其广泛应用于气体分离和传感器等领域提供了条件基础。典型代表为含氮杂环类有机配体构成的 MOFs。

1.2 MOFs 的合成策略

1.2.1 原料选择

（1）金属中心　金属中心主要是过渡金属离子，常见的有 Zn^{2+}、Cu^{2+}、Ni^{2+}、Co^{2+}、Pd^{2+}、Ru^{2+} 和 Pt^{2+} 等二价金属。这些过渡金属具有 3d 空轨道，有利于形成多种配位构型。

（2）配体　在有机配体的选择上，一般选择含有一个或多个多齿形官能团的有机配体，常见的官能团如—CO_2H、—SO_3H、—CS_2H、—NO_2 和—PO_3H 等，其中使用得较多的是含—CO_2H 基团的有机配体。选择合适的有机配体不仅可以合成具有新颖结构的 MOFs，而且可以使 MOFs 具备特殊的物理化学性质。

（3）溶剂　溶剂在合成过程中可以起到溶解组分及使配体去质子化的作用。金属盐和多数有机配体都是固体，需要使用溶剂对其进行溶解。在金属离子和有机配体配位前，有机配体（如羧酸）需要去质子化，所以一般选用碱性溶剂。常见的溶剂有 *N*,*N*-二甲基甲酰胺（DMF）和三乙胺（TEA）等。

1.2.2 合成方法

目前，常用合成 MOFs 的方法有溶剂蒸发法、扩散法、溶剂热法、超声法、微波加热法、电化学合成法、原位自组装合成法等。

（1）溶剂蒸发法是将无机金属离子、有机配体和溶剂混合后，通过蒸发或冷却饱和溶液的方式，使晶体生长有足够驱动力的方法[13]。晶体生长时保持恒温，采用控制蒸发量控制溶液的过饱和度。使用该方法得到的 MOFs 晶体成分均匀，生长过程稳定，利于掺杂晶体生长。但是，该方法反应时间较长，一般需要几天甚至几个星期。

(2) 扩散法是一种合成高质量 MOFs 的常用方法[14]。该方法是将无机金属盐、有机配体和溶剂按一定的比例混合均匀，置于小玻璃瓶中，将小玻璃瓶置于一个有去质子化溶剂（如有机胺）的大瓶中，密封大瓶瓶口，静置一段时间后通过溶质扩散结合生成晶体。根据不同的物态，扩散法分为气相扩散法、凝胶扩散法及液相扩散法。扩散法制备的 MOFs 结晶度高、反应条件温和，但是反应时间长且要求反应物须在常温常压下能溶解。

(3) 溶剂热法是合成 MOFs 最常用和最传统的方法[15]。通常将金属离子/簇和有机配体与反应溶剂混合，置于带有聚四氟乙烯内衬的高压反应釜中，在一定温度和压力下反应制得 MOFs。该方法的优点是高温高压条件，溶剂能够溶解在常温常压下难溶或不溶的反应物，提高反应物的反应活性，有利于反应的进行和晶体的生长。通过对反应温度、时间及溶剂种类等反应参数的优化能有效调控合成对象的结构形貌等特征。该方法具有操作简单和晶体生长完美等优点，是合成 MOFs 的研究热点。

(4) 超声法是将金属离子/簇和有机配体等原料溶于溶剂中不间断超声得到产物。超声过程中，溶剂中不断地产生气泡，气泡的生长和破裂，使材料成核均匀，降低晶化时间，从而形成较小的晶形[16]。但由于该方法得到的 MOFs 结构形态差异性较大，使得合成的 MOFs 材料纯度不均一。

(5) 微波加热法涉及电磁辐射与分子的偶极矩相互作用，其反应速率相比传统的水热/溶剂热法有极大的提升。这主要是因为与传统加热过程不同，微波加热具有内热效应，施加的高频磁场能迅速使分子产生热效应，导致反应体系的温度迅速升高进而快速发生化学反应，在这一过程中，整个反应体系的温度很均匀，无局部过热的情况发生，从而使得采用该方法制备的 MOFs 具有很高的相纯度，而且适用于制备小尺寸的 MOFs 晶体[17]。

(6) 电化学合成法是指金属离子与有机配体分子在外加电场的作用下发生化学反应，并在电极表面自组装形成规整有序 MOFs 的方法[18]。这种方法操作简单，易于控制，反应条件温和且具有绿色环保的特点。

(7) 原位自组装合成法是指将基底通过依次浸泡含有金属离子及有机配体的溶液，并根据需要重复浸泡周期，利用金属离子和有机配体的配位作用，在载体表面组装成有序晶体层的方法[19]。采用该方法制备 MOFs 修饰电极过程如图 1-3 所示。

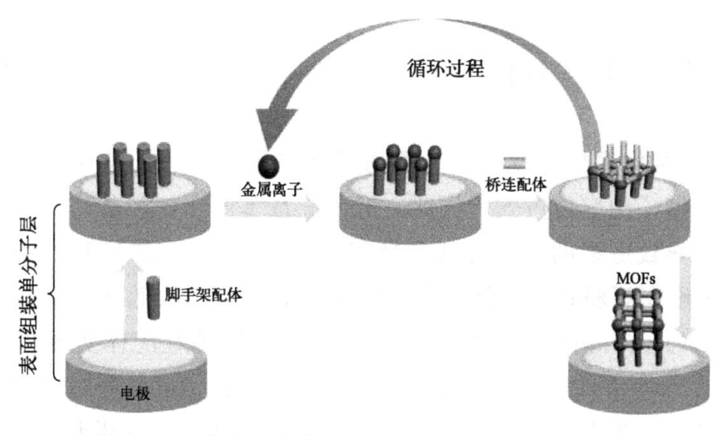

图 1-3　原位自组装合成法制备 MOFs 修饰电极示意

1.3 MOFs 的物化属性

1.3.1 高比表面积及高孔隙率

高比表面积、高孔隙率是 MOFs 的一个显著特点。表征结果表明，常规 MOFs 的孔隙率和比表面积远超活性炭、分子筛和沸石等传统多孔材料。MOFs 一般具有多孔性和永久性空隙特征。小孔材料的直径与典型沸石相当，多数大孔直径 MOFs 的最低骨架自由体积大于 50%。一方面，MOFs 是通过连接体作为支架构筑内部空间，相比于传统多孔材料并没有器壁结构。另一方面，采用连接体作为支架构筑内部空间会提高孔体积及比表面积，且孔结构根据骨架结构的不同而变化。

最近，Farha 课题组[20] 通过选用三铝节点和六齿芳香配体合成了一种具有超多孔的三核簇 MOFs——NU-1501-Al，其比表面积达到 7310 m^2/g。Biswas 等[21] 通过 Au(0) 嵌插调控得到一种中空的卟啉类 MOF。电化学实验结果显示，由于该 MOF 独特的形貌和大的比表面积，对雌二醇的吸附量高达 17.4 nmol/(L・cm^2)，伏安分析检测限达到 0.5 nmol/L。这些高比表面积和高孔隙率特征有助于 MOFs 作为传感材料使用时，高容量地捕捉核苷酸分子，从而提高分析灵敏度。

1.3.2 结构多样性

MOF 的结构多样性取决于金属离子和有机配体的配位能力，以及配位环境和金属离子的配位方式，同时，有些配位基团（如羧基）因去质子化程度的不同而导致更多的配位方式。MOF 一般有一维、二维和三维结构，而氢键和 π-π 堆积等弱相互作用会使 MOF 的维度结构从低到高形成更大的可调节性。比如，Zhou 等[22] 提出了一种利用立体桥烷配体实现拟三维孔道调控的策略。通过调节桥烷配体的环大小和环个数，可以同时改变配体的一维长度及其向孔道空间的三维填充程度，相比于基于芳香环平面结构的调控方式，有可能实现更丰富多样的孔径和孔环境精细调控。同时，桥烷配体的结构刚性有利于形成具有永久孔隙率的稳定框架结构，而且桥烷基团的非芳香性造就了非典型的近脂肪性孔道环境，进而为强化特定气体的吸附分离提供了可能。Yu 等[23] 通过溶剂辅助配体交换工艺成功实现了 MOF 材料结构多样性调控，完成了从一维、二维到三维 MOF 结构在无机材料中存在的复杂结构转变；利用该方法设计并完成了 13 种结构、21 种 MOF 材料的转化工作。该研究成果为设计和调控多样性的 MOF 材料奠定基础，为 MOF 及其衍生物在催化、电化学能源存储等领域的应用开拓了更广阔的空间。

1.3.3 孔结构可调节性

研究表明，通过调节金属中心及配体可得到不同孔径和化学结构的 MOFs，且这些孔径和化学结构差异也决定了 MOFs 能通过主-客体作用差异性对不同分子（离子）进行筛分和识别的性能。同时，引入辅助配体可进一步对 MOFs 孔道的微结构进行精细调控，从而提高 MOFs 对客体分子的捕捉选择性。例如，Peng 等[24] 曾通过采用不同长度的羧基配体与 Ni^{2+} 配位，得到了孔径为 1.5～4.2 nm 的一系列 Ni-IRMOF-74。DNA 结合实验表明，只有当孔径大于 1.5 nm，单链 DNA 才能进入 MOF 孔道。研究人员进一步通过对照实验推测合适孔径和适度容纳性所提供的范德华力是促使 Ni-IRMOF-74 选择性包容 ssDNA 的主要驱动力。

Gao 等[25] 最近通过引入非对称配体筛选合成了一种具有三种不同孔径的轮桨式二级结构单元 Mn-MOF，并通过理论计算和高分辨率同步辐射（PXRD）技术证明了该材料能够主动捕获腺嘌呤（A）、鸟嘌呤（G）和 N6-

甲基腺嘌呤（N6-mA）进入孔道并产生不同结合能的主-客体作用。电化学实验进一步表明，基于 Mn-MOF 与三种碱基之间的主-客体作用差异性，Mn-MOF 可作为电化学传感材料应用于三种嘌呤同系物的同时检测（图 1-4）。

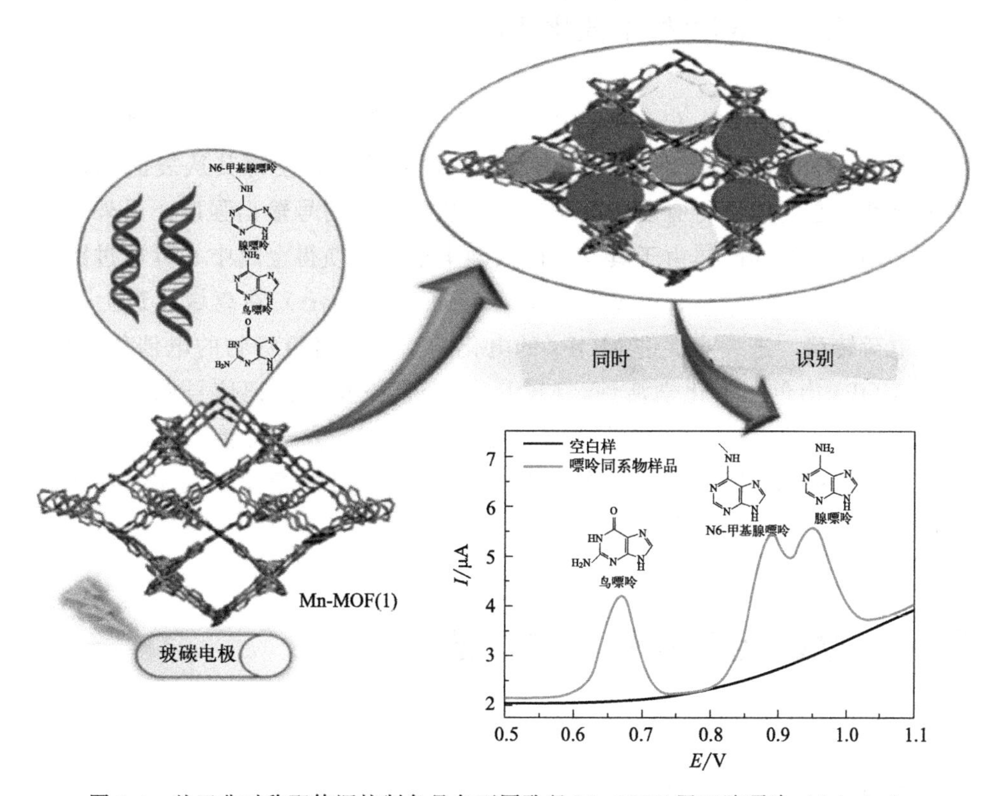

图 1-4 基于非对称配体调控制备具备不同孔径 Mn-MOF 用于腺嘌呤（Adenine）、鸟嘌呤（Guanin）和 N6-甲基腺嘌呤（N6-mA）的捕获和同时电化学检测传感示意[25]

1.3.4 开放金属位点

在 MOF 的合成中，金属中心受到空间位阻等因素的影响，不仅与有机配体配位，还与一些不稳定的配体结合。在大多数情况下，不稳定的配体是溶剂分子（如水、乙醇、甲醇、DMF 等）。它们与金属离子通过 Lewis 酸碱进行作用，较为不稳定，当外部条件（如温度）变化时，中性客体分子容易从 MOFs 结构中脱落。在许多情况下，这些中性客体分子的脱落不会影响材料的骨架结构。相反，在材料的结构中形成开放的金属位点。这些金属位点在一定条件下形成的不饱和配位会增强材料的吸附和储气性能，并促进与基质的相互作用，成为影响材料催化性能的主要因素。

1.3.5 高电化学/电催化活性

在MOFs构筑中，Cu^{2+}、$Co^{3+/2+}$、$Fe^{3+/2+}$等常用的过渡金属离子具有良好的电化学活性，同时由于MOFs的结构开放性，使得其从表面到内部的电活性中心均能进行有效的电子转移，从而增强信号输出强度；另外，卟啉类、稠环类桥连配体由于具有大的共轭电子云，使得金属中心可通过跳跃传输（Hoping Transport）或带传输（Band Transport）在离域轨道上有效实现电荷转移，进一步促进MOFs的电化学活性及对目标物的电催化分析。基于MOFs出色的电化学活性，MOFs也经常被作为标记信号源用于核酸和免疫传感分析[26,27]。这些独特的性能使得MOFs在作为传感材料用于目标物特异识别的同时，可直接作为信号指示元件用于传感信号输出，而无需外加指示剂或进行信号分子标记。

1.4 MOFs基电化学传感器

1.4.1 电化学传感器定义及工作原理

电化学传感器是能够借助转换元件将敏感元件感应到的目标物转换为电信号输出的器件或装置[28]，其最早应用于20世纪50年代。当时，人们主要将电化学传感器用于氧气监测，并获得了广泛的应用。此后，随着物理、化学、计算机技术等学科的快速发展，电化学传感器的性能迅速提升，应用范围也拓展到离子、气体和生物分子的分析检测。一般来说，电化学传感器包括两个基本组件，即化学（分子）识别系统和物理化学传感器[29]。识别系统是电化学传感器最关键的部分，因为所有的传感化学反应都发生在这个部分，决定了传感器的灵敏度、特异性、线性范围、响应时间等性能。换能器是一种将化学识别反应转换成可被现代电子仪器检测到信号的设备。在电化学传感过程中，含有识别元件的电极通常充当换能器。电化学传感器的传感检测过程如图1-5所示。当目标分析物接近传感器的识别元件并被特异性吸附，传感器界面的微环境发生变化，传感器对该事件作出响应，通过电化学工作站将其转化为可测量的电化学信号，并通过计算机系统转化为可读数据。随着物联网的兴起和新型功能化纳米材料的不断涌现，电化学传感器开始在工业、科研、国防、环境等领域崭露头角。未来，将会有更多的科学家致力于可穿戴式、微型化、智能化电化学传感器的研究和使用；产品化、商业化的电化学传感器也将更多地出现在实际生活中。

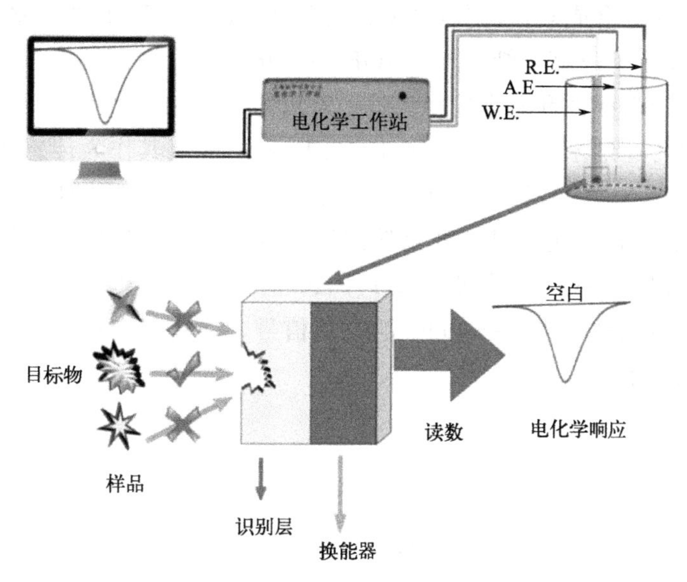

图 1-5　电化学传感器的传感检测过程

1.4.2　MOFs在电化学传感领域的应用

绝大部分 MOFs 属于绝缘体或半导体材料，其自身不良的导电性使 MOFs 很难产生能够捕获的电化学信号，但是它们大的比表面积及多孔结构，为引入导电性质的客体分子提供了可能，从而可以改善 MOFs 的电化学响应性能。基于 MOFs 的表面积效应、组成多样性及独特的电学性能，其在电化学传感领域的研究日益受到重视。目前，分析化学家们构建了一系列基于 MOFs 的电化学传感器，并将其应用于环境污染物[19,30,31]、生物小分子[32-36] 和生物大分子[37,38] 等不同目标物的检测。

(1) 有机污染物　随着工业的发展，越来越多的环境有机污染物质（如酚类、三氯乙酸等）出现在了人们的日常生产生活中。这些物质毒性大，不易于降解，且极易残留在环境和食品中。由于人体对环境污染物具有极强的富集效应，当人类摄入含有残留污染物的食品或者长期生活在有污染物的环境中后，易造成这些有毒物质在人体的大量蓄积，从而严重威胁人类的健康。因此，如何快速、灵敏地检测污染物已成为当今社会亟待解决的问题之一。Zhang 等[32] 通过室温合成法合成了铈基金属-有机框架（Ce-MOF）复合物，利用静电吸附作用将十六烷基三甲基溴化铵（CTAB）修饰于 Ce-MOF 表面，合成 CTAB/Ce-MOF 复合物。通过 CTAB 的疏水相互作用，对双酚 A 进行预浓缩，结合 Ce-MOF 的催化作用，实现了双酚 A 的检测，并表现出优异选择性和极高的稳定性。Zeng 等[34] 制备了铁（Ⅱ）酞菁和锌基金属有机骨架纳米复合材料（PcFe@ZIF-8），并将其作为传感元件用于三氯乙酸（TCAA）的检测（图 1-6）。当溶液中存在 TCAA 时，TCAA 会促进 PcFe 材料的再氧化，得到电化学信号的变化，从而实现对目标物的快速灵敏检测。以 ZIF-8 为载体可以减少 PcFe 的团聚，且其不饱和金属位点和良好吸收性可以进一步增强 PcFe 的电流信号，提高了实验的灵敏度，具有潜在的应用价值。

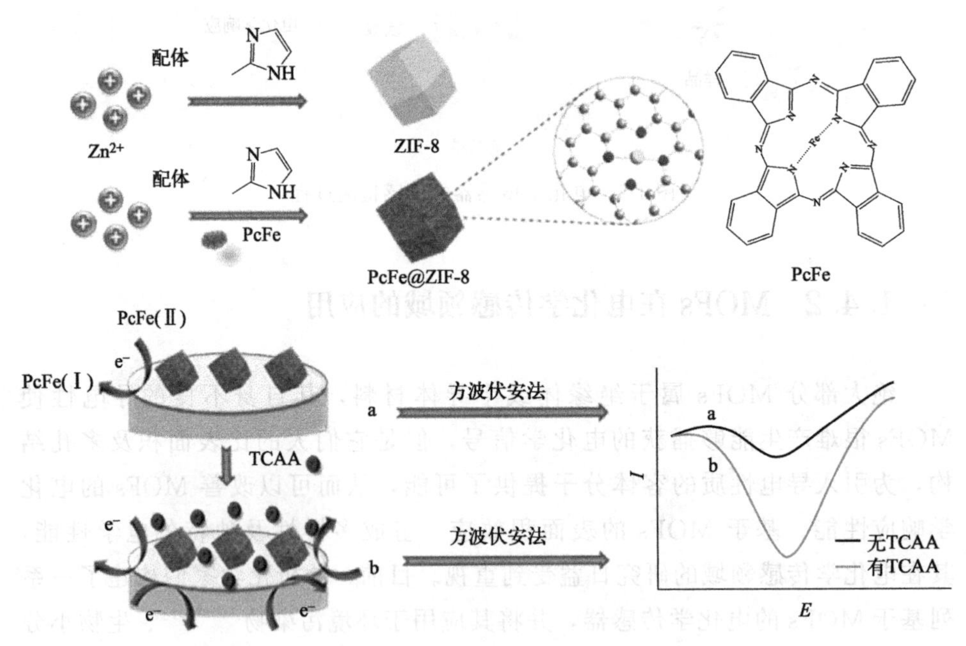

图 1-6　基于 PcFe@ZIF-8 复合材料的三氯乙酸电化学传感器[34]

（2）重金属离子　一些重金属（如铅、镉和砷）离子由于毒性大、难以降解，容易残留在食品和环境中，严重影响人类的健康。因此，实现对痕量重金属离子及时、准确地监控与检测具有重要的意义[39-41]。目前，重金属离子的检测方法主要采用光谱方法[42]，但存在仪器设备相对昂贵、不适合于现场分析等缺点。相反，电化学分析法用于检测重金属离子具有操作简单、快速、准确、灵敏度高、仪器便宜、成本低等特点，从而引起人们的广泛关注。其中，吸附溶出伏安法（Adsorptive Stripping Voltammetry）尤为适用于痕量重金属离子的检测。吸附溶出伏安法是先将待测物质吸附到工作电极上，使其在电极的表面富集。然后在工作电极上施加扫描电压，将富集在工作电极上的待测物质溶出。此法与溶出伏安法类似，不同之处在于富集过程不是用电解方式而是用吸附手段。在此过程中待测物质并没有发生氧化还原反应，也没有产生电荷的交换。

根据工作电极上反应的不同可以分成两类。发生氧化反应时称为阳极吸附溶出伏安法，发生还原反应时称为阴极吸附溶出伏安法。近年来，MOFs因其具有丰富的官能团结构、大的比表面积、强的吸附能力等优点被广泛应用于溶出伏安法检测重金属离子，如 Wang 课题组[43] 采用水热法制备 SWCNT 和 $Cu_3(btc)_2$ 复合材料，将该复合材料作为传感器基底材料应用于铅离子的检测，具有极高的检测灵敏度并实现实际水样的检测。Wang 团队[44] 制备的 NH_2-$Cu_3(btc)_2$ 修饰玻碳电极用于检测水样中的铅离子，实验结果表明该传感器对铅离子具有良好的吸附能力，并且具有灵敏度高、选择性好等优点。

近年来，科研工作者又将 MOFs 的物理、化学优秀性能与核酸适配体化学相结合，构建了新型的高特异性电化学传感器应用于重金属离子的检测。Zhang 等[33] 通过设计合成了具有高生物亲和力和强吸附作用的铁基金属-有机骨架组成的新型核-壳纳米结构复合材料和四氧化三铁碳纳米胶囊（Fe-MOF@mFe_3O_4@mC）复合物（图 1-7），将适配体通过与材料的非共价作用固定在材料的表面及内部，实现对铅离子（Pb^{2+}）、砷离子（As^{3+}）的检测，该传感器灵敏度高，可以精准地检测出水样中的离子含量，具有极高的潜在应用价值。

（3）生物小分子　生物小分子（如过氧化氢，抗坏血酸，多巴胺，葡萄糖等）在人体新陈代谢过程中起着极其重要的作用，是衡量生物体新陈代谢能力的重要指标，也是诊断疾病的重要标志物[32-36]。因此，精准、快速检测这些生物小分子对人类的健康具有重要意义。Shu 等[45] 通过一步煅烧法合成了镍基金属-有机框架/单质镍/氧化镍/碳（Ni-MOF/Ni/NiO/C）的复合材料，通过利用材料对葡萄糖优异的催化性能制备了检测葡萄糖的传感器

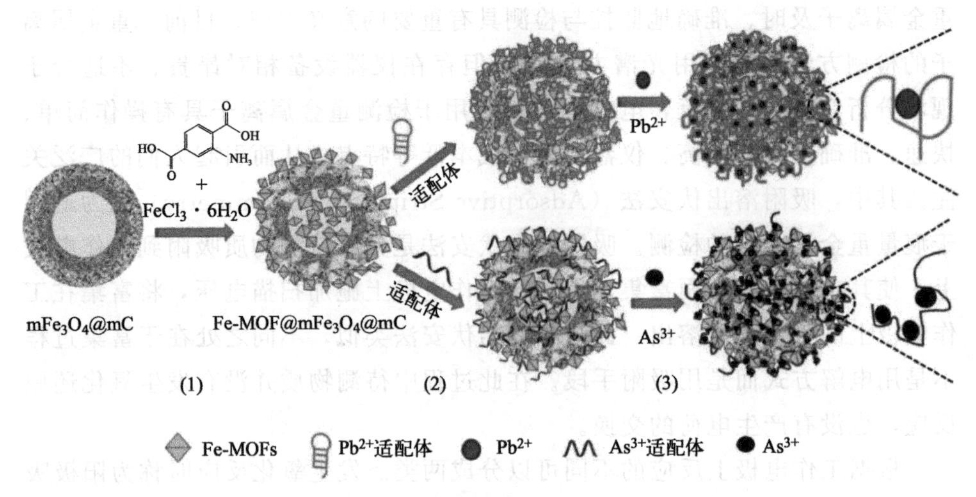

图 1-7　基于 Fe-MOF@mFe_3O_4@mC 复合材料对 Pb^{2+}、As^{3+} 检测的电化学传感器[33]

(图 1-8)。结果显示，该材料具有更好的催化性能和更高的电子转移效率，有效通过电化学催化过程将葡萄糖转化为葡萄糖酸内酯，实现快速、灵敏葡萄糖含量检测。将该传感器用于人类血清样品中葡萄糖检测，方法可靠准确，在临床方面表现出高的潜在应用价值。

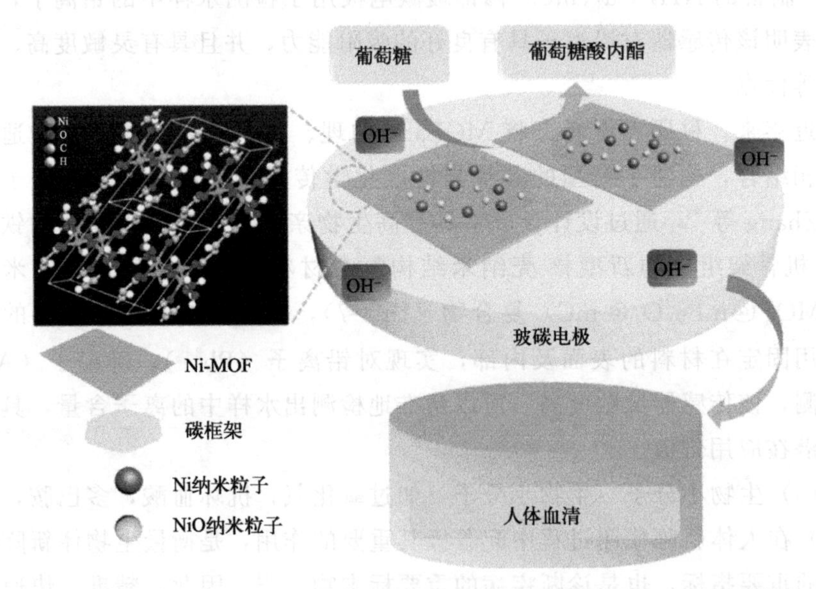

图 1-8　基于 Ni-MOF/Ni/NiO/C 复合材料对葡萄糖检测的电化学传感器[45]

Dai[46] 课题组合成了一种硼酸官能团 MOF[MIL-100(Cr)-B]。通过利用 MIL-100(Cr)-B 大的比表面积、多孔的结构和丰富的识别位点，大大增加了辣根过氧化物酶的负载量；进一步利用辣根过氧化物酶对过氧化氢（H_2O_2）特异的催化性能，实现了对 H_2O_2 的超灵敏检测（图 1-9）。该传感器对 H_2O_2 具有良好的催化能力且稳定性良好，可以实现对实际样品中 H_2O_2 的检测。

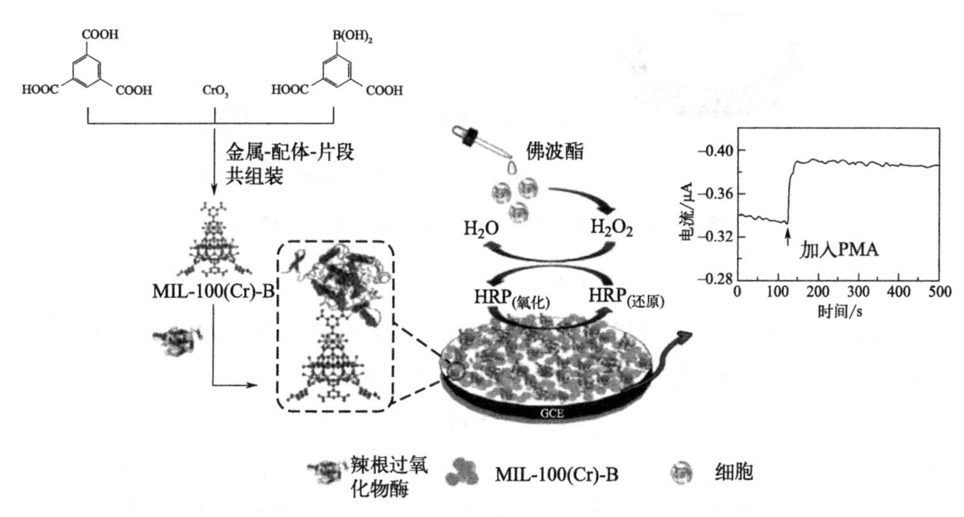

图 1-9　基于 MIL-100(Cr)-B 复合材料对 H_2O_2 检测的电化学传感器[46]

黄嘌呤（XA）和次黄嘌呤（HX）是广泛分布于人体及其他生物体器官和体液内的一种嘌呤碱，由嘌呤代谢产生，在黄嘌呤氧化酶的作用下它们可转换为尿酸（UA）。XA、HX 和 UA 在人体中的浓度高低可以作为多种临床疾病的生物标志物，如周期性窒息、脑缺血、高尿酸血症和痛风性关节炎等。因此检测体内黄嘌呤的含量有助于诊断及确定相关疾病。Fu 等[47] 开发了一种基于铁基金属-有机框架［NH_2-MIL-101(Fe)］材料的电化学生物传感器，可用于同时检测黄嘌呤（XA）、次黄嘌呤（HX）和尿酸（UA）（图 1-10）。实验中，他们采用超声处理法，将还原氧化石墨烯（ERGO）与 NH_2-MIL-101(Fe) 通过共价作用结合生成高性能、高稳定性复合材料，基于该复合材料的电化学传感器表现出良好的电化学性能，能够准确灵敏地同时检测 XA、HX 和 UA，且灵敏度高，表现出良好的实际应用价值。

（4）药物小分子　由于药品中的某些活性成分（如对乙酰氨基酚、木犀草素等）对人类的健康会产生很大的影响[48-50]，因此开发测定药物小分子的可靠方法具有特别重要的意义。基于 MOFs 及其复合材料对药物小分子的电化学传感器也被逐步开发。Chang 等[49] 采用一步法制备二茂铁修饰的 MOFs 与石墨烯的复合材料用于乙酰氨基酚（ACOP）的电化学检测，线性

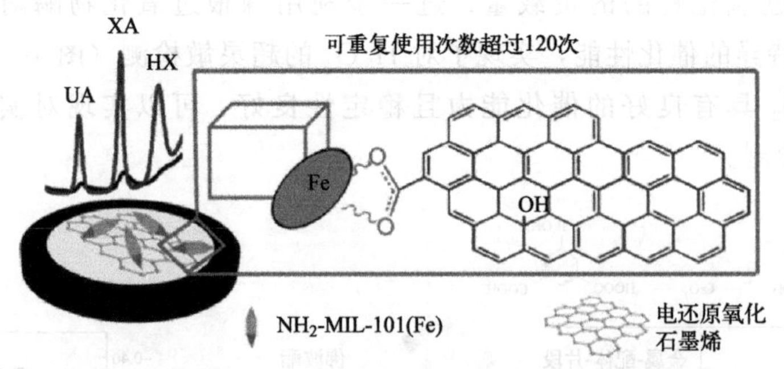

图 1-10 基于 NH_2-MIL-101(Fe) 复合材料同时检测黄嘌呤（XA）、次黄嘌呤（HX）和尿酸（UA）的电化学生物传感器[47]

范围宽，检出限低达 6.4 nmol/L，用于实际样品的检测，效果令人满意。

（5）生物大分子 DNA、RNA、蛋白质等生物大分子是生物体的重要组成成分，它们在体内的运动和变化体现着重要的生命功能，在新陈代谢过程中，它们起着供给维持生命需要的能量与物质、传递遗传信息、促进生长发育、产生免疫功能等作用；同时，它们也是一些疾病和生命特征的重要标志。因此，开发能够快速检测生物大分子的电化学传感器具有重要意义。DNA 是分子结构复杂的有机化合物，是生命体中的主要遗传物质，与生命体的健康密切相关。MOFs 因其独特的性质在分析化学领域引起广泛关注并逐渐应用到开发 DNA 的电化学生物传感器上[51-56]。Yan 等[57] 制备了 Pd 修饰的 MOF 纳米复合材料（Pd/PCN-224），通过链霉亲和素（SA）与其适体之间的生物识别亲和力将 DNA 特异性结合到 Pd/PCN-224-SA 上，构建了催化 $NaBH_4$ 的 DNA 电化学生物传感器，工作原理如图 1-11 所示。该传感器在血清样品测试中显示出优异的性能和应用可行性。

MicroRNA(miRNA) 是一类由内源基因编码的长度约为 22 个核苷酸的非编码单链 RNA 分子，它们参与动植物体内基因表达调控，与生命活动密切相关。基于此，众多课题组也在积极探索，致力于开发高效、灵敏的检测 miRNA 的电化学生物传感器。Sun 等[58] 以硝酸铜和四（4-羧苯基）卟吩为原料，采用溶剂热法制备了新型二维 Cu-MOF，进一步与硫堇（TH）掺杂、液相剥离得到的黑磷纳米片（BPNS）相结合，制备了 BPNS/TH/Cu-MOF 三元复合物。同时，将该复合物滴涂在玻碳电极（GCE）上，再吸附上二茂铁（Fc）标记的单链 DNA 适配体，得到基于 BPNS/TH/Cu-MOF 三元复合物的电化学传感界面（BPNSs/TH/Cu-MOF/GCE）。电化学传感分析实验表明，当目标 miRNA 3123 与适配体探针结合后，二茂铁信号降低，而 TH

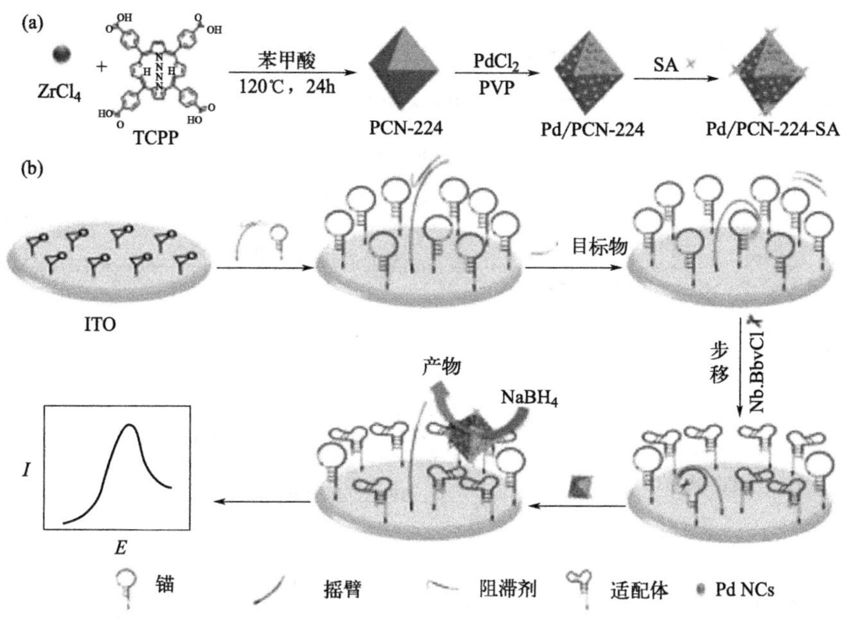

图 1-11　基于 Pd/PCN-224-SA 复合材料构建催化 $NaBH_4$ 的 DNA 电化学生物传感器[57]

电化学响应保持恒定，因此以 TH 和 FC 分别作为参考信号和响应信号，实现了对 miRNA 3123 的灵敏检测，检测下限为 0.3 pmol/L。该传感器具有较高的灵敏度、选择性和稳定性，可用于实际样品中 miRNA 3123 的准确检测（图 1-12）。

最近，Yang 课题组[59] 研制了一种基于靶目标触发和 Cu-MOFs 介导的 cha-HCR 双扩增新型 miRNA 电化学传感器。如图 1-13 所示，首先目标 miRNA 触发了催化发夹组装（CHA）过程，发夹 DNA 1(H1) 和发夹 DNA 2(H2) 杂交产生大量双链 DNA(H1/H2)，并与单链 DNA1(P1) 杂交形成捕获探针（P1/H1/H2)，实现电极表面输入信号的第一次放大。随后，Cu-MOFs 基杂交链式反应（HCR）信号探针（H3-AuNPs/Cu-MOFs）和发夹 DNA 4(H4) 被上述捕获探针（P1/H1/H2）激活，导致输入信号第二次放大。经过 HCR，大量的 Cu-MOFs 被捕捉到电极表面，从而增强了 Cu-MOFs 产生的电化学信号。在该策略中，cha-HCR-Cu-MOFs 的巧妙设计使传感器对 miRNA-21 检测限达到 0.02 fmol/L。

肿瘤相关抗原（Tumor-associated Antigen，TAA），是指在肿瘤细胞或正常细胞上存在的抗原分子，常用于临床肿瘤的诊断。开发出对“相关抗

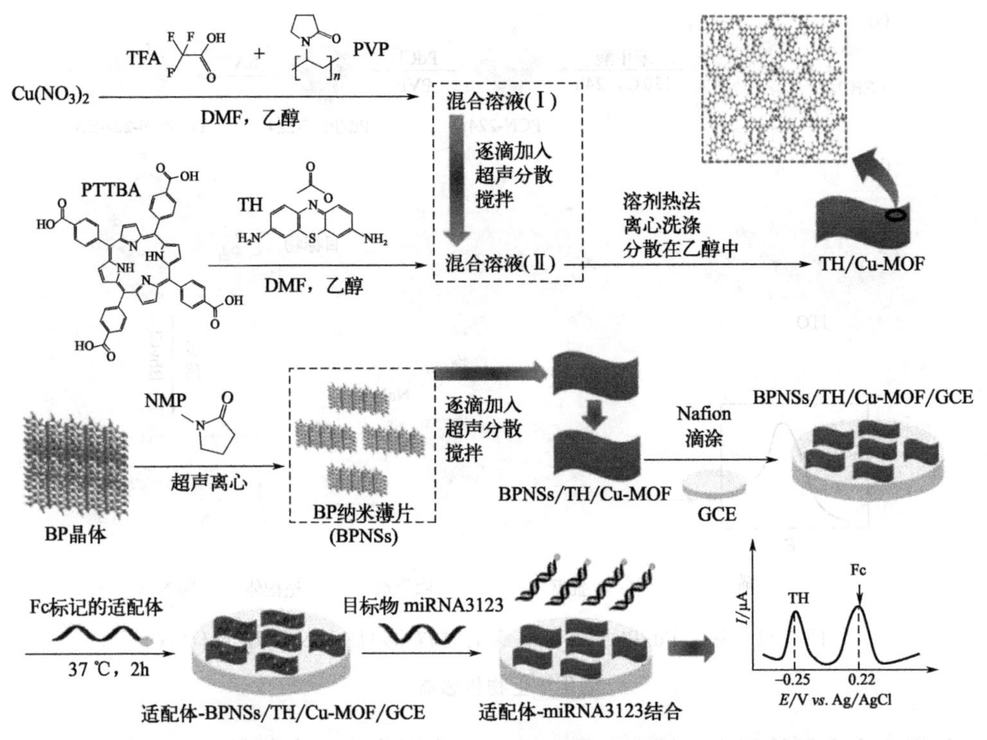

图 1-12 基于 BPNS/TH/Cu-MOF 配合物材料构建电化学传感器用于对 miRNA 3123 检测[58]

原”具有高灵敏度和选择性的免疫识别传感器用于监测和早期诊断肿瘤，对临床具有重要意义。Dong 等[60] 制备了 $Ru(bpy)_3^{2+}$/UiO-67 复合材料作为抗原-ESD 标记的发光体，设计了用于检测结蛋白（DES）的新型电化学免疫传感器（图 1-14）。该免疫传感器具有良好的稳定性、重现性，低检测限和宽线性范围等优点。

Xu 等[61] 合成了一种空心盒状 MOF(HNM) 纳米复合材料，并将其应用于信号降低型电化学免疫传感器中，对淋巴细胞激活基因-3(LAG-3) 蛋白进行了超灵敏的定量检测（图 1-15）。该传感器借助 SiO_2 标记的抗 LAG-3 抗体（SiO_2-Ab_2）和生物素-链霉亲和素系统实现信号放大。这种夹心式免疫传感器对 0.01 ng/mL～1 μg/mL 浓度范围内的 LAG-3 蛋白有较高的检测灵敏度，检测下限达到 1.1 pg/mL，为 LAG-3 蛋白的早期临床肿瘤诊断提供了新的策略。

Chang 等[37] 通过合成核酸功能化金属-有机框架材料（MB@UiO 和 TMB@UiO），构建了新型免标记电化学传感器，实现了对肿瘤标志物 mi-

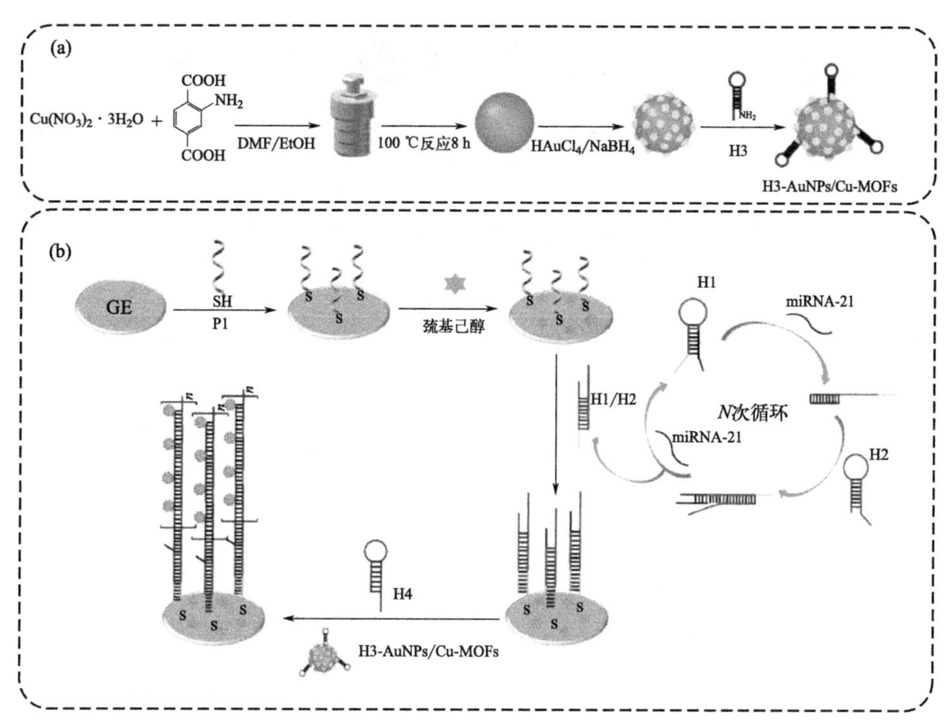

图 1-13 基于靶目标触发和 Cu-MOFs 介导的 cha-HCR 双扩增 miRNA 电化学传感器[59]

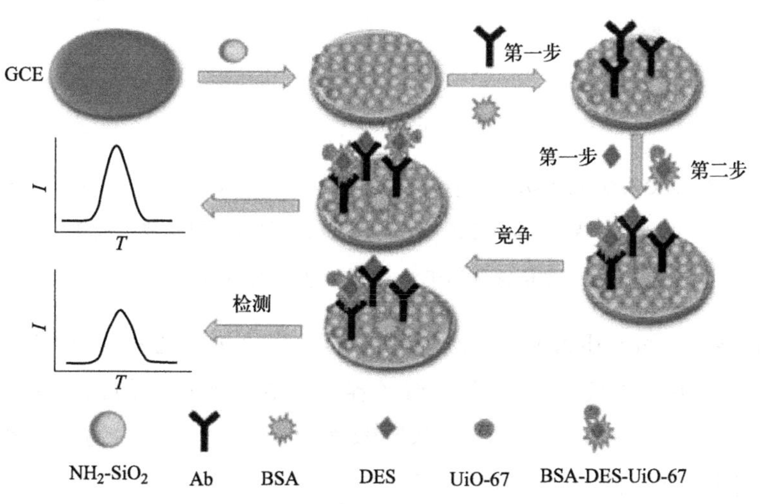

图 1-14 基于 $Ru(bpy)_3^{2+}$/UiO-67 复合材料构建电化学免疫传感器用于对 DES 的检测[60]

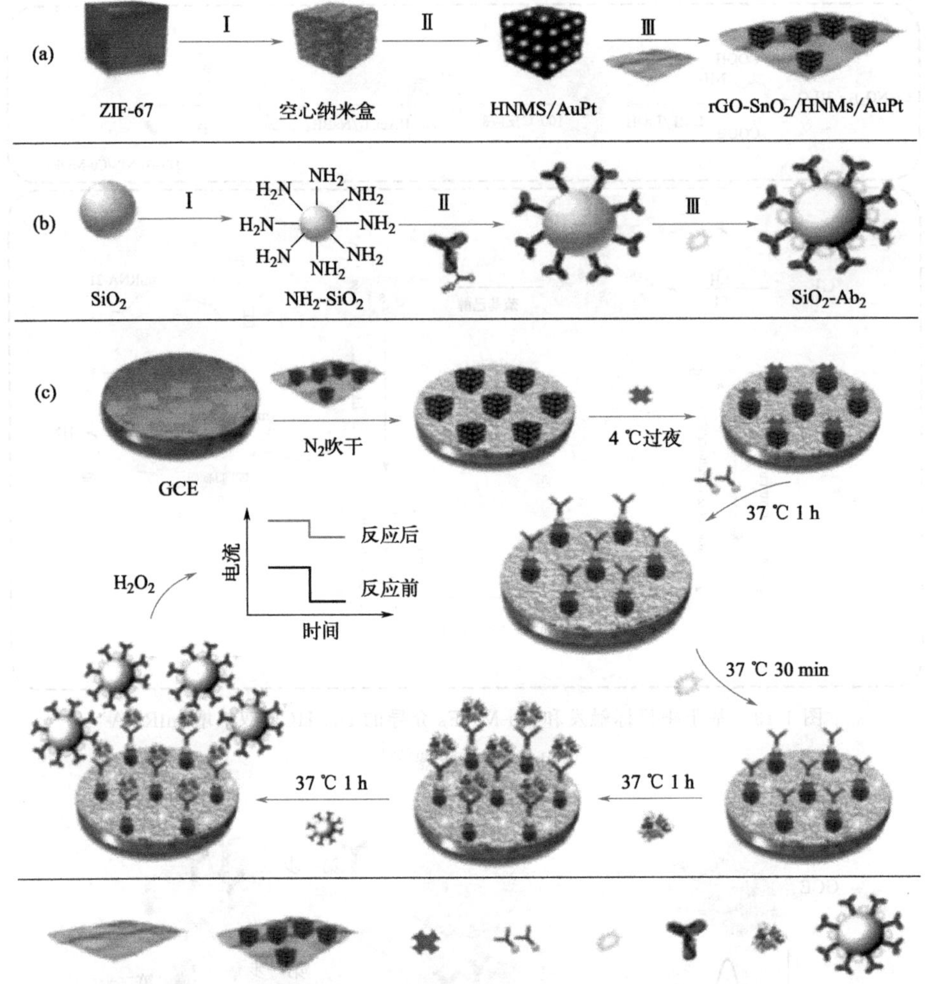

图 1-15 基于 rGO-SnO_2/HNMs/AuPt 复合材料构建电化学免疫传感器用于对 LAG-3 蛋白的检测[61]

croRNA let-7a 和 miRNA-21 的检测（图 1-16）。该实验中，将锆基金属-有机框架（UiO-66-NH_2）材料用作纳米容器，通过原位吸附法将杂交指示剂亚甲蓝（MB）和 3,3′,5,5′-四甲基联苯胺（TMB）修饰在材料内部，然后利用材料和 DNA 的共价作用，将 DNA 固定于材料表面，使 MB 和 TMB 被封存在材料内部，当目标 RNA 存在时，发生杂交链置换反应，指示剂得到释放，从而引起电化学信号的改变，实现对目标物的检测。该传感器具有优异的抗干扰性，且稳定性良好，能够有效地检测出血清中肿瘤标志物的含量，有望在早期诊断癌症方面提供重要的帮助。

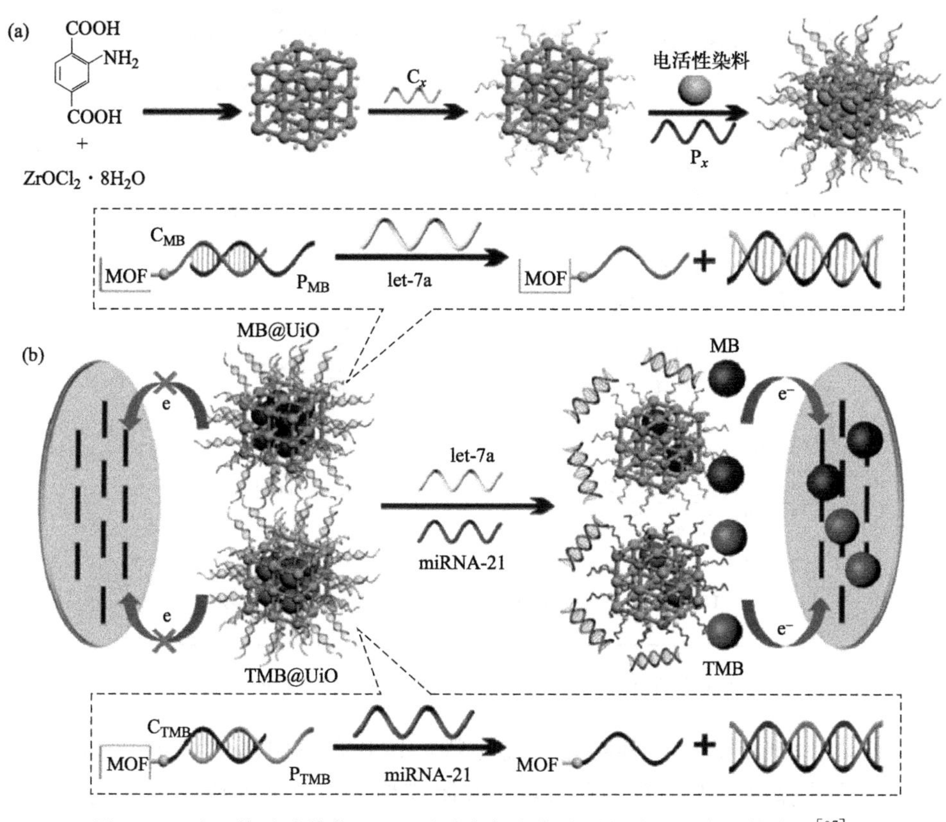

图 1-16　基于核酸功能化 MOF 对肿瘤标志物检测的均相电化学传感器[37]

Guo 等[38] 通过将锆基金属-有机框架材料（UiO-66）嵌入银纳米团簇（AgNCs），同时将胚胎抗原（CEA）适配体（Apt）作为模板合成了具有良好的生物亲和作用和生物相容性 AgNCs@Apt@UiO-66 复合材料；通过利用适配体与胚胎抗原（CEA）之间的亲和作用，引起电化学信号的改变，从而完成对 CEA 的检测（图 1-17）。该复合材料用于胚胎抗原的检测主要有以下三大优势：①该材料具有较强的生物亲和力和水稳定性，且 UiO-66 的比表面积高，可结合更多的 CEA 适配体；②该材料具有高电化学活性，表面等离子体共振光谱（SPR）反应性强且 AgNCs 具有较强的荧光性能；③适配体与 CEA 特异性结合，可引起材料表面的信号变化，选择性高，抗干扰性强。因此，由 SPR 与电化学技术相结合研究检测动力学，实现了 CEA 的快速灵敏检测。该传感器具有良好的稳定性，有极高的潜在应用价值。

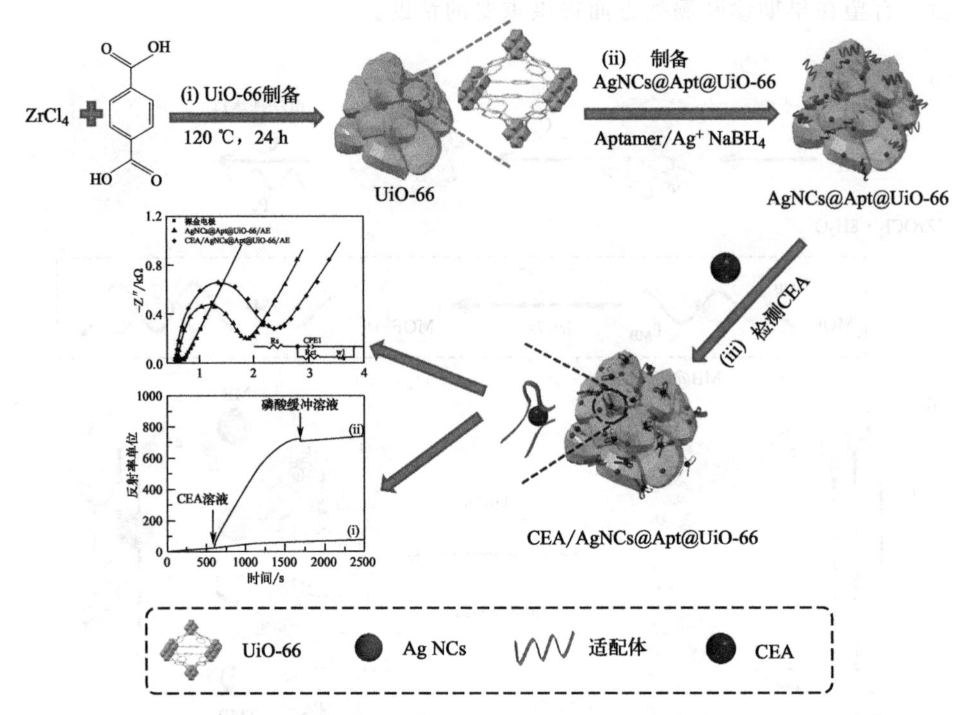

图 1-17　基于 AgNCs@Apt@UiO-66 的胚胎抗原（CEA）的电化学传感器[38]

总之，MOF 作为一种功能多孔材料，具有有序的晶体结构、大的比表面积、高孔隙率、无毒和丰富的功能基团等特征，而这些特征与电化学传感材料的需求特征很好吻合，因此近年来在电化学传感应用领域受到了越来越多的关注。目前，科研工作者们根据电化学传感分析的需求，设计和开发了具有不同结构、组成、形貌和维度的 MOFs 功能材料，应用于环境污染物、药物小分子、生物小分子、生物大分子的检测，取得了良好的效果。特别是在核酸适配体化学中通过方法学设计引入夹心构型、超夹心型、竞争型、循环放大等技术，极大地拓展了 MOFs 在电化学传感领域的应用，也为先进电化学传感材料的设计、筛选提供了新的思路。当然，MOFs 的电化学传感研究还处于基础研究阶段，将该类材料的电化学传感应用推向商品化生产，还有很多问题需要解决，比如：

（1）尽管目前已发展了多种技术和方法用于合成不同孔径的 MOF 及其复合材料，但要合成具有理想可控的活性表面、孔道微环境、结构形态、孔道尺寸和拓扑结构的 MOF 仍然是一个巨大的挑战。这些因素对 MOF 传感器的传感性能和商品化的应用都具有很大的影响。

（2）MOF通过结构设计和优化具有一定的靶向性，但在一个实际的复杂环境中实现MOFs基电化学传感器对目标物，特别是一些生物标志物的准确检测，还需对MOF结构和组成进行精准优化和可控修饰。

（3）MOFs基电化学传感器的制备和信号传输过程比较复杂，增加了对传感过程电子转移和信号输出的机理研究，对该类传感器的组成和工艺优化造成了困难。

参考文献

[1] Ferey G, Mellot-Draznieks C, Serre C, et al. A Chromium Terephthalate-Based Solid with Unusually Large Pore Volumes and Surface Area [J]. Science, 2005, 309 (5743): 2040-2042.

[2] Eddaoudi M, Kim J, Rosi N, et al. Systematic design of pore size and functionality in isoreticular MOFs and their application in methane storage [J]. Science, 2002, 295 (5554): 469-472.

[3] Yuan H, Li N, Fan W, et al. Metal-organic framework based gas sensors [J]. Adv Sci, 2022, 9 (6): 2104374.

[4] Hwang Y K, Hong D Y, Chang J S, et al. Amine grafting on coordinatively unsaturated metal centers of MOFs: consequences for catalysis and metal encapsulation [J]. Angew Chem Int Ed, 2008, 47 (22): 4144-4148.

[5] Kitagawa S. Metal-organic frameworks (MOFs) [J]. Chem Soc Rev, 2014, 43 (16): 5415-5418.

[6] Lee J Y, Pan L, Huang X, et al. A systematic approach to building highly porous, noninterpenetrating metal-organic frameworks with a large capacity for adsorbing H_2 and CH_4 [J]. Adv Funct Mater, 2011, 21 (5): 993-998.

[7] Xiang Z, Hu Z, Cao D, et al. Metal-organic frameworks with incorporated carbon nanotubes: improving carbon dioxide and methane storage capacities by lithium doping [J]. Angew Chem Int Ed, 2011, 50 (2): 491-494.

[8] Fan W K, Tahir M. Recent advances on cobalt metal organic frameworks (MOFs) for photocatalytic CO_2 reduction to renewable energy and fuels: a review on current progress and future directions [J]. Energy Convers Manage, 2022, 253: 115180.

[9] Zhang L, Wu H B, Xu R, et al. Porous Fe_2O_3 nanocubes derived from MOFs for highly reversible lithium storage [J]. CrystEngComm, 2013, 15 (45): 9332-9335.

[10] Klinowski J, Paz F A A, Silva P, et al. Microwave-assisted synthesis of metal-organic frameworks [J]. Dalton Trans, 2011, 40 (2): 321-330.

[11] Lin Z, Wragg D S, Morris R E. Microwave-assisted synthesis of anionic metal-organic frameworks under ionothermal conditions [J]. Chem Commun, 2006 (19): 2021-2023.

[12] LlabrésiXamena F X, Corma A, Garcia H. Applications for metal-organic frameworks (MOFs) as quantum dot semiconductors [J]. J Phys Chem C, 2007, 111 (1): 80-85.

[13] Yang S J, Kim T, Lee K, et al. Solvent evaporation mediated preparation of hierarchically porous metal organic framework-derived carbon with controllable and accessible large-scale porosity [J]. Carbon, 2014, 71: 294-302.

[14] Yao J, Dong D, Li D, et al. Contra-diffusion synthesis of ZIF-8 films on a polymer substrate [J]. Chem Commun, 2011, 47 (9): 2559-2561.

[15] Biemmi E, Christian S, Stock N, et al. High-throughput screening of synthesis parameters in the formation of the metal-organic frameworks MOF-5 and HKUST-1 [J]. Microporous Mesoporous Mater, 2009, 117 (1): 111-117.

[16] Qiu L G, Li Z Q, Wu Y, et al. Facile synthesis of nanocrystals of a microporous metal-organic framework by an ultrasonic method and selective sensing of organoamines [J]. Chem Commun, 2008, 0 (31): 3642-3644.

[17] Mueller U, Schubert M, Teich F, et al. Metal-organic frameworks-prospective industrial applications [J]. J Mater Chem, 2006, 16: 626-636.

[18] Ameloot R, Stappers L, Fransaer J, et al. Patterned growth of metal-organic framework coatings by electrochemical synthesis [J]. Chem Mater, 2009, 21 (13): 2580-2582.

[19] Lars H A, Min T B, Suttipong W, et al. Surface-mounted metal-organic frameworks for applications in sensing and separation [J]. Microporous Mesoporous Mater, 2015, 216 (1): 200-215.

[20] Chen Z, Li P, Anderson R, et al. Balancing volumetric and gravimetric uptake in highly porous materials for clean energy [J]. Science, 2020, 368: 297-303.

[21] Biswas S, Chen Y, Xie Y, et al. Ultrasmall Au (0) inserted hollow PCN-222 MOF for the high-sensitive detection of estradiol [J]. Anal Chem, 2020, 92: 4566-4572.

[22] Zhou J, Ke T, Steinke F, et al. Tunable confined aliphatic pore environment in robust metal-organic frameworks for efficient separation of gases with a similar structure [J]. J Am Chem Soc, 2022, 144 (31): 14322-14329.

[23] Yu D B, Shao Q, Song Q J, et al. A solvent-assisted ligand exchange approach enables metal-organic frameworks with diverse and complex architectures [J]. Nat Commun, 2020, 11 (1): 927.

[24] Peng S, Bie B, Sun Y, et al. Metal organic frameworks for precise inclusion of single-stranded DNA and transfection in immune cells [J]. Nat Commun, 2018, 9: 1293.

[25] Gao D, Chen J, Teng S, et al. Simultaneous quantitative recognition of purines including N6-methyladenine via the host-guest interactions on a Mn-MOF [J]. Matter, 2021, 4 (3): 1001-1006.

[26] Meng T, Shang N, Nsabimana A, et al. An enzyme-free electrochemical biosensor based on target-catalytic hairpin assembly and Pd@UiO-66 for the ultrasensitive detection of microRNA-21 [J]. Anal Chim Acta, 2020, 1138: 59-68.

[27] Liu T Z, Hu R, Zhang X, et al. Metal-organic frameworks nanomaterials as novel signal probes for electron transfer mediated ultrasensitive electrochemical immunoassay [J]. Anal Chem, 2016, 88: 12516-12521.

[28] Daniels J S, Pourmand N. Label-free impedance biosensors: opportunities and challenges [J]. Electroanalysis, 2010, 19 (12): 1239-1257.

[29] Kimmel D W, Leblanc G, Meschievitz M E, et al. Electrochemical sensors and biosensors [J]. Anal Chem, 2011, 84 (2): 685-707.

[30] Arul P, John S A. Electrodeposition of CuO from Cu-MOF on glassy carbon electrode: a non-enzymatic sensor for glucose [J]. J Electroanal Chem, 2017, 799: 61-69.

[31] Stassen I, Styles M, Assche T V, et al. Electrochemical film deposition of the zirconium metal-or-

ganic framework UiO-66 and application in a miniaturized sorbent trap [J]. Chem Mater, 2015, 27: 1801-1807.

[32] Zhang J, Xu X J, Chen L. An ultrasensitive electrochemical bisphenol A sensor based on hierarchical Ce-metal-organic framework modified with cetyltrimethylammonium bromide [J]. Sens Actuators B, 2018, 261: 425-433.

[33] Zhang Z H, Ji H F, Song Y P, et al. Fe (Ⅲ)-based metal-organic framework-derived core-shell nanostructure: sensitive electrochemical platform for high trace determination of heavy metal ions [J]. Biosens Bioelectron, 2017, 94: 358-364.

[34] Zeng Z, Fang X, Miao W, et al. Electrochemically sensing of trichloroacetic acid with iron (Ⅱ) phthalocyanine and Zn-based metal organic framework nanocomposites [J]. ACS Sens, 2019, 4 (7): 1934-1941.

[35] Zhang W Q, Duan D W, Liu S Q, et al. Metal-organic framework-based moleculary imprinted polymer as a high sensitive and selective hybrid for the determination of dopamine in injections and human serum samples [J]. Biosens Bioelectron, 2018, 118: 129-136.

[36] Fu X M, Yang Y, Wang N, et al. The electrochemiluminescence resonance energy transfer between Fe-MIL-88 metal-organic framework and 3,4,9,10-perylenetetracar-boxylic acid for dopamine sensing [J]. Sens Actuators, B 2017, 250: 584-590.

[37] Chang J F, Wang X, Wang J, et al. Nucleic acid-functionalized metal-organic framework-based homogeneous electrochemical biosensor for simultaneous detection of multiple tumor biomarkers [J]. Anal Chem, 2019, 91: 3604-3610.

[38] Guo C P, Su F F, Song Y P, et al. Aptamer-templated silver nanoclusters embedded in zirconium metal-organic framework for bifunctional electrochemical and SPR aptasensors toward carcinoembryonic antigen [J]. ACS Appl Mater Interfaces, 2017, 9: 41188-41199.

[39] Xu H, Zeng L, Xing S, et al. Ultrasensitive voltammetric detection of trace Lead (Ⅱ) and Cadmium (Ⅱ) using MWCNTs nafion/bismuth composite electrodes [J]. Electroanalysis, 2008, 20 (24): 2655-2662.

[40] Yan X P, Yin X B, Jiang D Q, et al. Speciation of mercury by hydrostatically modified electroosmotic flow capillary electrophoresis coupled with volatile species generation atomic fluorescence spectrometry [J]. Anal Chem, 2003, 75 (7): 1726-1732.

[41] Xu H, Zeng L, Xing S, et al. Highly ordered platinum nanotube arrays for oxidative determination of trace arsenic (Ⅲ) [J]. Electrochem Commun, 2008, 10 (12): 1893-1896.

[42] Cerutti S, Silva M, Gasquez J, et al. On line preconcentration/determination of cadmium in drinking water on activated carbon using 8-hydroxyquinoline in a flow injection system coupled to an inductively coupled plasma optical emission spectrometer [J]. Spectrochim Acta, Part B, 2003, 58 (1): 43-50.

[43] Wang Y, Wu Y, Xie J, et al. Multi-walled carbon nanotubes and metal-organic framework nanocomposites as novel hybrid electrode materials for the determination of nano-molar levels of lead in a lab-on-valve format [J]. Analyst, 2013, 138 (17): 5113-5120.

[44] Wang Y, Ge H, Wu Y, et al. Construction of an electrochemical sensor based on amino-functionalized metal-organic frameworks for differential pulse anodic stripping voltammetric determination of

lead [J]. Talanta, 2014, 129 (5): 100-105.

[45] Shu Y, Yan Y, Chen J, et al. Ni and NiO nanoparticles decorated metal-organic framework nanosheets: facile synthesis and high-performance nonenzymatic glucose detection in human serum [J]. ACS Appl Mater Interfaces, 2017, 9 (27): 22342-22349.

[46] Dai H, Lü W, Zuo X, et al. A novel biosensor based on boronic acid functionalized metal-organic frameworks for the determination of hydrogen peroxide released from living cells [J]. Biosens Bioelectron, 2017, 95: 131-137.

[47] Fu J, Wang X, Wang T, et al. Covalent functionalization of graphene oxide with a presynthesized metal-organic framework enables a highly stable electrochemical sensing [J]. ACS Appl Mater Interfaces, 2019, 11 (36): 33238-33244.

[48] Wu S H, Zhu B J, Huang Z X, et al. A heated pencil lead disk electrode with direct current and its preliminary application for highly sensitive detection of luteolin [J]. Electrochem Commun, 2013, 28 (2): 47-50.

[49] Chang Z, Gao N, Li Y, et al. Preparation of ferrocene immobilized metal-organic-framework modified electrode for the determination of acetaminophen [J]. Anal Methods, 2012, 4 (12): 4037-4041.

[50] Tsai Y C, Davis J, Compton R G. Sono anodic stripping voltammetric determination of cadmium in the presence of surfactant [J]. Fresenius J Anal Chem, 2000, 368 (4): 415-417.

[51] Carrington E J, Mcanally C A, Fletcher A J, et al. Solvent-switchable continuous-breathing behaviour in a diamondoid metal-organic framework and its influence on CO_2 versus CH_4 selectivity [J]. Nat Chem, 2017, 9: 882-889.

[52] Kim H, Yang S, Rao S R, et al. Water harvesting from air with metal-organic frameworks powered by natural sunlight [J]. Science, 2017, 356 (6336): 430-434.

[53] Lustig W P, Mukherjee S, Rudd N D, et al. Metal-organic frameworks: functional luminescent and photonic materials for sensing applications [J]. Chem Soc Rev, 2017, 46: 3242-3285.

[54] Qin J S, Yuan S, Lollar C, et al. Stable metal-organic frameworks as a host platform for catalysis and biomimetics [J]. Chem Commun, 2018, 54: 4231-4249.

[55] Yin H Q, Yang J, Yin X B. Ratiometric fluorescence sensing and real-time detection of water in organic solvents with one-pot synthesis of Ru@MIL-101 ($AlNH_2$) [J]. Anal Chem, 2017, 89: 13434-13440.

[56] Liu X, Qi W, Wang Y, et al. A facile enzyme immobilization strategy with high stable hierarchically porous metal-organic frameworks [J]. Nanoscale, 2017, 9: 17561-17570.

[57] Yan T, Zhu L, Ju H, et al. DNA-walker-induced allosteric switch for tandem signal amplification with palladium nanoparticles/metal-organic framework tags in electrochemical biosensing [J]. Anal Chem, 2018, 90: 14493-14499.

[58] Sun Y, Jin H, Jiang X, et al. Black phosphorus nanosheets adhering to thionine-doped 2D MOF as a smart aptasensor enabling accurate capture and ratiometric electrochemical detection of target microRNA [J]. Sens Actuators B, 2020, 309: 127777.

[59] Xue Y, Wang Y, Feng S, et al. A dual-amplification mode and Cu-based metal-organic frameworks mediated electrochemical biosensor for sensitive detection of microRNA [J]. Biosens Bioelectron,

2022, 202: 113992.

[60] Dong X, Zhao G, Liu L, et al. Ultrasensitive competitive method-based electrochemiluminescence immunosensor for diethylstilbestrol detection based on Ru (bpy)$_3^{2+}$, as luminophor encapsulated in metal-organic frameworks UiO-67 [J]. Biosens Bioelectron, 2018, 110: 201-206.

[61] Xu W, Qin Z, Hao Y, et al. A signal-decreased electrochemical immunosensor for the sensitive detection of LAG-3 protein based on a hollow nanobox-MOFs/AuPt alloy [J]. Biosens Bioelectron, 2018, 113: 148-156.

第2章

MOFs基环境污染物的电化学传感分析

2.1 锰-对苯二甲酸 MOF 对 Pb^{2+} 的高选择性吸附及电化学传感应用

2.1.1 概述

最近几年，随着工业生产的迅速发展，环境污染越来越严重。其中，重金属污染是主要的环境污染之一。重金属毒性大，不易在环境中降解，易在人、动物和植物体内富集，从而对人类健康和生态环境造成极大的危害[1]。铅离子（Pb^{2+}）具有不可降解、持久、可转移、在生态系统中有生物蓄积效应等特点，是对人体健康危害最大的重金属离子之一[2]。毒理学实验表明，Pb^{2+} 还可以通过食物链在人体中富集，对免疫、蛋白质合成和中枢神经系统造成严重损害[3]。因此，在污水、工业和生物样品等复杂环境中快速、廉价和原位监测 Pb^{2+} 在分析和生物分析化学中具有重要意义[4]。

目前，重金属检测在环境、制药、生物分析等领域引起了广泛的关注，开发出选择性好、灵敏度高的重金属生物化学传感器，并用于痕量重金属离子的检测尤为重要。在过去几十年间，重金属离子的检测有了很大的发展，常用的分析方法有：紫外-可见光谱法、原子吸收光谱法、原子荧光光谱法、电感耦合等离子体法、高效液相色谱法等[5-9]。然而这些方法耗时长、费用高、操作复杂，因此在生物分析领域的发展受限。电化学分析方法对重金属的检测，不仅克服了上述的缺陷，而且还具有操作简单、准确、快速、灵敏、廉价等优点。其中，阳极溶出伏安法（ASV）是一种公认的适用于痕量重金属离子检测的好方法[10]。检测过程如下：首先，施加一定的还原电位于工作电极，将溶液中的金属离子还原为金属单质，当足够的金属离子富集到电极表面，再以恒定速度增加电势于工作电极表面，金属将在电极上氧化溶出。ASV 主要包括：方波溶出伏安法、线性扫描溶出伏安法、差分脉冲溶出伏安法等。如果将裸电极直接用于重金属离子的测试，由于其比表面积低，电活性位点有限，对离子的吸附能力差，会导致灵敏度较低。在过去的十年中，材料科学的快速发展为纳米材料提供了新的机会，利用其超高的比表面积、强大的机械强度和出色的物理化学特性构建高性能的重金属离子传感器。

近年来，锰有机框架材料（Mn-MOF）由于其低成本、宽电压范围、高孔隙率和活性金属中心位点被认为是最重要的传感电极材料之一。一方面，金属有机框架是由金属离子和有机配体通过配位键、氢键、范德华力或金属键连接而成的新型多孔材料，比传统的碳材料和导电高分子材料具有更好的性能。该类材料因其性能、结构多样性，比表面积大，常被应用于储气、传感器 、催化、超级电容器等领域[11-14]。另一方面，作为碳家族的重要成员之一，碳纳米管（CNTs）因其电子转移速度快、活性表面积大和物理/化学稳定性高而在各个领域受到广泛关注[15]。基于这些优点，碳纳米管被认为是提高 MOFs 性能的有力候选材料。Zhou[16] 课题组制备了一种新型的 Cu-MOF-199/碳纳米管复合材料。电化学分析表明，复合修饰电极可实现对对苯二酚（HQ）和邻苯二酚（CT）的同时检测。Wang[17] 课题组采用共价键合法，制备基于硫杂环芳烃/多壁碳纳米管复合材料的传感器，用于对 Pb^{2+} 的电化学分析。Afkhami[18] 课题组制备席夫碱/多壁碳纳米管修饰碳糊电极，采用方波溶出伏安法，同时检测铅离子（Pb^{2+}）和镉离子（Cd^{2+}），构建了快速、准确、选择性好和灵敏度高的新型电化学传感器。MOFs 由于其具有较高的比表面积、开放的金属活性位点、孔径大小可调，在储氢、气体吸附分离、催化等领域具有广阔的前景。然而，迄今为止基于锰的金属有机骨架材料与单壁碳纳米管复合材料对 Pb^{2+} 检测尚未见报道。

在本节中，通过简单的溶剂热法合成一种由 Mn(tpa)（tpa：对苯二甲酸）和单壁碳纳米管（SWCNTs）的二维（2D）片状 MOF 组成的新型复合材料［图 2-1(a)］。所得材料通过扫描电子显微镜（SEM）、X 射线粉末衍射（XRD）、傅里叶变换红外光谱（FT-IR）和氮吸附/解吸（BET）以及电化学表征，结果表明 Mn(tpa)-SWCNTs 除保留了 Mn(tpa）的优点外，还具有更高的电化学活性。将 Mn(tpa)-SWCNTs 材料修饰在玻碳电极（GCE）上，构建了对 Pb^{2+} 进行检测的传感器［图 2-1(b)］。实验和理论计算结果均表明，Mn(tpa）与 Pb^{2+} 具有特异性相互作用，使得传感器对 Pb^{2+} 的检测具有较高的选择性。此外，SWCNTs 高的电子传导性有效地增强了电化学传感反应的电子信号。

2.1.2 锰-对苯二甲酸［Mn(tpa)］及其单壁碳纳米管(SWCNTs)复合物的制备

将 0.21 g（1.0 mmol/L）$MnCl_2 \cdot 4H_2O$、0.16 g（1.0 mmol/L）tpa 混合

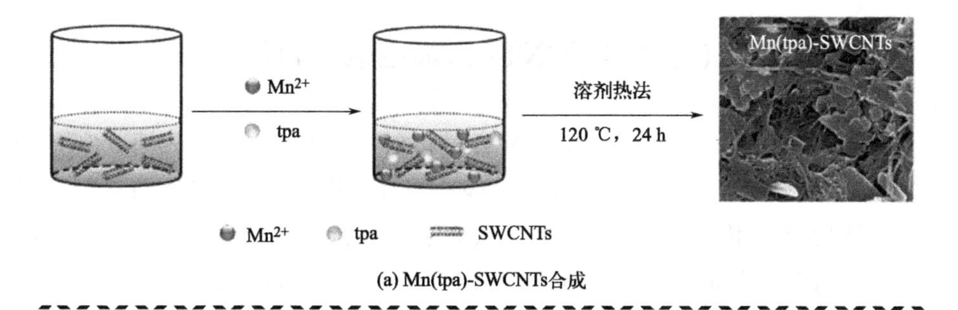

(a) Mn(tpa)-SWCNTs合成

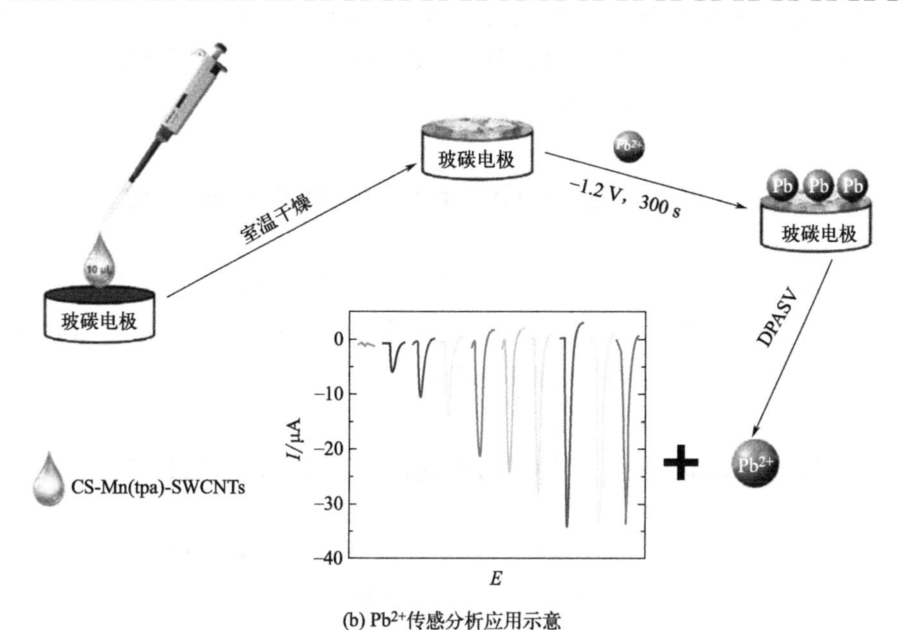

(b) Pb^{2+}传感分析应用示意

图 2-1 Mn(tpa)-SWCNTs 合成及 Pb^{2+} 传感分析应用示意

溶解在 25 mL DMF 中，待溶液充分搅拌均匀后，将混合液转移到 40 mL 含聚四氟乙烯内衬的不锈钢高压釜中密封，置于烘箱中，温度保持在 120 ℃，反应 24 h。然后自然冷却至室温，离心分离，依次用蒸馏水和无水乙醇洗涤三次，最后将产物于 80 ℃下真空干燥 6 h，得到锰-对苯二甲酸金属-有机框架材料，记作 Mn(tpa)。Mn(tpa)-SWCNTs 的复合材料通过类似的程序制备：首先将 2.0 mg SWCNTs 加入 20 mL DMF 中，然后超声处理 2 h 以获得均匀的分散液，再将 0.21 g（1.0 mmol/L）$MnCl_2 \cdot 4H_2O$ 和 0.16 g（1.0 mmol/L）tpa 加至上述制好的 SWCNTs 分散液中。后续合成步骤与 Mn(tpa) 材料的合成类似，最终得到 Mn(tpa)-SWCNTs 复合材料。

2.1.3 Mn(tpa)-SWCNTs修饰电极的制备

将1.0 mg Mn(tpa)-SWCNTs复合材料加到含有5 g/L壳聚糖（CS）的1.0 mL 0.3%的HAc溶液中，超声处理0.5 h。裸GCE在修饰前进行抛光处理，然后依次用去离子水、乙醇、去离子水进行超声清洗，晾干备用。随后，将10 μL制备的CS-Mn(tpa)-SWCNTs分散液滴涂在裸GCE表面，自然干燥，用去离子水洗去物理吸附的Mn(tpa)-SWCNTs后，得到CS-Mn(tpa)-SWCNTs/GCE修饰电极。另外，CS-SWCNTs/GCE和CS-Mn(tpa)/GCE对照电极的制备方法相同。

2.1.4 重金属离子与Mn(tpa)相互作用的理论模型

重金属离子与Mn(tpa)的结构优化和相应的吸附能量计算是在Gaussian 09软件包中使用B3LYP密度函数理论进行的。用LANL2DZ基组处理金属原子，6-31G基组则用来处理其他原子。

2.1.5 Mn(tpa)-SWCNTs复合材料形貌和结构表征

通过SEM对Mn(tpa)及其与SWCNTs的复合材料的形貌进行了表征，结果如图2-2所示。由图可见，Mn(tpa)主要的微观结构呈现二维片状结构[图2-2(a)]。高倍SEM图像进一步显示，二维片状结构的Mn(tpa)具有光滑的表面，片状结构的厚度约为几纳米[图2-2(b)]。在合成Mn(tpa)的过程中加入SWCNTs后，发现Mn(tpa)原来的片状结构仍然可见，但出现了一些新的SWCNTs缠绕网络纹路[图2-2(c)]，表明Mn(tpa)和SWCNTs成功复合。高倍SEM图像显示，Mn(tpa)纳米片层通过SWCNTs连接起来[图2-2(d)]。

通过XRD进一步研究了样品的相构成。如图2-3(a)所示，合成的Mn(tpa)有很多尖锐且强烈的衍射峰，这表明该产品具有良好的结晶度。衍射峰位于$2\theta=9.63°$、14.30°、18.32°和19.33°，分别对应（200）、（110）、（111）和（111）晶面，这与标准卡（CCDC：195758）相一致，说明成功地合成了Mn(tpa)晶体。如图2-3(b)所示的Mn(tpa)晶体结构可以看出，首先Mn与周围六个O配位形成配位八面体，八面体再通过共用顶点形成一

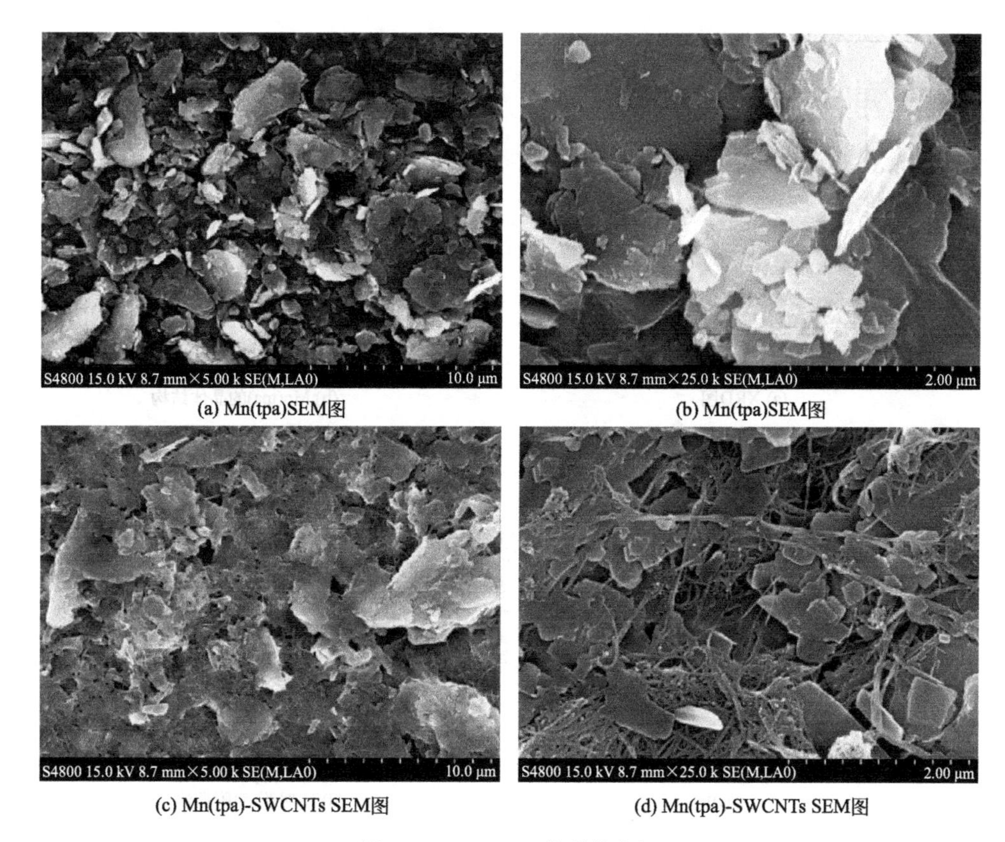

(a) Mn(tpa)SEM图　(b) Mn(tpa)SEM图

(c) Mn(tpa)-SWCNTs SEM图　(d) Mn(tpa)-SWCNTs SEM图

图 2-2　Mn(tpa) 的形貌表征

维链状结构，然后链与链之间通过 tpa 配体连接形成二维平面结构。此外，在 $2\theta=25.9°$处观察到一个新的衍射峰，对应于 SWCNTs 的（002）晶面，该结果证实了 SWCNTs 已经与 Mn(tpa) 有效结合。此外，Mn(tpa)-SWCNTs 复合材料还保留了 Mn(tpa) 晶体所有典型的衍射峰，这表明在 SWCNTs 的存在下 Mn(tpa) 依然保持其原来的结构。

通过 FT-IR 光谱对所制备的样品进行了表征［图 2-3(c)］。对于 Mn(tpa)（曲线 a），在 1545 cm^{-1} 和 1387 cm^{-1} 附近的主要吸收峰分别属于羧基的不对称和对称伸缩振动，而 828 cm^{-1} 和 745 cm^{-1} 的吸附带与 tpa 配体的 C—H 面外弯曲振动有关。对于复合材料，发现 Mn(tpa) 中的—COO^-的峰分别转移到 1548 cm^{-1} 和 1390 cm^{-1}，而 C—H 面外弯曲振动吸收峰分别移到了 828 cm^{-1} 和 768 cm^{-1}。所有这些变化表明，合成的 Mn(tpa) 与 SWCNTs 之间存在较弱的氢键或 π-π 堆积作用。

为了研究 Mn(tpa)-SWCNTs 的结构特性，通过 N_2 吸附-解吸等温曲线

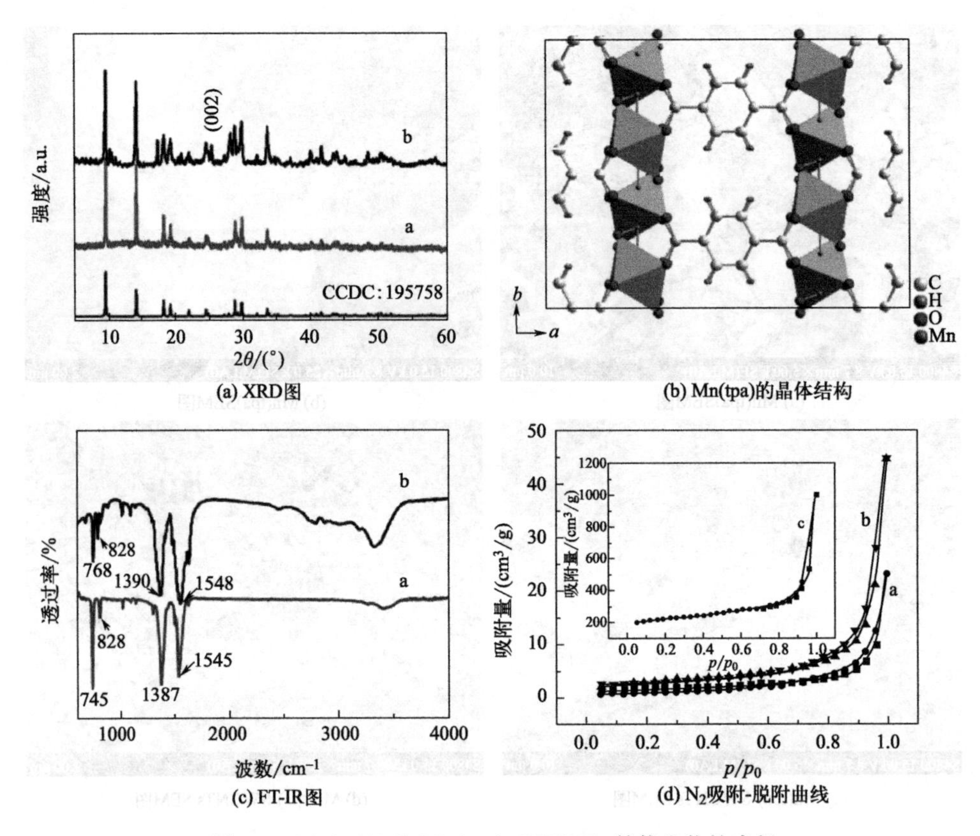

图 2-3 Mn(tpa) 和 Mn(tpa)-SWCNTs 结构和物性表征

(BET) 测量了其比表面积。图 2-3(d) 显示了合成的 Mn(tpa)(曲线 a)和 Mn(tpa)-SWCNTs(曲线 b)以及 SWCNTs(曲线 c)的 N_2 吸附-脱附等温曲线。其中，SWCNTs 的比表面积和微孔体积分别为 668.61 m^2/g 和 0.153 cm^3/g，而 Mn(tpa) 的比表面积和微孔体积较小，分别为 5.54 m^2/g 和 1.4×10^{-4} cm^3/g。当 SWCNTs 与 Mn(tpa) 形成 Mn(tpa)-SWCNTs 复合材料后，其比表面积和微孔体积分别增加到 10.03 m^2/g 和 2.9×10^{-4} cm^3/g，约为 Mn(tpa) 的两倍。这表明 Mn(tpa)-SWCNTs 作为电化学传感基底比单一组分 Mn(tpa) 更适合于分析物的吸附和传质。

2.1.6 Mn(tpa)-SWCNTs 修饰电极的电化学表征

在 1.0 mmol/L $[Fe(CN)_6]^{3-/4-}$ 和 0.1 mol/L KCl 的混合溶液中，通过循环伏安法（CV）研究了不同电极的电化学性能，扫描电位范围为−0.2～

+0.6 V，扫描速率为 100 mV/s。图 2-4(a) 显示了在 1.0 mmol/L $[Fe(CN)_6]^{3-/4-}$ 溶液中裸 GCE、CS-Mn(tpa)/GCE、CS-SWCNTs/GCE 和 CS-Mn(tpa)-SWCNTs/GCE 的 CV 结果。结果发现，$[Fe(CN)_6]^{3-/4-}$ 在裸 GCE 上有一对明确的氧化还原峰（曲线 a)。在 CS-Mn(tpa) 修饰的电极上（曲线 b)，与裸 GCE 相比，$[Fe(CN)_6]^{3-/4-}$ 的氧化还原峰明显增强，这可以解释为 CS-Mn(tpa) 薄膜中带正电的 CS 可以吸引更多的 $[Fe(CN)_6]^{3-/4-}$ 在电极表面。但是由于 CS-Mn(tpa) 的电子导电性较差，较大的峰间分离意味着电极的电子转移动力学较差。当使用 CS-SWCNTs/GCE（曲线 c）电极时，$[Fe(CN)_6]^{3-/4-}$ 的氧化还原峰与裸 GCE 相比也有所增加，但峰间分离明显小于裸电极和 CS-Mn(tpa) 修饰电极。这些结果表明单壁碳纳米管可以有效地提高电极上探针分子的电子传输速率。有趣的是，当使用 CS-Mn(tpa)-SWCNTs 修饰电极时，氧化还原峰强度再次增加（曲线 d)，表明 Mn(tpa)-SWCNTs 具有更好的电化学响应性能，这可能是由于具有大表面积的 Mn(tpa) 和具有高电子传导率的 SWCNTs 的协同作用的结果。

合成材料的电化学导电性能也以 1.0 mmol/L $[Fe(CN)_6]^{3-/4-}$ 作为电化学探针，通过电化学阻抗谱进行了测试，测试应用电位为+240 mV，频率范围为 1.0～10^6 Hz，结果如图 2-4(b) 所示。根据半圆在阻抗图阻抗实部 Z' 的直径大小，得到 $[Fe(CN)_6]^{3-/4-}$ 在裸 GCE（曲线 a）和 CS-Mn(tpa)（曲线 b)、CS-SWCNTs（曲线 c）和 CS-Mn(tpa)-SWCNTs（曲线 d）修饰电极的电极-电解质界面的电子转移电阻（R_{ct}）分别为 815.6 Ω、328.9 Ω、82.4 Ω 和 142.1 Ω。通过比较，可以清楚地看到，与裸 GCE 相比，CS-SWCNTs/GCE 的 R_{ct} 值明显下降，表明高导电性的 SWCNTs 加速了电极上的电子转移动力学。CS-Mn(tpa) 具有较大的 R_{ct} 值，表明 Mn(tpa) 的电子传导性较差。而 CS-Mn(tpa)-SWCNTs 的 R_{ct} 值介于 CS-SWCNTs 和 CS-Mn(tpa) 之间，表明 Mn(tpa)-SWCNTs 的电子转移动力学比 Mn(tpa) 的单组分要快。这一结果也证实了在 Mn(tpa) 中引入 SWCNTs 能有效改善 Mn(tpa) 的电子转移动力学。

进一步，以 1.0 mmol/L $[Fe(CN)_6]^{3-/4-}$ 为探针，通过计时库仑法及 Anson 方程[19]（2-1）计算了不同电极的电化学活性面积。

$$Q(t)=2nFAcD^{1/2}t^{1/2}/\pi^{1/2}+Q_{ads}+Q_{dl} \tag{2-1}$$

式中，$Q(t)$ 为电极表面获得的总电荷；n 为电极反应过程中转移的电子数；F 为法拉第常数；c 为底物浓度；D 为扩散系数（7.6×10^{-6} cm^2/s）[19]；Q_{ads} 和 Q_{dl} 分别为表面电荷和双电层电荷。图 2-4(c) 显示了 $[Fe(CN)_6]^{3-/4-}$

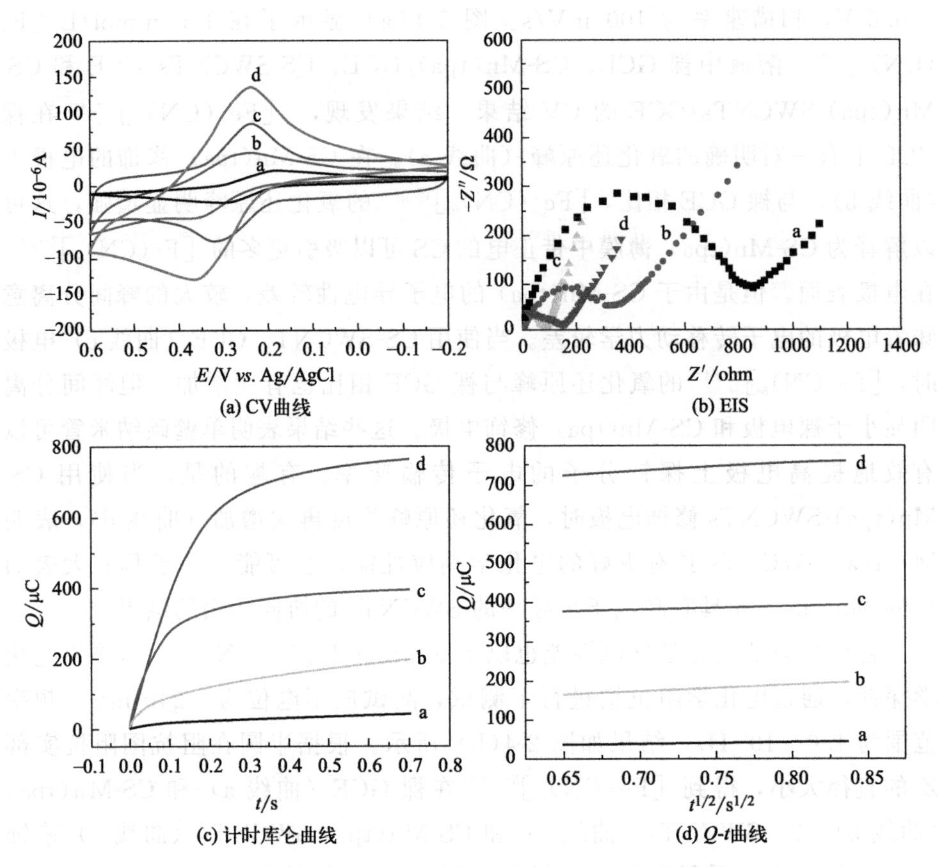

图 2-4　不同电极在 $[Fe(CN)_6]^{3-/4-}$ 中的 CV 曲线，EIS，计时库仑曲线和 Q-$t^{1/2}$ 曲线；

a—裸 GCE；b—CS-Mn(tpa)/GCE；c—CS-SWCNTs/GCE；d—CS-Mn(tpa)-SWCNTs/GCE；

I—电流；E—电位；Z'—阻抗虚部；Z''—阻抗实部；Q—电量；t—时间

在裸 GCE（曲线 a）、CS-Mn(tpa)（曲线 b）、CS-SWCNTs（曲线 c）和 CS-Mn(tpa)-SWCNTs（曲线 d）电极上的计时库仑曲线。根据图 2-4(d) 所示的 Q-$t^{1/2}$ 曲线斜率，裸 GCE、CS-Mn(tpa)/GCE、CS-SWCNTs/GCE 和 CS-Mn(tpa)-SWCNTs/GCE 的活性表面积分别为 0.143 cm^2、0.589 cm^2、0.278 cm^2 和 0.654 cm^2。该结果表明 CS-Mn(tpa)-SWCNTs/GCE 具有最大的电活性表面积，意味着 Mn(tpa)-SWCNTs 复合材料更适合作为电极材料应用于电化学检测。

2.1.7　Pb^{2+} 与 Mn(tpa)结合的电化学研究及理论模型

基于合成的 Mn(tpa)-SWCNTs 纳米复合材料的结构和组成特点，将

CS-Mn(tpa)-SWCNTs 修饰电极作为电化学传感平台用于重金属离子的测定。图 2-5（a）显示了在 NaAc-HAc（pH＝5.0）空白液（曲线 a）和 10 μmol/L Cu^{2+}、Pb^{2+}、Cd^{2+}、Zn^{2+}、Ni^{2+} 和 Hg^{2+} 混合液（曲线 b）在 CS-Mn(tpa)-SWCNTs/GCE 上的微分脉冲阳极溶出伏安（DPASV）曲线。从图中可以观察到，修饰电极在空白 NaAc-HAc 缓冲液中没有任何法拉第电流响应，表明 Mn(tpa)-SWCNTs 的合成材料是不具有电化学活性的，并且在测试条件下具有较低的背景干扰。存在金属离子时，则发现一个强峰和两个小峰分别出现在－0.55 V、－0.09 V 和－0.78 V 处。根据之前的报道，这两个小峰属于还原态 Cu^{2+}（－0.09 V）和 Cd^{2+}（－0.78 V）的溶出峰，最强峰对应的电位是 Pb^{2+} 的溶出电势。其他离子如 Zn^{2+}、Ni^{2+} 和 Hg^{2+} 对修饰电极没有任何响应。该结果表明，CS-Mn(tpa)-SWCNTs/GCE 修饰电极适用于 Pb^{2+} 的高灵敏测定。

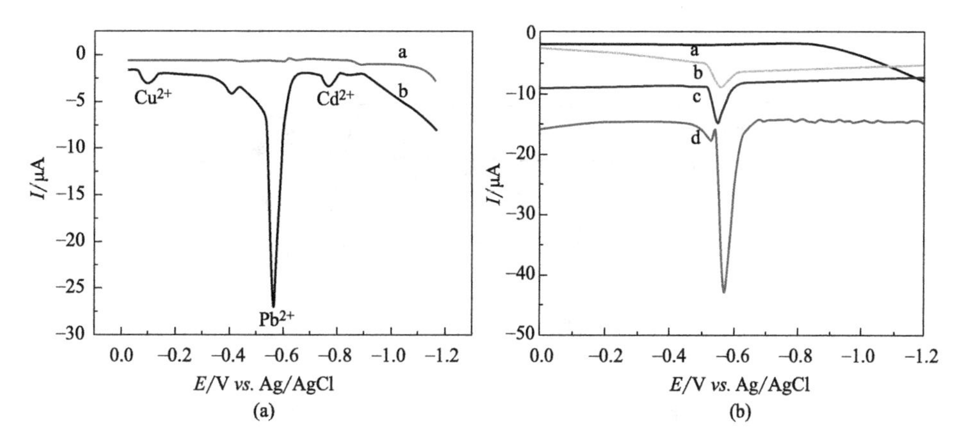

图 2-5 (a) NaAc-HAc（pH＝5.0）空白液（曲线 a）及金属离子混合溶液（曲线 b）在 CS-Mn(tpa)-SWCNTs/GCE 上的吸附溶出伏安曲线；(b) 10 μmol/L Pb^{2+} 在不同电极上的吸附溶出伏安曲线

a—裸 GCE；b—CS-SWCNTs/GCE；c—CS-Mn(tpa)/GCE；d—CS-Mn(tpa)-SWCNTs/GCE

为了解释 Pb^{2+} 在 CS-Mn(tpa)-SWCNTs/GCE 上呈现强溶出峰的原因，计算并比较了所有测试离子与功能材料 Mn(tpa) 的吸附能（E_{ads}）。将吸附在 Mn(tpa) 表面的不同金属原子的 E_{ads} 定义为 $E_{ads}=E_{ads\text{-}Mn(tpa)}-[E_{Mn(tpa)}+E_{Metal}]$，其中 $E_{ads\text{-}Mn(tpa)}$ 是 Mn(tpa) 与金属原子相互作用的总能量；$E_{Mn(tpa)}$ 是 Mn(tpa) 的总能量；E_{Metal} 是真空中一个金属离子的能量。E_{ads} 的负值越大，意味着金属离子与 Mn(tpa) 的相互作用越强。图 2-6 显示了金属离子与 Mn(tpa) 的可能结合位点，如图所示，Mn(tpa) 的两个晶面，即（010）和（100）用于结合金属离子。表 2-1 总结了两个晶面 E_{Metal}、$E_{ads\text{-}Mn(tpa)}$ 和 E_{ads} 的计算值。显然，Pb^{2+} 在两个晶面显示的 E_{ads} 值比其他金属离子低得多，表明该离子与传感器上的 Mn(tpa) 具有更强的结合能力。据此可以推测，当 Pb^{2+} 与其他离子共存时，它应该优先吸附在 Mn(tpa)-SWCNTs 上，并降低传感器对其他离子的结合容量和结合位点。文献报道，金属离子在界面上的吸附能力取决于金属离子的物理化学性质，如 Pauling 电负性（PE）和水合半径（HR）。重金属离子的高 PE 使其对带负电基团的吸引力更强。此外，根据 Ali 等的实验，离子交换树脂对 Pb^{2+} 的较高吸附归因于其较低的 HR。表 2-2 中显示的 PE 和 HR 数据清楚地表明，在所有测试离子中，Pb^{2+} 的 PE 最高，HR 最小。因此，Pb^{2+} 在 Mn(tpa) 修饰电极上具有最强的电化学响应和最低的 E_{ads} 值可以归因于 Pb^{2+} 固有的高 PE 低 HR 特性。

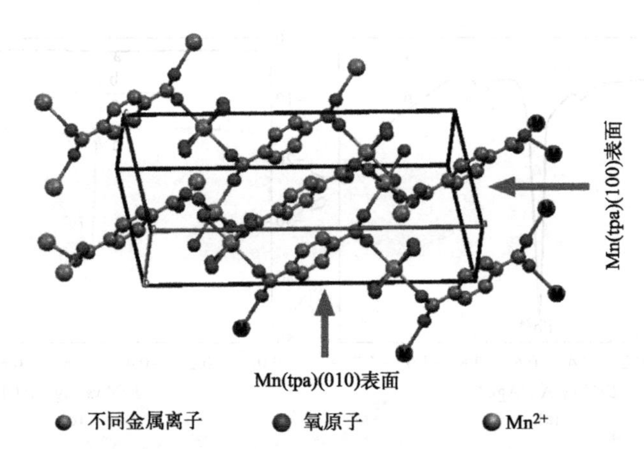

图 2-6 金属离子（M＝Pb^{2+}，Cd^{2+}，Hg^{2+}，Cu^{2+}，Ni^{2+}，Zn^{2+}）在 Mn(tpa) 的（010）和（100）晶面上的吸附位置模型

表 2-1 不同金属离子在（010）和（100）Mn(tpa) 表面的吸附能

金属离子	E_{metal}/keV	$E_{ads\text{-}Mn(tpa)}$/keV		E_{ads}/keV	
		(010)晶面	(100)晶面	(010)晶面	(100)晶面
Pb^{2+}	−0.07	−36.60	−36.24	−6.07	−5.71
Cd^{2+}	−1.30	−32.56	−32.50	−0.79	−0.73
Hg^{2+}	−1.14	−34.28	−34.22	−2.68	−2.62
Cu^{2+}	−5.28	−30.89	−30.90	4.85	4.84
Ni^{2+}	−4.58	−30.82	−30.83	4.22	4.21
Zn^{2+}	−1.70	−29.78	−30.88	2.38	1.29

表 2-2 离子的水合半径（HR）和 Pauling 电负性（PE）

项目	Pb^{2+}	Cd^{2+}	Hg^{2+}	Cu^{2+}	Ni^{2+}	Zn^{2+}
HR/nm	0.401	0.426	0.413	0.419	0.404	0.430
PE	2.33	1.69	2.00	1.90	1.91	1.65

此外，为了研究 CS-Mn(tpa)-SWCNTs 薄膜中各组分对电化学传感器分析能力的贡献，研究了 10 μmol/L Pb^{2+} 在裸 GCE、CS-SWCNTs/GCE、CS-Mn(tpa)/GCE 和 CS-Mn(tpa)-SWCNTs/GCE 等不同电极上的电化学响应。如图 2-5(b) 所示，在裸 GCE 上几乎没有观察到任何溶出信号（曲线 a）。对于 CS-SWCNTs/GCE（曲线 b）和 CS-Mn(tpa)/GCE（曲线 c），在 −0.55 V 出现一个小小的氧化峰，表明 CS-SWCNTs 和 CS-Mn(tpa) 材料不适合于 Pb^{2+} 的灵敏测定。当单组分材料 Mn(tpa) 在没有 CS 作为成膜剂的协助下直接涂覆在 GCE 上，用于测定 Pb^{2+} 时，发现获得的溶出峰大于 CS-Mn(tpa)/GCE 上的溶出峰，可能是因为暴露了更多的 Mn(tpa) 活性位点用于吸附 Pb^{2+}。然而，在这种修饰电极上获得的电化学信号稳定性很差，这可能是由于 Mn(tpa) 在 GCE 上无法稳定附着所致。有趣的是，当使用 CS-Mn(tpa)-SWCNTs/GCE 时（曲线 d），获得的 Pb^{2+} 溶出峰明显大于所有上述电极，同时获得了良好的稳定性，表明 CS-Mn(tpa)-SWCNTs/GCE 电极可作为 Pb^{2+} 分析的理想传感平台。这种优异的性能可以归因于材料之间的协同效应，其中 Mn(tpa) 具有独特的结构和组成，SWCNTs 具有较高的电子导电性，CS 具有良好的成膜性能。

2.1.8 Pb^{2+} 电化学传感性能

通过上述电化学表征实验和理论模型计算，发现 Pb^{2+} 在 Mn(tpa) 上具有良好的吸附性能，在 Mn(tpa)-SWCNTs 修饰电极上表现出较强的电化学响应，因此，修饰电极被用作检测 Pb^{2+} 的电化学传感装置。为了获得用于痕量 Pb^{2+} 分析的传感器的最佳分析性能，在含有 10 μmol/L Pb^{2+} 的溶液中对测试条件进行了优化。首先，研究了 Tris-HCl、PBS、BR、NaAc-HAc 等不同支持电解质（pH=5.0）中，10 μmol/L Pb^{2+} 在 Mn(tpa)-SWCNTs-CS/GCE 上的溶出伏安行为，结果如图 2-7(a) 所示。Pb^{2+} 在 NaAc-HAc 缓冲溶液中的峰电流最大。这可能与 Pb^{2+} 在 NaAc-HAc 缓冲液中的溶解能力最好有关，而在 Tris-HCl、PBS 或 BR 缓冲液中会形成不溶性盐或复合物。因此，在这项工作中，NaAc-HAc 缓冲液被选为最佳电解质。

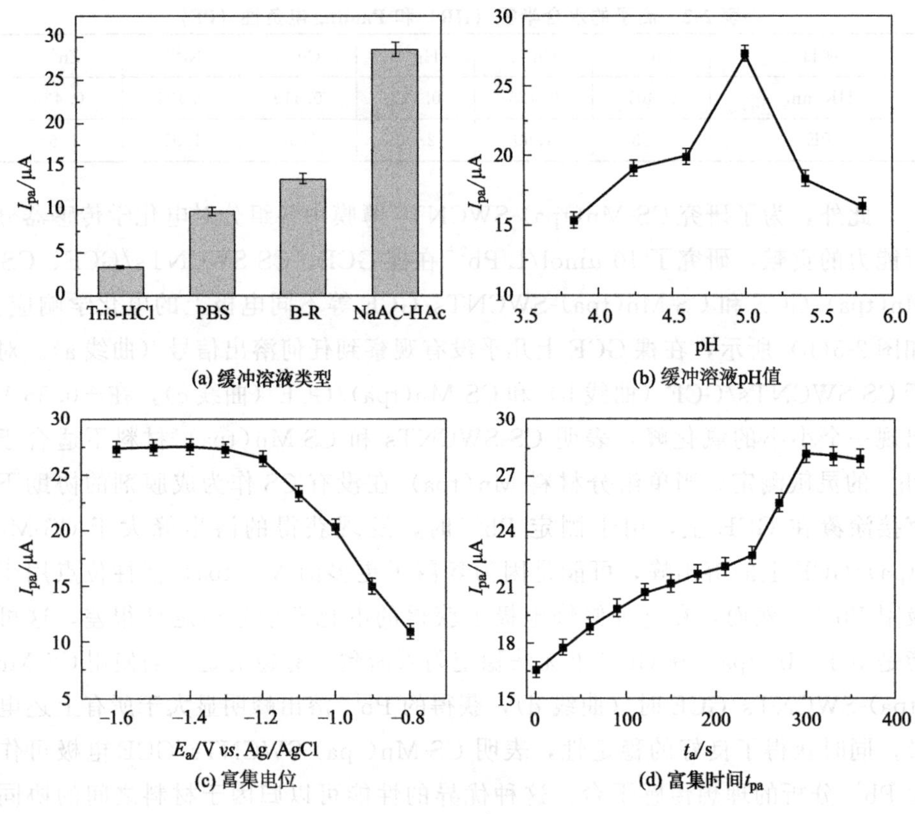

图 2-7　实验条件优化

I_{pa}—氧化峰电流

在 pH 值为 3.8～5.8 的 NaAc-HAc 缓冲液中，研究了 pH 值对 Pb^{2+} DPASV 响应的影响，结果如图 2-7(b) 所示。当 NaAc-HAc 的 pH 从 3.8 改变至 5.8 时，I_{pa} 值出现先增大后减小的现象。这种峰值电流随 NaAc-HAc 缓冲液 pH 值变化而变化的过程可以解释为 CS-Mn(tpa)-SWCNT 膜与 Pb^{2+} 之间的亲和力不同。当缓冲液的 pH 值低于 5.0 时，残留羧基等官能团发生质子化，削弱了传感膜对 Pb^{2+} 的吸附能力，使 Pb^{2+} 的电化学响应随 pH 值的降低而减弱；然而，当 NaAc-HAc 的 pH 值高于 5.0 时，Pb^{2+} 会通过水解反应形成不溶性氢氧化物沉淀，因此溶液中的游离 Pb^{2+} 量以及 Pb^{2+} 在电极表面的吸附量减少，导致溶出信号降低。因此，选择 pH＝5.0（NaAc-HAc）作为吸附和溶出测量的最佳酸度。实验还研究了富集电位（E_a）和富集时间（t_a）对溶出峰值电流的影响，结果分别如图 2-7(c) 和图 2-7(d) 所示。如图 2-7(c) 所示，当 E_a 从－0.8 V 变化到－1.6 V，在 120 s 的恒定富集时间内，I_{pa} 逐渐增加，直至－1.2 V 后几乎没有变化，表明－1.2 V 足以通过阴极还原反应在电极上沉积 Pb^{2+}。因此，本书编著者团队选择了 −1.2 V 作为后续分析的最佳富集电位。从图 2-7(d) 可以发现，随着 t 的增加，I_{pa} 逐渐增强，变化范围为 0～300 s，表明传感界面上沉积的 Pb^{2+} 数量随时间不断增加。300 s 后，I_{pa} 几乎不再发生变化，表明 Pb^{2+} 富集饱和。因此，选择 300 s 为最佳富集时间。

在最佳实验条件下，进一步研究了基于 Mn(tpa)-SWCNTs 的 Pb^{2+} 分析性能。图 2-8(a) 显示了 CS-Mn(tpa)-SWCNTs/GCE 在 NaAc-HAc 缓冲液 (pH=5.0) 中对 Pb^{2+} 的 DPASV 响应，浓度范围为 0.02～16.0 μmol/L。显然，随着溶液中 Pb^{2+} 浓度的增加，溶出峰也相应增强。图 2-8(b) 描述了 I_{pa} 与 Pb^{2+} 浓度（$c_{Pb^{2+}}$）的关系，在 Pb^{2+} 浓度为 0.1～14.0 μmol/L 的范围内，符合 I_{pa}（μA）$=3.354c$（μmol/L）-2.527 线性方程，相关系数为 0.998。当信噪比等于 3 时（7 次平行测量的空白溶液的标准偏差），检出限 (LOD) 为 38 nmol/L。此外，可以发现该传感器的 LOD 值为 38 nmol/L，低于世界卫生组织（WHO）公布的指导值（0.01 mg/L，约 48 nmol/L）和美国疾病控制与预防中心定义的儿童铅中毒诊断标准（0.01 mg/L），表明开发的传感器在环境监测和临床诊断的实际应用中很有前景。

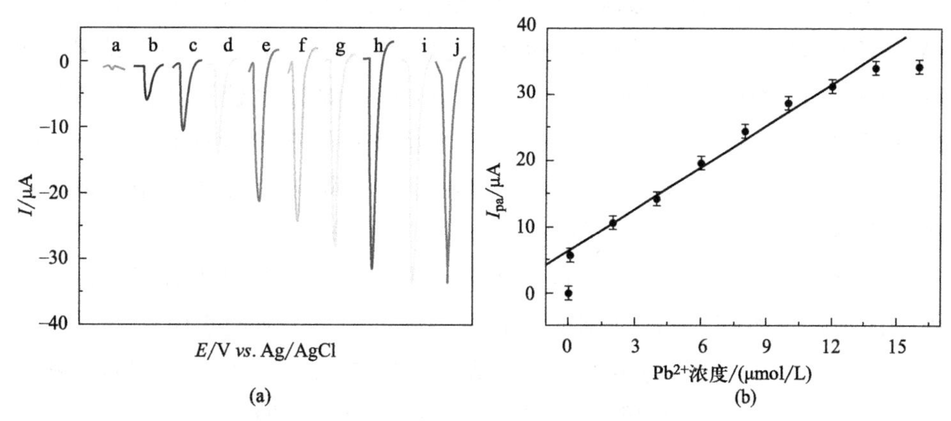

图 2-8 (a) 不同浓度 Pb^{2+} 的吸附溶出伏安曲线（a→j：0.02→16.0 μmol/L）；(b) I_{pa} 与 Pb^{2+} 浓度的线性关系曲线

通过在含有 10 μmol/L Pb^{2+} 的基底溶液中加入可能存在干扰的阳离子和阴离子，研究该传感器的抗干扰能力，并根据 DPASV 结果计算了相对误差（E_r），结果如表 2-3 所示。从表中可以清楚地发现，添加 10 μmol/L Cu^{2+}、Cd^{2+}、Zn^{2+}、Ni^{2+}，40 μmol/L Mg^{2+}、Co^{2+}、Ca^{2+}、Al^{3+}、Fe^{3+}、Mn^{2+} 和 100 μmol/L Na^{+}、K^{+}、NH_4^{+}、NO_3^{-} 时，10 μmol/L Pb^{2+} 的伏安溶

出信号变化均小于 5%，表明这些离子对所开发传感器用于 Pb^{2+} 的检测没有明显干扰，说明 Mn(tpa)-SWCNTs 膜对 Pb^{2+} 的结合能力高于其他离子，具有良好的抗干扰能力。

表 2-3 其他金属离子对 10 μmol/L Pb^{2+} ($n=3$) 溶出峰电流的干扰

金属离子	添加量 /(μmol/L)	相对误差/%	金属离子	添加量 /(μmol/L)	相对误差/%
Cu^{2+}	10	−0.8	Al^{3+}	40	−1.3
Cd^{2+}	10	4.2	Fe^{3+}	40	−0.9
Zn^{2+}	10	2.5	Mn^{2+}	40	−2.5
Ni^{2+}	10	−1.9	Na^{+}	100	1.0
Mg^{2+}	40	0.6	K^{+}	100	−1.8
Co^{2+}	40	1.8	NH_4^{+}	100	3.4
Ca^{2+}	40	−2.5	NO_3^{-}	100	−1.3

2.1.9 工业废水和血清实际样品中的 Pb^{2+} 传感应用

为了测试电化学传感器在实际样品中的适用性，使用基于 Mn(tpa)-SWCNTs 的传感器分析了工业废水和人血清样品中的 Pb^{2+} 含量，结果如表 2-4 所示。试验前，将工业废水用 0.2 μm 膜过滤去除悬浮固体，然后用 NaAc-HAc 缓冲液（1∶1）稀释。对于血清样品，在测量前直接用 NaAc-HAc 缓冲液（1∶1）稀释。结果显示，所有实际样品的测量中，最大的 *RSD* 值为 4.8%，工业废水和血清样品中 Pb^{2+} 的回收率分别在 99.5%～103.0%和 98.1%～106.8%之间，表明所开发的传感器对于分析实际环境中存在的 Pb^{2+} 是可靠的。此外，通过标准加入法，工业废水中的 Pb^{2+} 含量估计为 1.98 μmol/L，与 ICP-MS 的结果（2.05 μmol/L）非常接近，相对误差为 3.4%，证实了传感器在实际样品中分析 Pb^{2+} 的精度令人满意。

表 2-4 工业废水和血清中 Pb^{2+} 的测定

样品	加标量 /(μmol/L)	检测值 /(μmol/L)	相对标准偏差 /%	回收率 /%
工业废水	—	1.98(±0.15)	3.5	—
	1.00	3.01(±0.08)	4.8	103.0
	2.00	3.97(±0.17)	4.6	99.5
	3.00	4.97(±0.20)	2.7	99.6

续表

样品	加标量 /(μmol/L)	检测值 /(μmol/L)	相对标准偏差 /%	回收率 /%
血清	—	未检测出		—
	1.00	3.01(±0.08)	3.6	105.2
	2.00	3.97(±0.17)	4.2	106.8
	3.00	4.97(±0.20)	2.8	98.1

2.1.10 展望

由二维片状的 Mn(tpa) 和 SWCNTs 组成的新型 Mn(tpa)-SWCNTs 复合材料可通过简单的溶剂热法合成。SEM、XRD、FT-IR 和 BET 等表征结果表明，该复合材料很好地保持了 Mn(tpa) 原有的二维片状结构，且比表面积和微孔体积较 Mn(tpa) 有 2 倍的提升。DPASV 显示，该复合材料对 Pb^{2+} 的电化学反应明显高于其他重金属。理论计算也证实 Mn(tpa) 与 Pb^{2+} 的相互作用较其他材料更强。在最佳条件下，基于 Mn(tpa)-SWCNTs 的电化学传感器在 0.10～14.0 μmol/L 的浓度范围内呈现出良好的线性响应，并达到了 38 nmol/L 的检测限。该传感器还显示了良好的抗干扰能力，这可能是由于传感膜对 Pb^{2+} 的亲和力高于其他离子。在实际样品测试中，基于 Mn(tpa)-SWCNTs 的电化学传感器在对 Pb^{2+} 的分析检测中最大 *RSD* 值为 4.8%，工业废水和血清样品中 Pb^{2+} 的回收率分别在 99.5%～103.0% 和 98.1%～106.8%之间，表明该 Pb^{2+} 传感器在实际环境中检测具有潜在应用前景。

2.2 ZIF-8 对重金属离子溶出伏安响应的增强效应及传感分析应用

2.2.1 概述

随着世界经济工业化的快速发展，重金属污染成为很严重的环境问题。镉、铅、镍、铜、铬、汞等重金属及其复合物广泛应用于金属精加工、采矿和化工等行业，导致天然水体受到污染，威胁人类的生存和健康[20]。例如，这些重金属离子（HMIs）在人体内积累会导致肾损伤、呼吸衰竭、中枢神经系统紊乱甚至死亡[21]。在上述 HMIs 中，Hg^{2+}、Cu^{2+}、Pb^{2+}和Cd^{2+}是工业生产和日常生活中最常见的。因此，出于环境保护和健康监测的目的，开发一种快速可靠地分析这四种重金属离子的有效方法是紧迫而重要的。

到目前为止，许多可靠的方法，如 X 射线荧光光谱法[22]、原子吸收光谱法[23]、电感耦合等离子体原子发射光谱法/质谱法[24,25]，已经被广泛用于分析 Hg^{2+}、Cu^{2+}、Pb^{2+}和Cd^{2+}。然而，这些方法大多数都很繁琐，需要昂贵的设备，还有一个不足之处是单点检测，不能同时检测多个 HMIs。所有这些缺陷限制了它们在快速和常规分析中的大规模应用。相比之下，电化学方法因其简单、高灵敏度、速度快、成本低而拥有无可比拟的优点。作为经典的电化学方法之一，微分脉冲阳极溶出伏安法（DPASV）因其对多种分析物同时分析的高灵敏度而受到极大关注[26]。

与普通基本电极相比，化学修饰电极在 DPASV 中具有更广阔的应用前景，因为修饰的化学材料可以大大改善分析物的富集效果，从而提高分析灵敏度。具有不同成分和形态的纳米材料因其大的比表面积、高的机械强度和优异的电子传导性，引起了人们对基于电极修饰的电化学检测 HMIs 的兴趣[26-33]。

与沸石拓扑同构的沸石咪唑框架（ZIF）是 Park 等[34] 在 2006 年首次报道的一种重要 MOFs。ZIFs 通常由四面体配位的过渡金属离子（如 Fe^{3+}、Co^{3+}、Cu^{2+}、Zn^{2+}）与咪唑盐或其衍生物连接组成。尽管与其他 MOFs 结构相似，但 ZIFs 的热稳定性和化学稳定性更高，这使得它们可以在更宽的温度范围内工作。此外，ZIFs 与其他 MOFs 之间的另一个重要区别是 ZIFs 的疏水特性和水稳定性，这使得 ZIFs 在干燥和潮湿的条件下都能保持稳定的性能。基于这些特性，ZIFs 在能源储存、二氧化碳捕获、气体分离、催化、药物输送和生物传感方面具有广泛的应用潜力[35,36]。然而，ZIFs 作为电极材料应用于重金属离子 HMIs 的电化学分析还没有报道。

在此，本书编者团队制备了一种简单而典型的 ZIF，即 ZIF-8，并与壳聚糖（CS）分散剂混合形成 ZIF-8-CS 的复合材料，利用该混合物作为修饰材料构建电化学传感器，用于四种 HMIs 的溶出伏安分析（图 2-9）。结果表明，以 ZIF-8 为电极修饰材料的电化学传感器可有效地增强 Hg^{2+}、Cu^{2+}、Pb^{2+}和Cd^{2+}的溶出信号，且四种目标 HMIs 的溶出峰很好地相互分离，说明它们可以被该传感器同时检测。ZIF-8 修饰电极的高分析性能可以归因于

ZIF-8纳米材料具有大的比表面积和咪唑配体上的多配位基（—N—）对四种HMIs的强大预富集能力[37,38]。当所制备的电极用于分析真实水样中的四种HMI时，数据分析表明具有较高的可靠性。这项工作拓展了ZIF材料的应用范围，为HMIs（即Hg^{2+}、Cu^{2+}、Pb^{2+}和Cd^{2+}）的同步分析提供了一种简单有效的方法。

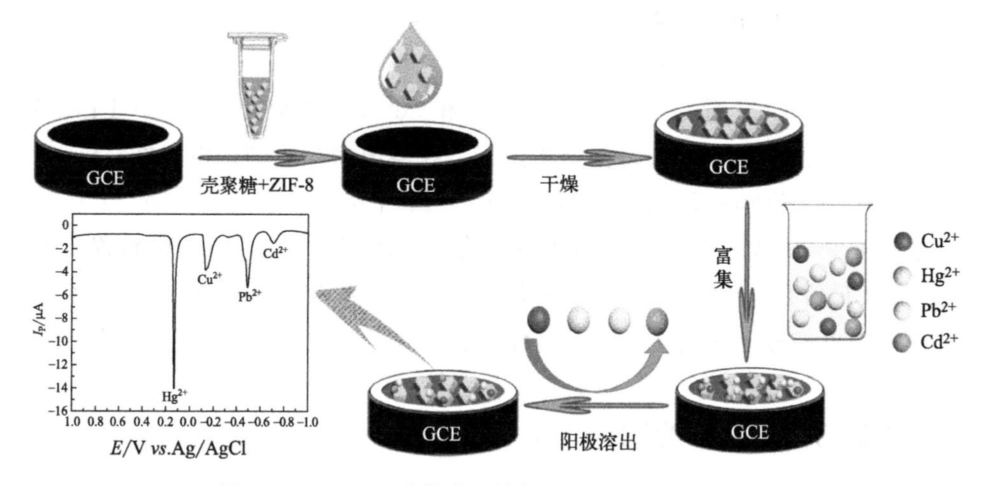

图2-9 ZIF-8-CS基传感器制备及重金属检测过程示意

2.2.2 ZIF-8材料合成及ZIF-8-CS分散液的制备

ZIF-8是通过文献中描述的常规湿法合成的。简而言之，将10 mmol (3.0g) $Zn(NO_3)_2 \cdot 6H_2O$溶于100 mL甲醇，然后与100 mL含有80 mmol (6.6 g) 2-甲基咪唑的甲醇溶液混合。混合溶液在室温下剧烈搅拌1 h，有白色固体产生，过滤，并用甲醇和蒸馏水彻底洗涤三次，最后放置于干燥箱中60 ℃下烘干过夜，得到ZIF-8样品。

ZIF-8-CS的纳米复合材料的制备方法如下：首先通过超声将1.0 mg合成的ZIF-8分散在1.0 mL二次蒸馏水（DDW）中，制备1.0 g/L ZIF-8分散液；往100 μL所制备的ZIF-8分散液加入100 μL 3.0 mg/L的CS溶液，进一步超声处理30 min，获得分散良好的ZIF-8-CS分散液。

2.2.3 ZIF-8修饰电极的构建

在修饰之前，分别用1.0 μm、0.3 μm和0.05 μm的氧化铝粉对GCE

进行了仔细的机械抛光清洗，然后在乙醇和 DDW 中超声处理，以去除吸附的氧化铝颗粒。随后，将 10 μL 制备的 ZIF-8-CS 分散液滴涂在 GCE 表面，在室温下 ZIF-8-CS 滴液干燥成膜后，用 DDW 仔细冲洗电极，得到 ZIF-8-CS/GCE 的修饰电极。作为比较，CS/GCE 对照电极通过类似的程序制备。

2.2.4 电化学检测

ZIF-8-CS/GCE 对 Hg^{2+}、Cu^{2+}、Pb^{2+} 和 Cd^{2+} 的 DPASV 分析在 0.1 mol/L pH＝3.0 的 NaAc-HAc 缓冲溶液中进行。在溶出扫描之前，电极在－0.8 V 的电压下对分析物溶液进行预富集 60 s，扫描范围从－1.0 V 到＋1.0 V。为尽量减少金属离子在修饰电极上的吸附，每次测量后，用 DDW 洗涤 ZIF-8-CS/GCE 后在 NaAc-HAc 缓冲液中进行扫描，直至 Hg^{2+}、Cu^{2+}、Pb^{2+} 和 Cd^{2+} 的溶出信号完全消失。所有的数据都是至少三次平行测量的平均结果。

2.2.5 ZIF-8 的物理表征

图 2-10 显示了所制备的 ZIF-8 的 XRD 图。从图中可以看出，该材料的主要衍射峰分别位于 2θ＝7.3°，10.36°，12.68°，14.70°，16.40°和 17.98°，这些衍射峰分别对应（011），（002），（112），（022），（013）和（222）晶面（CCDD No. 739161），与拟合的 ZIF-8 XRD 衍射峰相一致。

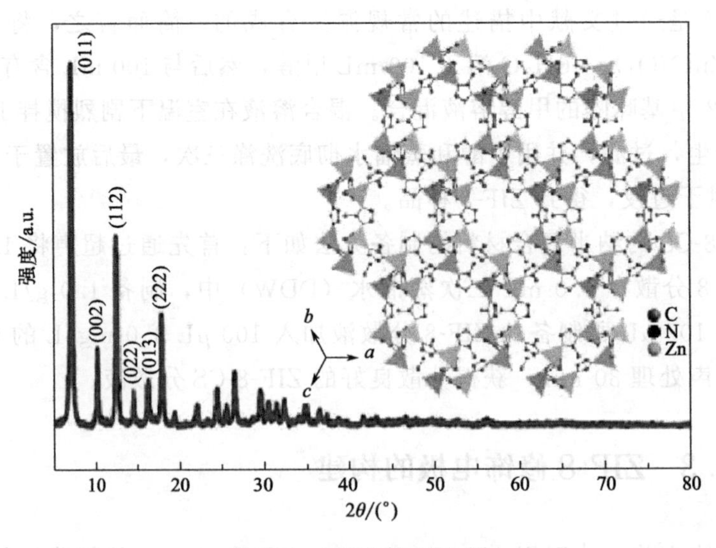

图 2-10 ZIF-8 的 XRD 图

合成的 ZIF-8 的化学结构也通过 FT-IR 进行表征，结果见图 2-11。通过比较发现，几乎所有的 FT-IR 波段都与以前报道的 ZIF-8 的波段一致，证实 ZIF-8 材料的成功合成。咪唑配体的芳香族和脂肪族的 C—H 拉伸振动峰分别出现在 3138 cm^{-1} 和 2933 cm^{-1} 处；整个咪唑环的拉伸/弯曲振动在 600～1500 cm^{-1} 处以宽带出现；1583 cm^{-1} 处的特征峰被指定为 C—N 的拉伸振动。此外，还观察到 3620 cm^{-1} 和 3138 cm^{-1} 左右的两个特征峰，这可能分别属于自由羟基和氢键羟基，表明水分子存在于所制备的 ZIF-8 中。

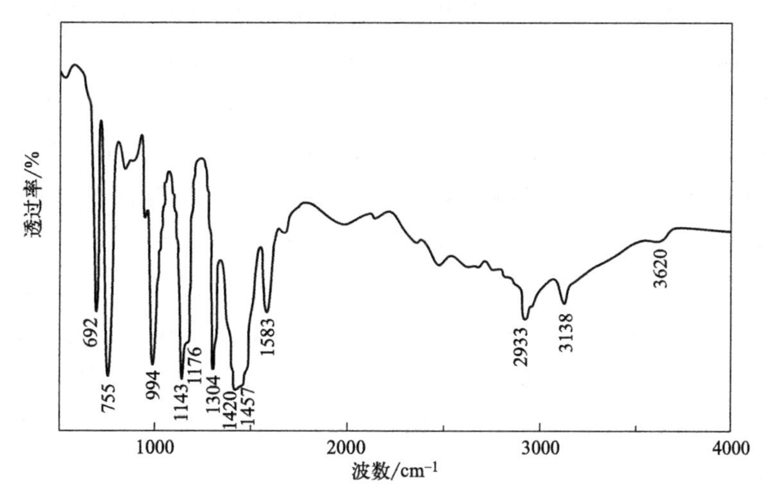

图 2-11　ZIF-8 材料的 FT-IR 光谱

通过 SEM 和 TEM 对合成的 ZIF-8 形貌进行表征，结果显示在图 2-12 中。从低分辨率的 SEM 图［图 2-12(a)］可以发现，所合成的产物呈规则颗粒状。高分辨率的 SEM 图［图 2-12(b)］显示，合成的 ZIF-8 颗粒均匀且粒径较小，图 2-12(b) 中的插图显示了 100 个颗粒点的粒度分布范围，其平均尺寸约为 60 nm，由于锌盐的选择对于控制颗粒的大小至关重要，因此可以

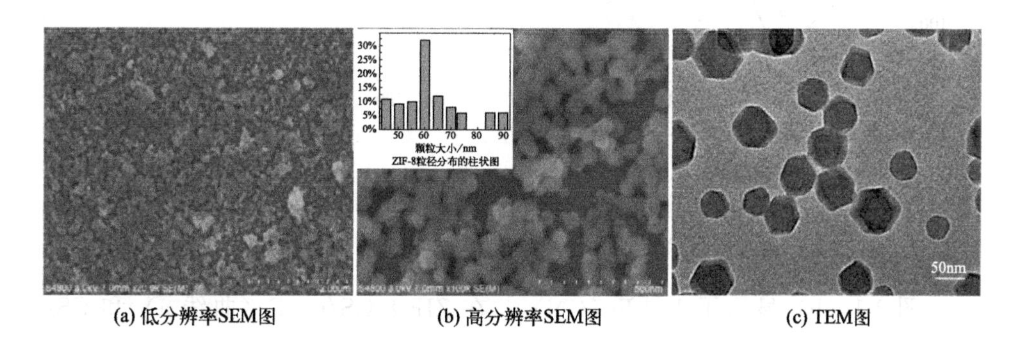

图 2-12　ZIF-8 形貌表征图

选择硝酸锌作为锌来源获得粒径较小的 ZIF-8。图 2-12(c) 中的 TEM 图显示，这些颗粒边缘清晰，角度分明，形成棱角分明的六边形结构均匀纳米颗粒。这些形貌特征与文献中报道的 ZIF-8 相符。

2.2.6 ZIF-8 修饰电极的电化学表征

为了探究 ZIF-8-CS 修饰电极的电化学活性面积（ESCA）和电子传导性，在 $K_3[Fe(CN)_6]$ 溶液中采用 CV 和 EIS 对 ZIF-8-CS/GCE 进行了电化学性能检测。图 2-13(a) 显示了 ZIF-8-CS/GCE（曲线 a）和 CS/GCE（曲线 b）在 5 mmol/L $K_3[Fe(CN)_6]$ 与 0.1 mol/L KCl 混合溶液中的 CV 曲线。可以看出，ZIF-8-CS/GCE 上的氧化还原峰明显大于 CS/GCE 上的氧化还原峰，表明由于 ZIF-8 纳米材料的多孔结构，ZIF-8-CS 具有更大的 ESCA。为了定量确定 ZIF-8-CS/GCE 上的 ESCA 值，在 ZIF-8-CS 电极上进行了不同扫描速率的 $K_3[Fe(CN)_6]$ 的 CV 测试，结果显示在图 2-13(a) 的插图中。根据 Randles-Sevcik 方程计算得出 ZIF-8-CS/GCE 的 ESCA 值为 0.107 cm^2。作为比较，通过同样的方法计算得到 CS/GCE 上的 ESCA 值为 0.0503 cm^2。这个比较结果说明 ZIF-8-CS/GCE 比 CS/GCE 修饰电极具有更大的电化学活性表面积。

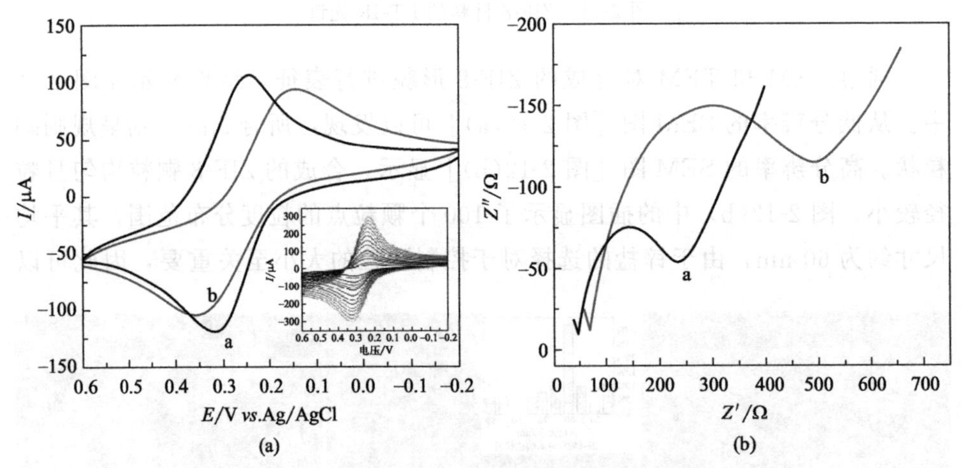

图 2-13 $K_3[Fe(CN)_6]$ 在不同电极上的电化学表征循环伏安图（插图：不同扫速下循环伏安图）(a) 和电化学交流阻抗图（EIS）(b)

图 2-13(b) 显示了 $K_3[Fe(CN)_6]$ 在 ZIF-8-CS/GCE（曲线 a）和 CS/GCE（曲线 b）上的典型 Nyquist 图。从高频区域的半圆直径来看，ZIF-8-

CS/GCE 的电子转移电阻（R_{ct}）为 197 Ω，明显小于 CS/GCE 的 R_{ct}（428 Ω），说明 ZIF-8 有利于促进电极表面的电子转移。

2.2.7 ZIF-8 对重金属离子溶出伏安响应的增强效应

图 2-14 显示了 Hg^{2+}、Cu^{2+}、Pb^{2+} 和 Cd^{2+} 在 0.1 mol/L pH＝3.0 的 NaAc-HAc 缓冲液中在 ZIF-8-CS/GCE 上的电流密度（j）。如图 2-14 所示，ZIF-8-CS/GCE 在空白的 NaAc-HAc 缓冲液中没有任何电流响应（曲线 a），这意味着 ZIF-8-CS 的材料是非电活性的。当 Hg^{2+}、Cu^{2+}、Pb^{2+} 和 Cd^{2+} 的 HMIs 混合溶液加入 NaAc-HAc 缓冲溶液中时，用 ZIF-8-CS/GCE 进行测试，分别在＋0.120 V、－0.132 V、－0.521 V 和－0.701 V 出现了四个明确而强烈的溶出峰（曲线 c），表明这四种 HMIs 可以有效富集在 ZIF-8-CS/GCE 化学修饰电极上，并呈现出优异的电化学响应。四种离子足够大的峰-峰电位差也表明可以同时检测四种 HMIs。此外，还研究了四个 HMIs 在 CS/GCE 修饰电极上的电化学响应，结果如图 2-14 曲线 b 所示。结果发现，与 Cd^{2+} 的溶出过程对应峰在 CS/GCE 上完全消失了，且与 ZIF-8-CS/GCE 上的溶出峰相比，Hg^{2+}、Cu^{2+}、Pb^{2+} 的溶出峰也急剧下降。这一结果表明，

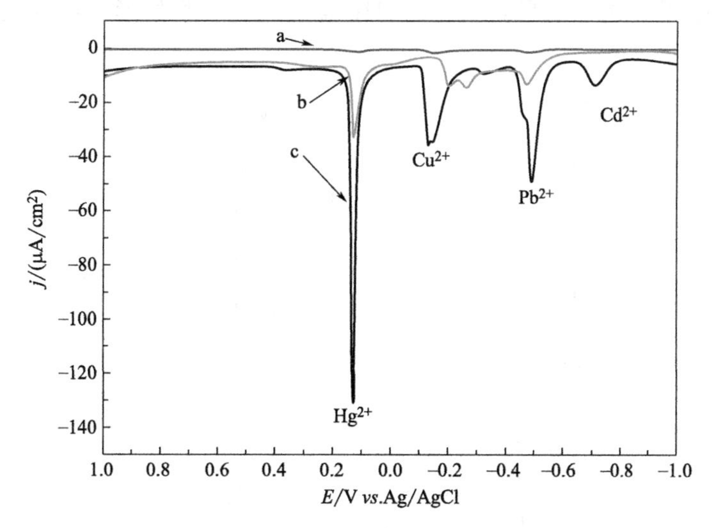

图 2-14 HMIs（Hg^{2+}，Cu^{2+}，Pb^{2+} 和 Cd^{2+}）在 CS/GCE 和 ZIF-8-CS/GCE 上的吸附溶出伏安曲线

a—空白液，ZIF-8-CS/GC；b—HMIs（Hg^{2+}，Cu^{2+}，Pb^{2+} 和 Cd^{2+}），CS/GCE；c—HMIs（Hg^{2+}，Cu^{2+}，Pb^{2+} 和 Cd^{2+}），ZIF-8-CS/GCE；j—电流密度

壳聚糖可以吸附重金属离子，但富集能力比 ZIF-8/CS 复合材料差。壳聚糖对重金属离子的吸附能力较弱的原因可能在于：在试验条件下（pH＝3.0），壳聚糖上的—NH_2 被质子化为—NH_3^+，这大大降低了—NH_2 与金属离子的配位能力。

根据上述实验结果，ZIF-8-CS/GCE 对四种 HMIs 的感应机理可以如下解释：ZIF-8 作为一种高性能的吸附剂，因其多孔结构而具有较大的表面积，咪唑配体具有许多吸附位点，在恒定的负电位下，在电极表面能有效吸附 HMIs（Hg^{2+}、Cu^{2+}、Pb^{2+}和 Cd^{2+}）。在这个过程中，金属离子被还原为零价的金属状态。然后，从低电位到高电位进行正向扫描时，被还原的金属在各自的氧化电位下被氧化和溶出，随着金属离子浓度的变化，氧化峰电流也随之变化。另一方面，基于不同的金属有不同的氧化电位，不同的金属离子便可实现同时分析。因此，本书编著者团队认为 ZIF-8-CS/GCE 可以作为一个高性能的传感装置，用于灵敏地分析 Hg^{2+}、Cu^{2+}、Pb^{2+}和 Cd^{2+}。

值得注意的是，Cu^0 的电化学还原产物和 Hg^0 的电化学还原产物容易形成 Cu-Hg 金属化合物。为了研究这一过程是否会影响传感分析结果，研究了单个 Cu^{2+}、Hg^{2+} 和它们的混合物在 ZIF-8-CS/GCE 上的溶出响应。如图 2-15 所示，Cu^{2+} 和 Hg^{2+} 在单独条件下的溶出反应与它们在混合溶液中的反应非常接近。这一结果表明，Cu-Hg 金属间化合物的形成不会发生在该电

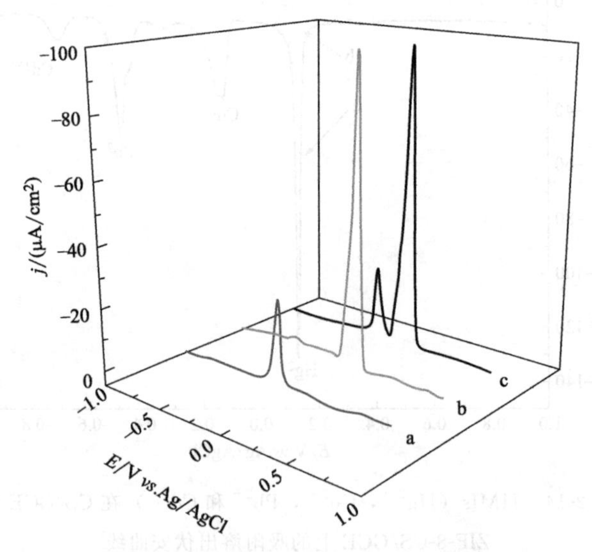

图 2-15　不同溶液在 ZIF-8-CS/GCE 上的吸附溶出伏安图

a—8 μmol/L Cu^{2+}；b—8 μmol/L Hg^{2+}；c—8 μmol/L Cu^{2+} 和 8 μmol/L Hg^{2+} 混合液

极表面，其原因可能是由于 Cu^{2+} 和 Hg^{2+} 在 ZIF-8 的不同位点上的结合，从而阻止了电还原过程中金属化合物的形成。

2.2.8 检测条件优化

制备纳米复合材料分散液的 ZIF-8 溶液（1.0 g/L）和 CS 溶液（3.0 g/L）的体积比、支持电解质的 pH 值、富集电位和富集时间等实验条件往往严重影响分析物的 DPASV 响应。因此，在这项工作中，为了获得 ZIF-8-CS/GCE 用于 HMIs 分析的最佳性能，对上述实验条件进行了优化。分析结果表明，改变 ZIF-8 溶液（1.0 g/L）与 CS 溶液（3.0 g/L）的体积比（2∶1、1∶1、1∶2 和 1∶10）制备 ZIF-8-CS 分散液，取 10 μL 进行电极修饰，体积比为 1∶1 时获得四个 HMIs 的最佳溶出响应。因此，选择该比例制备的复合材料作为修饰材料。图 2-16 显示了 NaAc-HAc 缓冲液不同 pH 值对四种 HMIs 的溶出峰值电流密度（j_p）的影响。可以清楚地看到，Hg^{2+}、Cd^{2+} 和 Pb^{2+} 的 j_p 值在 pH 值从 2.0～3.0 的初始部分增加，然后随着 pH 值的进一步增加而减少。在 2.0～4.5 的整个 pH 范围内，pH 值对 Cu^{2+} 的溶出反应没有显示出明显的影响。在较低的 pH 值范围内，四种离子的分析信号较弱，可能是由于 ZIF-8 中 2-甲基咪唑配体的质子化，降低了修饰膜对 HMIs 的吸附能力；而当支撑电解质的 pH 值过高时，HMIs 容易水解，也导致伏安反应的降低。因此，pH＝3.0 被选为以下分析的最佳 pH 值。

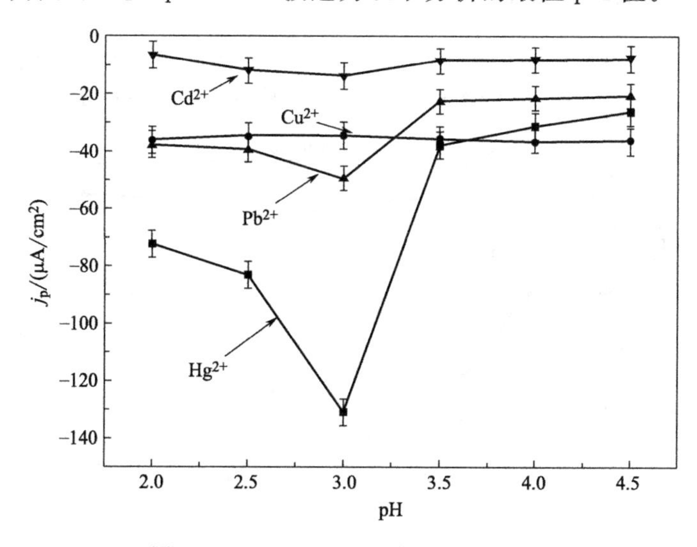

图 2-16 NaAc-HAc 缓冲液 pH 值优化

研究富集电位（E_a）对四种HMIs的溶出峰值电流密度响应的影响，富集电位的探究范围从−0.6 V到−1.1 V，结果显示在图2-17。可以看出，当富集电位从−0.6 V下降到−0.8 V时，Hg^{2+}和Pb^{2+}的j_p值增强，而在更负的电位范围内j_p值下降。在整个富集电位范围内，Cd^{2+}和Cu^{2+}的溶出峰受富集电位的影响较小。因此，选择−0.8 V作为后续实验的最佳富集电位。

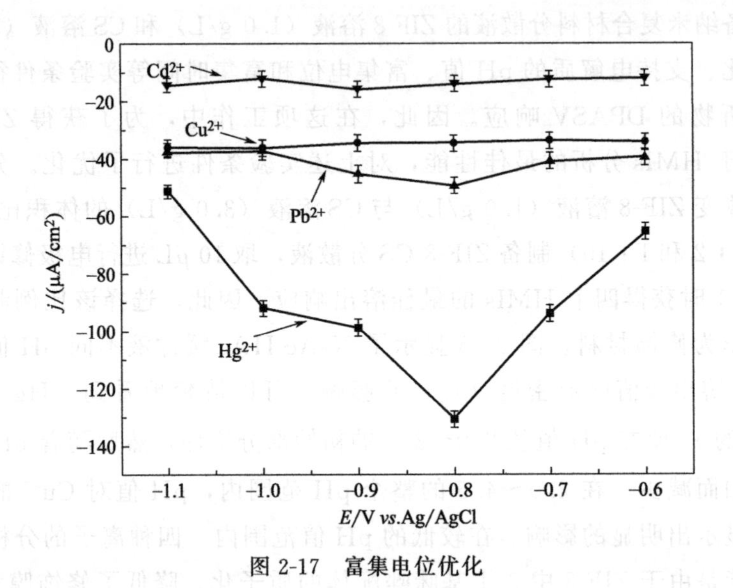

图 2-17　富集电位优化

在−0.8 V的富集电位下，进一步测试富集时间（t_a）对四个HMIs的溶出反应的影响，图2-18显示了t_a值对j_p的响应影响。如图2-18所示，

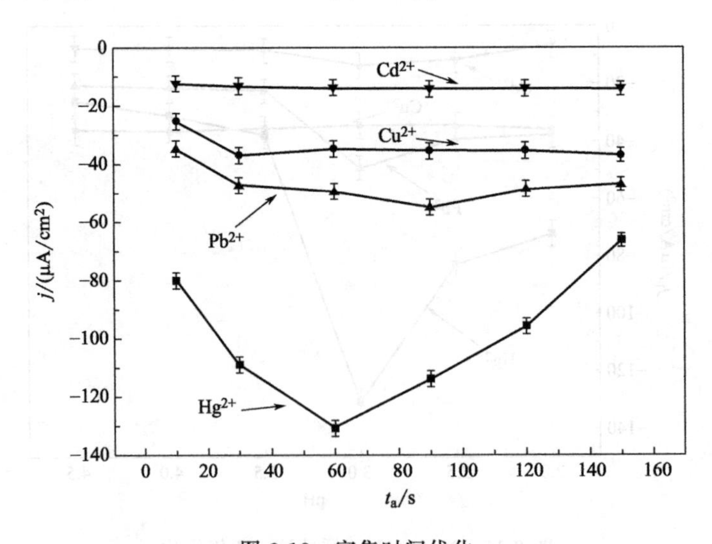

图 2-18　富集时间优化

Cd^{2+}的溶出信号受富集时间的影响较小。30 s后，Cu^{2+}的溶出信号几乎没有明显的变化。最强的Pb^{2+}和Hg^{2+}的溶出信号分别出现在90 s和60 s。然而，与Hg^{2+}相比，Cu^{2+}和Pb^{2+}在不同富集时间的溶出信号的变化很小。因此，在这项工作中选择60 s为富集时间。

2.2.9 传感器的性能分析及抗干扰实验

图2-19(a)显示了不同浓度的Hg^{2+}、Cu^{2+}、Pb^{2+}和Cd^{2+}的混合溶液在ZIF-8-CS/GCE上的溶出峰电流密度响应。显然，随着四种HMIs浓度从1.0～100 μmol/L，峰电流值逐渐增加，表明ZIF-8-CS/GCE适用于四种HMIs在较宽浓度范围内的分析。图2-19(b)显示了j_p与四种HMIs浓度(c)的关系，发现j_p与Hg^{2+}、Cu^{2+}、Pb^{2+}和Cd^{2+}的c呈良好的线性关系，回归方程如下：

Hg^{2+} (1.0～80 μmol/L)：$j/(\mu A/cm^2)=18.13-13.00c/(\mu mol/L)$；$R=0.9943$

Cu^{2+} (1.0～100 μmol/L)：$j/(\mu A/cm^2)=-1.543-3.026c/(\mu mol/L)$；$R=0.9961$

Pb^{2+} (1.0～100 μmol/L)：$j/(\mu A/cm^2)=23.83-7.426c/(\mu mol/L)$；$R=0.9913$

Cd^{2+} (1.0～100 μmol/L)：$j/(\mu A/cm^2)=23.53-3.561c/(\mu mol/L)$；$R=0.9701$

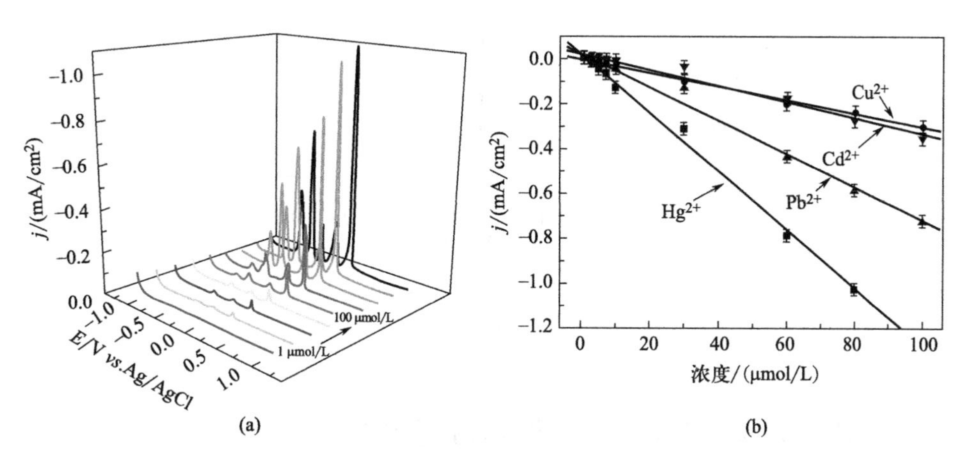

图2-19 (a)不同浓度HMI在传感器上的吸附溶出伏安曲线；(b) j_p与HMI浓度的关系曲线

根据线性回归方程，得到四种 HMI 的传感器灵敏度分别为 14.20μA·L/(μmol·cm^2)（Hg^{2+}）、2.797μA·L/(μmol·cm^2)（Cu^{2+}）、5.203μA·L/(μmol·cm^2)（Pb^{2+}）和 1.390μA·L/(μmol·cm^2)（Cd^{2+}）。此外，计算出 Hg^{2+}、Cu^{2+}、Pb^{2+}和 Cd^{2+}的检测限（LOD，$S/N=3$）分别为 0.029 μmol/L、0.11 μmol/L、0.062 μmol/L 和 0.14 μmol/L。实验结果说明以 ZIF-8-CS 作为电极材料同时检测 Hg^{2+}、Cu^{2+}、Pb^{2+}和 Cd^{2+}具有线性范围宽、检测限低的优势，表明所开发的电极具有很好的应用潜力。

在待测离子 50 倍浓度的 Zn^{2+}、Ni^{2+}、Co^{2+}、Fe^{2+}、Ca^{2+}、Mg^{2+}、Na^+、K^+、Cl^-、NO_3^- 和 SO_4^{2-} 的存在下，测试化学修饰电极对 0.01 mmol/L Hg^{2+}、Cu^{2+}、Pb^{2+}和 Cd^{2+}同时测定的选择性。结果显示，加入其他潜在干扰离子后，四种金属离子的溶出信号的相对信号变化范围在 1.64%～8.47%之间，表示该电极有较强的选择性和抗干扰能力。通过加入干扰离子混合物，也研究了 ZIF-8-CS/GCE 对四种离子分析的抗干扰性能。如图 2-20 所示，Hg^{2+}、Cu^{2+}、Pb^{2+}和 Cd^{2+}的相对信号变化分别为－4.2%、3.9%、－8.9%和－9.9%，这表明 ZIF-8-CS/GCE 的化学修饰电极即使在复杂的环境中也对四种离子具有较高的选择性。

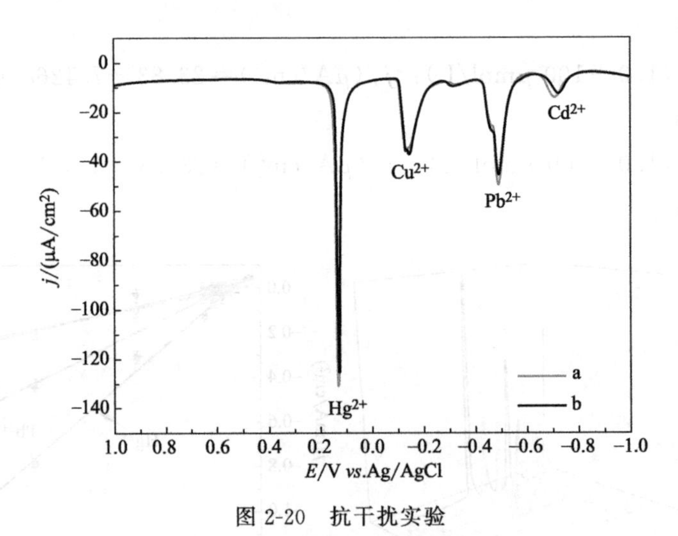

图 2-20 抗干扰实验

a—HMI；b—HMI 与干扰离子混合液

2.2.10 稳定性、重现性和可再生性

为了研究 ZIF-8-CS/GCE 在分析应用中的稳定性，将新制备的 ZIF-8-

CS/GCE 储存在冰箱中（约 4 ℃），储存 15 天后再测试四种 HMIs。结果显示，Hg^{2+}、Cu^{2+}、Pb^{2+} 和 Cd^{2+} 的溶出峰电流密度仅分别变化了 4.6%、4.7%、5.9%和 5.3%，表明 ZIF-8-CS/GCE 用于 HMIs 分析有较好的稳定性。ZIF-8-CS/GCE 的重现性是通过同样的方法制备 5 根电极，然后同时检测 0.05 mmol/L 的 Hg^{2+}、Cu^{2+}、Pb^{2+} 和 Cd^{2+} 来评价的。根据五次测试的峰值电流密度计算，Hg^{2+}、Cu^{2+}、Pb^{2+} 和 Cd^{2+} 的相对标准偏差（*RSD*）分别为 6.2%、3.2%、4.9%和 5.8%，表明所开发的 ZIF-8-CS/GCE 制备方法是可重复的。此外，ZIF-8-CS/GCE 的再生能力是通过在空白 NaAc-HAc 中重复 DPASV 扫描来评价的，直到所有 HMIs 的伏安信号完全消失，并再用于 Hg^{2+}、Cu^{2+}、Pb^{2+} 和 Cd^{2+} 的下一轮测试。结果显示，溶出峰电流密度仅分别下降了 13%（Hg^{2+}）、9.0%（Cu^{2+}）、7.0%（Pb^{2+}）和 11%（Cd^{2+}），表明 ZIF-8-CS/GCE 用于 HMIs 检测的可重复使用性是可接受的。

2.2.11 真实水样中重金属的同时检测

为了探索 ZIF-8-CS/GCE 对 Hg^{2+}、Cu^{2+}、Pb^{2+} 和 Cd^{2+} 的实际应用潜力，从我校（闽南师范大学）采集的湖水作为实际样品模型进行分析。在测量之前，水样用 0.22 μm 的膜过滤以去除生物体，然后用 0.1 mol/L pH=3.0 的 NaAc-HAc 稀释。此后，将含有 Hg^{2+}、Cu^{2+}、Pb^{2+} 和 Cd^{2+} 的混合标准溶液加入水样中，并在最佳条件下通过溶出峰电流密度进行分析。根据获得的溶出峰电流密度和线性回归方程，计算出实际测得的浓度。此外，通过比较测试的浓度和添加的已知浓度，得到了四个离子的回收率。结果列于表 2-5，从中可以看出，四种 HMIs 的测试浓度与添加的已知浓度非常接近，四种离子的回收率分别为 94%～114%（Hg^{2+}）、98.5%～107%（Cu^{2+}）、91%～107.5%（Pb^{2+}）和 98.5%～110%（Cd^{2+}），表明基于 ZIF-8-CS/GCE 在实际水样中监测 HMIs 是可靠的。

表 2-5 湖水样品中 Hg^{2+}、Cu^{2+}、Pb^{2+} 和 Cd^{2+} 的测定（n=3）

编号	加标量/(μmol/L)				检测值/(μmol/L)				回收率/%			
	Hg^{2+}	Cu^{2+}	Pb^{2+}	Cd^{2+}	Hg^{2+}	Cu^{2+}	Pb^{2+}	Cd^{2+}	Hg^{2+}	Cu^{2+}	Pb^{2+}	Cd^{2+}
湖水样品 1	10.0	10.0	10.0	10.0	11.4	10.4	10.4	10.9	114	104	104	109
	20.0	20.0	20.0	20.0	22.1	19.7	20.5	19.7	105	98.5	102.5	98.5
湖水样品 2	10.0	10.0	10.0	10.0	9.5	10.7	9.1	10.0	95	107	91	100
	20.0	20.0	20.0	20.0	18.8	20.8	21.5	22.0	94	104	107.5	110

2.2.12 展望

ZIF-8 在室温下通过简便的湿法制备后，与 CS 混合制备得到 ZIF-8-CS 复合材料，并首次将其作为 DPASV 分析四种 HMIs 的传感材料。结果表明，与 CS/GCE 的对照电极相比，Hg^{2+}、Cu^{2+}、Pb^{2+} 和 Cd^{2+} 四种 HMIs 在 ZIF-8-CS/GCE 上呈现独立的、明显增强的溶出氧化峰。这种增强效果可以归因于 ZIF-8 的大比表面积和对这四种 HMI 的强吸附性。在所制备的电极上，Hg^{2+}、Pb^{2+}、Cd^{2+}、Cu^{2+} 的检测限分别为 0.029 μmol/L、0.108 μmol/L、0.062 μmol/L 和 0.135 μmol/L。此外，当使用湖水作为实际样品时，获得了四种离子的高回收率，表明 ZIF-8-CS 修饰电极在监测实际样品中的 HMIs 方面很有应用前景，这项工作也拓展了 ZIF 型 MOFs 在多种重金属电化学吸附溶出伏安分析领域的应用。

2.3 HKUST-1 的原位电合成及其在苯二酚异构体传感检测中的应用

2.3.1 概述

酚类化合物苯二酚是有机合成中的重要中间体，广泛应用于抗氧化剂、农药、光稳定剂、染料、医药、橡胶制品、化妆品等工业生产[39,40]。然而，由于苯二酚的高毒性和在环境中的持久性，苯二酚的高利用率和高排放有可能导致严重的环境污染[41,42]。毒理学研究表明，苯二酚很容易通过皮肤或黏膜进入人体，引起一系列不良症状，如疲劳、头痛、头晕、耳鸣、发绀、肾损伤，甚至神经系统损伤。因此，开发快速、灵敏和可靠的分析方法来分析苯二酚将改善健康结果和环境监测[43-45]。

测定苯二酚的方法有很多，例如色谱法、电化学发光法、质谱法、毛细管电色谱法和电化学法[46-49]。其中，电化学法由于具有操作简单、仪器成本低、响应速度快、灵敏度高等优点，苯二酚的电化学检测受到了越来越多的关注[49]。然而，由于对苯二酚（HQ）、邻苯二酚（CT）和间苯二酚（RS）三种异构体（DBIs）具有相似的立体化学结构和连续的氧化还原电位，因此难以在非特异性电极上同时测定它们。为了克服这一缺点，基于 DBIs 的空间结构、电子云密度的差异以及它们与功能材料的亲和力差异，已经开发了许多策略来区分这一异构体的电化学信号[50,51]。

HKUST-1 及其衍生物作为一类由金属阳离子 Cu^{2+} 与有机配体苯三甲酸缔合而成的 MOFs，以其高孔隙率、超高比表面积、可调谐结构，显示其在各种应用中的潜力[52]。与石墨烯、多层碳纳米管等其他多孔材料不同，MOFs 是具有特殊优点的材料分支，例如易于合成，并且具有适合各种功能的广泛配位选择。在过去的二十年里，各领域对 HKUST-1 进行了大量的研究，其拓扑结构的数量逐年增加，其应用范围广泛，涉及几乎所有潜在领域，如吸附和分离、催化、成像和药物交付，传感器和光学应用等等。然而多数基于 MOF 的电化学传感器通常分两步制备：通过液相反应预合成 MOF，然后通过物理吸附将 MOF 固定在电极上。这种方法既复杂又耗时，不能保证修饰电极的稳定性，并且难以控制电极上 MOF 的含量。此外，大多数 MOF 的电子导电性较差，导致 MOF 传感器的分析灵敏度受到限制[53]。因此，在不影响 MOF 的高比表面积和丰富活性中心等优点的情况下，开发一种构建高电活性 MOF 基传感器的简单方法仍然是一个挑战。

本文利用电沉积层层自组装法将 $Cu_3(btc)_2$（btc：均苯三甲酸，HKUST-1）固定在涂覆有单壁碳纳米管-Nafion（SWCNT-Nafion）的玻碳电极（GCE）上，构建了同时检测苯二酚异构体的电化学传感器（图 2-21）。SWCNT-Nafion 的预修饰可以有效地促进 HKUST-1 的电子转移动力学。然后，在硝酸铜（Ⅱ）溶液中往 SWCNT-Nafion 上恒电位沉积一层 HKUST-1 的前躯体单质铜（Cu），再在 btc 配体溶液中，通过循环伏安法在 Cu/SWCNTs-Nafion 电极上原位电合成 HKUST-1。通过扫描电子显微镜（SEM）和衰减全反射傅里叶变换红外光谱仪（ATR-FTIR）光谱验证 HKUST-1 在电极表面是否成功制备。MOF 通过电沉积层层自组装法生长在电极表面，而不是在成膜剂的帮助下进行物理固定，MOF 的表面和活性位点能够直接暴露在外部环境中，使 MOF 的高比表面积、丰富的活性中心、孔隙效应得以最大限度的保持[54]。基于这些特点，当 HKUST-1 修饰电极用作分析 DBIs 的电化学传感器时，DBIs 的信号响应获得了良好的分离和较高的灵敏度。

2.3.2 SWCNT 修饰电极的制备

在电极制备之前，裸玻碳电极分别用 1.0 μm、0.3 μm、0.05 μm 的

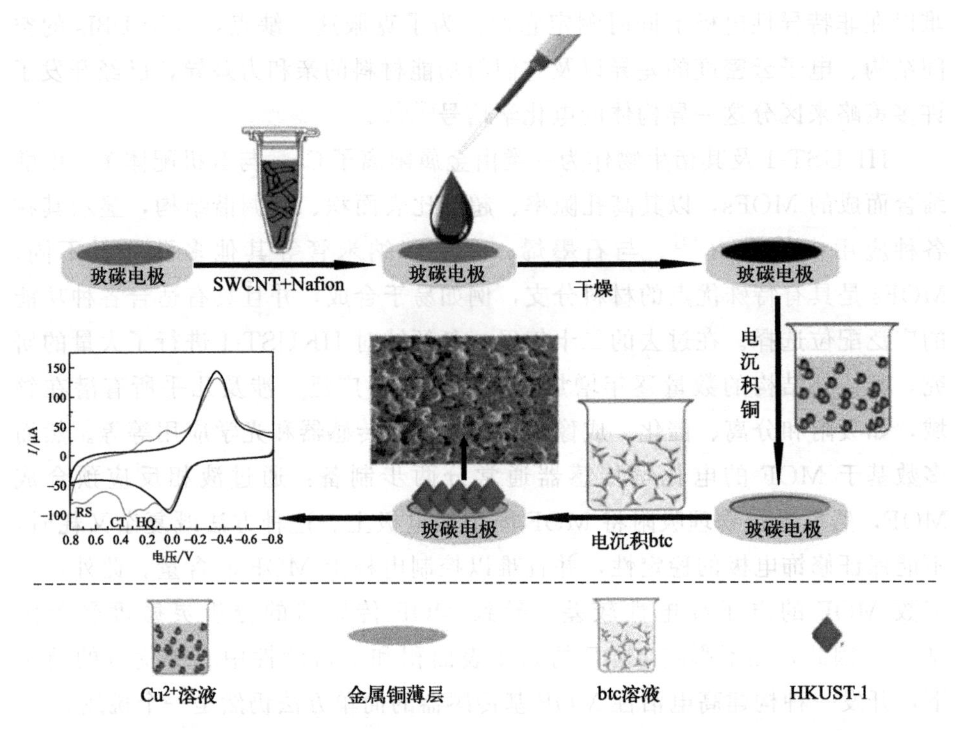

图 2-21　HKUST-1/SWCNT-Nafion 传感器制备及苯二酚异构体检测示意

Al_2O_3 抛光，依次在水、乙醇和水中超声，以去除吸附的污染物，用氮气吹干后，备用。将单壁碳纳米管分散在 1 mL 蒸馏水中，超声 30 min，形成均匀的黑色分散液。然后，100 μL 制备的单壁碳纳米管分散液（1.0 g/L）加到 100 μL 0.05% Nafion 溶液中，并进一步超声处理以获得 SWCNTs-Nafion 的混合分散液。将 10 μL SWCNT-Nafion 分散液滴涂在 GCE 上，自然晾干，用水冲洗后，得到了 SWCNT-Nafion/GCE 修饰电极。

2.3.3 SWCNT 修饰电极表面电化学原位合成 HKUST-1

首先，在 SWCNT-Nafion/GCE 上电化学沉积一层单质 Cu。具体细节如下：配制 50 mL 0.02 mol/L $Cu(NO_3)_2$、0.1 mol/L KCl 混合溶液，通入 N_2 20 min 以除氧，恒定电位 −0.4 V 条件下，Cu^{2+} 从该溶液沉积到 SWCNT-Nafion/GCE 上，持续 300 s，用 N_2 吹扫，制备得到 Cu/SWCNT-Nafion/GCE 修饰电极。

然后，配制含 0.01 mol/L btc 和 0.01 mol/L 十六烷基溴化铵（CTAB）

的混合溶液（$V_{水}$：$V_{乙醇}$＝1：3），通 N_2 20 min 除氧。Cu/SWCNT-Nafion/GCE 插入该溶液中，通过 CV 在－1.0～＋1.0 V 电位区间，扫描速度为 20 mV/s 条件下进行循环扫描 20 圈。扫描完成后，用水小心冲洗电极，获得 HKUST-1/SWCNT-Nafion/GCE 修饰电极。

2.3.4 HKUST-1/SWCNT 修饰电极的形貌和结构表征

用 SEM 对不同修饰电极进行形貌表征。图 2-22 显示了 SWCNTs-Nafion/GCE 的 SEM 图像。观察到由有褶皱的纳米线组成的均匀薄膜覆盖在电极表面，表明单壁碳纳米管和 Nafion 的复合材料具有不光滑表面。在 SWCNTs-Nafion/GCE 上电化学沉积 Cu 后，电极颜色从黑色变为棕色，这

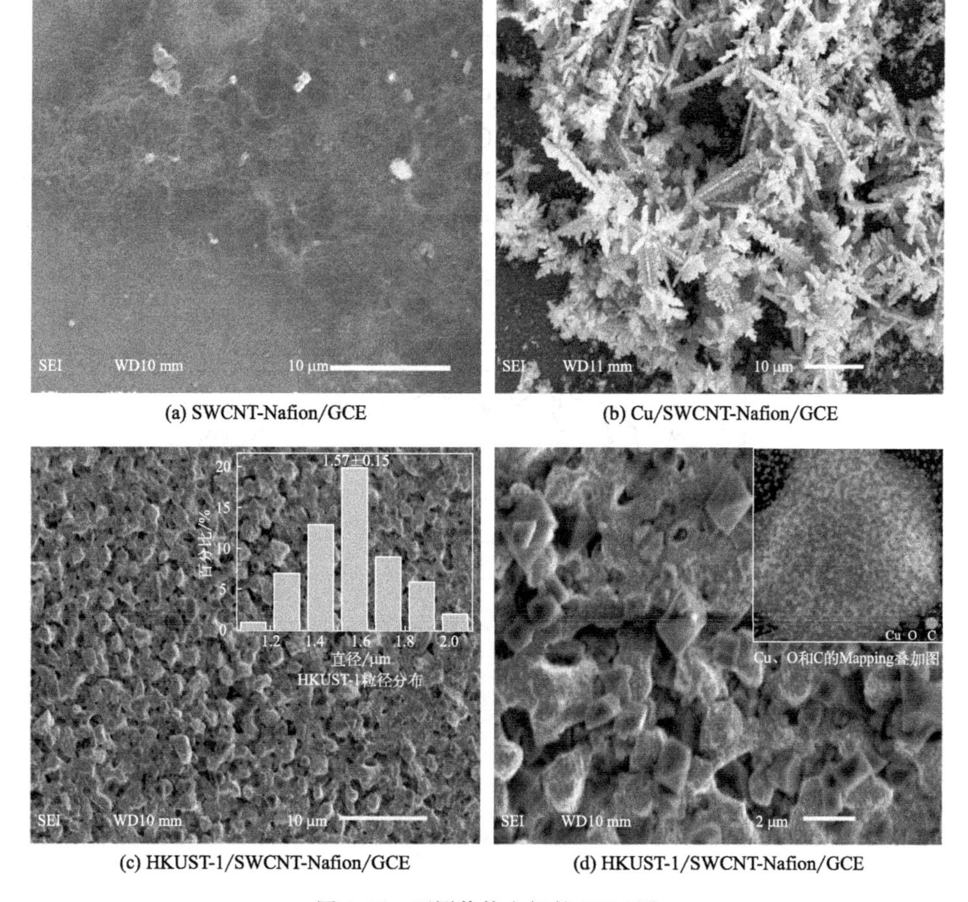

图 2-22 不同修饰电极的 SEM 图

意味着在复合材料表面有单质 Cu 的形成。SEM 结果显示为典型的铜枝晶[图 2-22(b)]，与之前的报道类似。将 Cu 修饰电极进一步在 btc 溶液中进行 CV 扫描，电极表面的颜色逐渐变为深绿色。扫描电镜显示，金属铜原有的枝晶结构消失，取而代之的是一些平均粒径约为 1.6 μm 的均匀颗粒[图 2-22(c)]。更高分辨率的 SEM 图像进一步显示该材料是具有清晰边缘和光滑表面的八面体颗粒 [图 2-22(d)]。EDS 图结果表明，Cu、C 和 O 元素均匀分布于电合成的 HKUST-1 上 [图 2-22(d) 插图]。所有这些都与 HKUST-1 的典型特征非常一致，表明它已通过原位电化学方法成功合成。值得注意的是，与预沉积单质铜纳米材料相比，制备的 HKUST-1 具有完全不同的形貌，这表明 HKUST-1 不是直接在预沉积金属铜纳米材料上生长的，而是在 CV 扫描时阳极溶出的 Cu^{2+} 与溶液中的 btc 配体发生原位配位反应形成的。

通过 ATR-FTIR 光谱研究了 HKUST-1 修饰电极的制备过程（图 2-23)。在 SWCNT-Nafion/GCE 观察到 1632 cm^{-1} 和 1347 cm^{-1} 处的强吸收峰对应于 C═C 伸缩振动吸收峰（曲线 a)。C—F 的吸收峰出现在 1241 cm^{-1}，源于 Nafion。在 SWCNT-Nafion 膜上电沉积单质 Cu 后，SWCNT 和 Nafion 的特征峰完全消失（曲线 b)，表明 SWCNT-Nafion 复合材料已完全被无红外响应的单质 Cu 覆盖。值得注意的是，在 3400 cm^{-1} 处的宽的倒置峰和约 1700 cm^{-1} 处的倒置峰，对应于—OH 和—C═O 基团的吸收峰位置，这可能

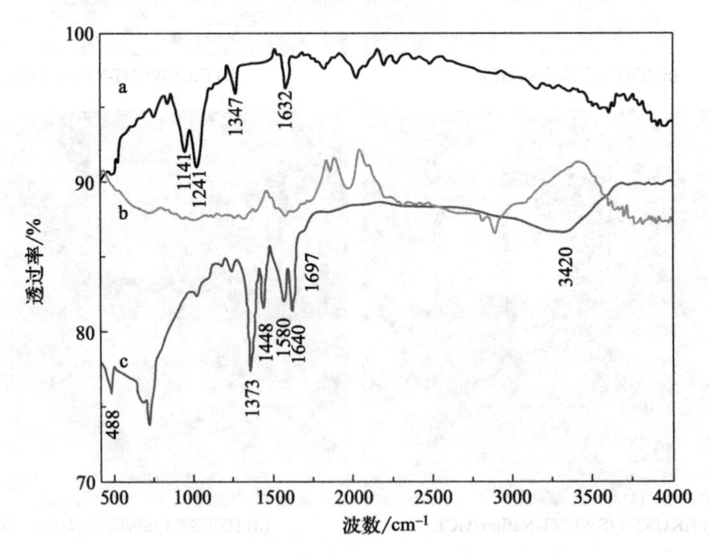

图 2-23 不同修饰电极的 ATR-FTIR 图

a—SWCNT-Nafion/GCE；b—Cu/SWCNT-Nafion/GCE；c—HKUST-1/SWCNT-Nafion/GCE

是由于实验过程中基线的扣除，即在裸 GCE 上生成一些基团，如—OH 和—COOH，然后无红外活性的单质 Cu 电极表面减去基线时，会生成一些倒置的峰。这一结果也证实了通过电沉积方法，电极表面已完全被单质铜覆盖。

电化学合成 HKUST-1 后，ATR-FTIR 光谱出现新的振动峰（曲线 c）。吸收峰位于 1640 cm^{-1} 和 1697 cm^{-1} 可归因于 btc 配体中—COOH 基团的不对称拉伸振动；而—COOH 基团对称拉伸振动峰分别对应 1373 cm^{-1} 和 1448 cm^{-1}；来自芳香苯环的 C═C 键在 1580 cm^{-1} 处显示出强烈的吸收带。这些结果都表明了 btc 配体存在于电极表面，与 Cu^{2+} 形成 MOF。在 488 cm^{-1} 处出现一个新的峰值也证实了这一结果，与 CuO 的配位键有关。所有这些结果证实，HKUST-1 已通过所提出的原位合成方法成功合成。

2.3.5 HKUST-1/SWCNT 电化学行为研究

通过循环伏安法研究了在 GCE 电极上逐步制备 HKUST-1 的过程（图 2-24）。SWCNT-Nafion 复合材料修饰电极在扫描中无电化学信号（曲线 a），在恒电位沉积 Cu 之后，电极出现了一对强烈的氧化还原峰（E_{pa} −0.12 V 和 E_{pc} −0.40 V）（曲线 b），这是单质 Cu 沉积和溶出过程。

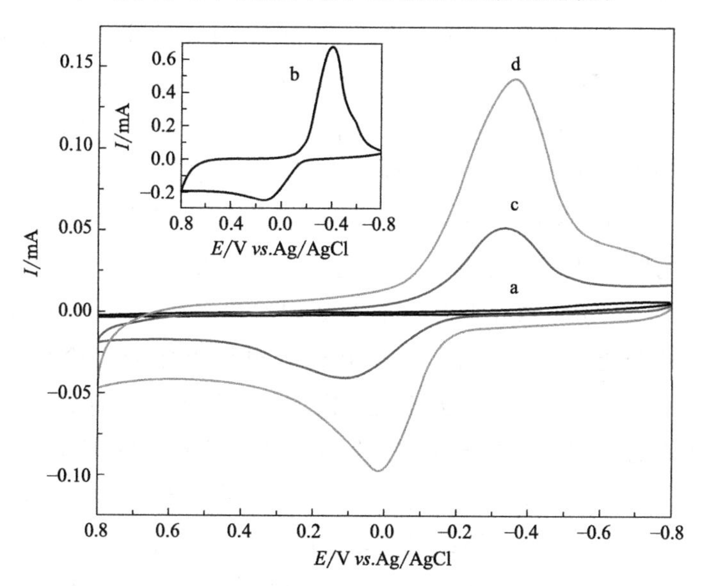

图 2-24 不同电极在 PBS 中的循环伏安图

a—SWCNT-Nafion/GCE；b—Cu/SWCNT-Nafion/GCE；c—HKUST-1/SWCNT-Nafion/GCE；d—HKUST-1/SWCNT-Nafion/GCE

单质铜修饰电极与btc电化学反应生成HKUST-1后，在0.02 V和−0.38 V有氧化还原信号（曲线d），归因于HKUST-1中$Cu^{2+/+}$的单电子交换过程。此外，单质Cu初始的氧化还原峰随着每次的CV扫描迅速降低，表明电极表面的单质Cu随着扫描的进行逐步变成电化学活性相对较差的HKUST-1。这一变化还说明，通过在btc中对单质铜修饰电极进行电化学扫描，可以方便有效地制备HKUST-1。

为了进行比较，还研究了HKUST-1在GCE上直接生长而无需SWCNTs-Nafion支撑的电化学信号。在SWCNT-Nafion上观察到一对具有与HKUST-1相同峰电位的氧化还原峰（曲线c），表明HKUST-1也可以在裸GCE上电合成。然而，HKUST-1/GCE的峰值电流远小于HKUST-1/SWCNT-Nafion/GCE的峰值电流，这表明SWCNT-Nafion的支撑膜通过提供更大比表面积和更强导电性有效地增强了HKUST-1的电化学性能。

2.3.6 苯二酚异构体在HKUST-1/SWCNT修饰电极上的电化学行为

图2-25显示了SWCNT-Nafion/GCE、HKUST-1/SWCNT-Nafion/GCE在空白溶液和含有0.1 mmol/L HQ、0.1 mmol/L CT和0.1 mmol/L RS的25 mmol/L PBS溶液中的CV图。在SWCNT-Nafion/GCE上，在−0.20 V和0.52 V位置，只发现一对不可逆的氧化还原峰，表明SWCNT-Nafion膜本身无法对DBIs产生电化学响应。当使用HKUST-1/SWCNTs-Nafion/GCE对DBIs进行检测时，HKUST-1的氧化还原峰仍然存在，而在0.69 V处观察到新的归属于RS的不可逆氧化峰，在0.20 V/0.006 V和0.32 V/0.18 V两处氧化/还原峰分别对应于HQ和CT。这表明，使用复合电极可以很好地分离分析DBIs。推测DBIs在修饰电极上能分离检测的主要原因是：①RS、CT和HQ的电子云密度依次增加，导致其固有氧化电位依次降低；②异构体的立体结构差异导致三种异构体与传感材料HKUST-1相互作用位点不同，例如HQ是线性结构分子，更容易插入HKUST-1的孔道中；③HKUST-1的羧基和异构体的羟基之间的不同相互作用也有助于异构体的分离。此外，由于HKUST-1的高比表面积和多孔径以及SWCNT优异的电化学导电性的协同作用，复合材料修饰电极显示出比SWCNT-Nafion电极大得多的峰值电流，进一步揭示了其用于DBIs电化学分析的潜力。

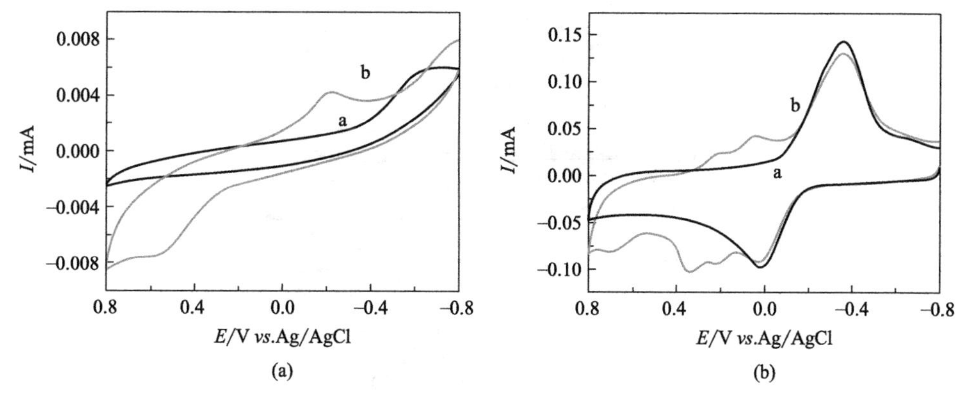

图 2-25 空白溶液（a）和 0.1 mmol/L DBIs（b）在不同电极上的循环伏安图

a—SWCNTs-Nafion/GCE；b—HKUST-1/SWCNTs-Nafion/GCE

2.3.7 苯二酚异构体的电化学参数

利用不同扫描速率下 DBIs 在传感器上的 CV 图，研究 DBIs 在传感器上的电子转移速率常数（K_s）和转移系数（α）等电化学参数。如图 2-26 所示，每个峰值电流（I_p）与扫描速率（v）呈线性关系，表明电化学反应过程受吸附控制。由于 HQ 和 CT 在电极表面的准可逆氧化还原过程，HQ［图 2-26(a)］和 CT［图 2-26(b)］的氧化还原峰的峰电位差（ΔE_p）随着扫描速率（v）的增加而增加。然后根据 Laviron 公式：

$$E_{pa}=E^{0'}+\frac{RT\ln v}{(1-\alpha)nF} \tag{2-2}$$

$$E_{pc}=E^{0'}-\frac{RT\ln v}{\alpha nF} \tag{2-3}$$

$$\ln K_s=\alpha\ln(1-\alpha)+(1-\alpha)\ln\alpha-\ln\frac{RT}{nFv}-\frac{(1-\alpha)\alpha nF\Delta E_p}{2.3RT} \tag{2-4}$$

确定 E_p 与扫描速率的对数（$\ln v$）关系。式中，n 为电子转移数；R 为理想气体常数；F 为法拉第常数；T 为开尔文温度；$E^{0'}$ 为电极反应标准电极电位。

根据 E_{pa}-$\ln v$ 线性关系，可以计算出 HQ 的 α 值为 0.66、K_s 值为 0.40 s^{-1}，CT 的 α 值为 0.49、K_s 值为 0.65s^{-1}。

由于 RS 经历不可逆氧化过程，因此采用另一个 Laviron 方程式(2-5) 测定 α 和 K_s。

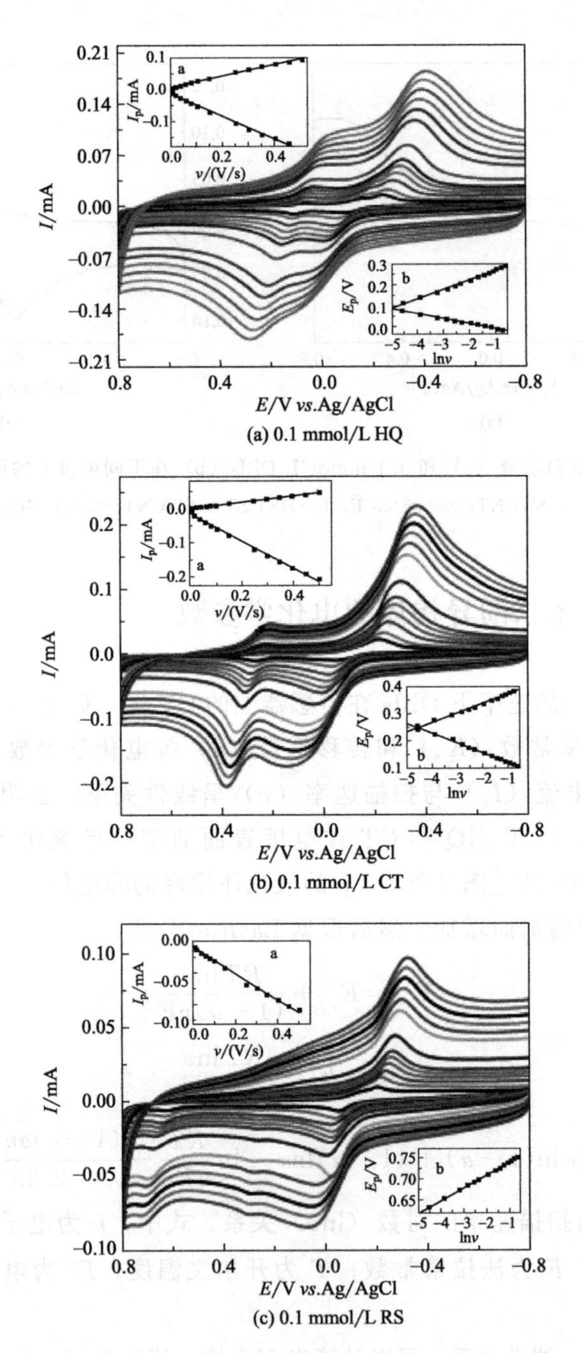

图 2-26　扫速对 0.1 mmol/L HQ、0.1 mmol/L CT 0.1 mmol/L RS 在 KUST-1/SWCNTs-Nafion/GCE 上循环伏安曲线的影响

a—峰值电流（I_p）与扫描速率（v）的关系曲线；b—氧化峰电位（E_p）与扫描速率对数值（ln v）的关系曲线

$$E_{pa}=E^{0'}-\frac{RT}{\alpha nF}\ln\frac{RTK_s}{\alpha nF}+\frac{RT}{\alpha nF}\ln\upsilon \tag{2-5}$$

$E^{0'}$的 0.60 V 值是通过绘制 E_p-υ ($\upsilon=0$) 得出的。然后根据 E_{pa} 对 $\ln\upsilon$ 作图的斜率 [图 2-26(b)]，可以计算出 α 值为 0.32，并且根据直线的截距可以确定 K_s 值为 0.21 cm/s。通过比较，发现 DBIs 在 HKUST-1/SWCNTs-Nafion 电极上具有比以往报道的电极更大的 K_s 值，表明开发的传感界面可以显著增强 DBIs 的电子转移动力学。

2.3.8 条件优化与传感分析性能

为了获得 DBIs 传感器的最佳分析性能，对传感器的制备条件进行了优化。结果表明，单质 Cu 的电化学信号随 SWCNT-Nafion 量的增加而增加。但是，当滴涂量超过 10 μL 时，Cu/SWCNT-Nafion 薄膜极易从电极表面脱落。因此，采用 10 μL 的 SWCNT-Nafion 分散液对电极进行修饰。电沉积实验表明，当电沉积时间超过 300 s 时，电极的氧化还原信号趋于稳定。因此，选择 300 s 作为单质铜的电沉积时间。此外，在 btc 溶液中对 Cu/SWCNT-Nafion 进行周期性扫描时，单质铜的氧化还原峰随扫描周期的增加而减小，20 次循环后，氧化还原峰无明显变化。因此，在 HKUST-1 的制备中选用 20 圈作为 btc 的沉积循环圈数。

在电化学检测条件的优化过程中，在 HKUST-1/SWCNT 修饰电极上选用具有较高灵敏度和分离度的差分脉冲伏安法（DPV）对 DBIs 进行分析。图 2-27 分别显示了不同浓度的 HQ、CT、RS 及 DBIs 的 DPV 响应，结果显示 HQ、CT 和 RS 的氧化峰分别出现在 0.124 V，0.248 V 和 0.693 V。在 0.1～300 μmol/L HQ，0.4～600 μmol/L CT，0.5～200 μmol/L RS 浓度范围内峰值电流（I_p）与各自的浓度呈线性关系。其遵循线性回归方程：

HQ：I_p/mA=−0.0076c（μmol/L）−7.30（r=0.976）

CT：I_p/mA=−0.0036c（μmol/L）−5.45（r=0.975）

RS：I_p/mA=−0.016c（μmol/L）−1.443（r=0.979）

根据 3σ 计算得到检测限（LOD）分别为 0.033 μmol/L（HQ）、0.13 μmol/L（CT）和 0.17 μmol/L（RS）。

2.3.9 传感器的选择性和稳定性

HKUST-1/SWCNTs-Nafion/GCE 的选择性是往 50 μmol/L DBIs 分别

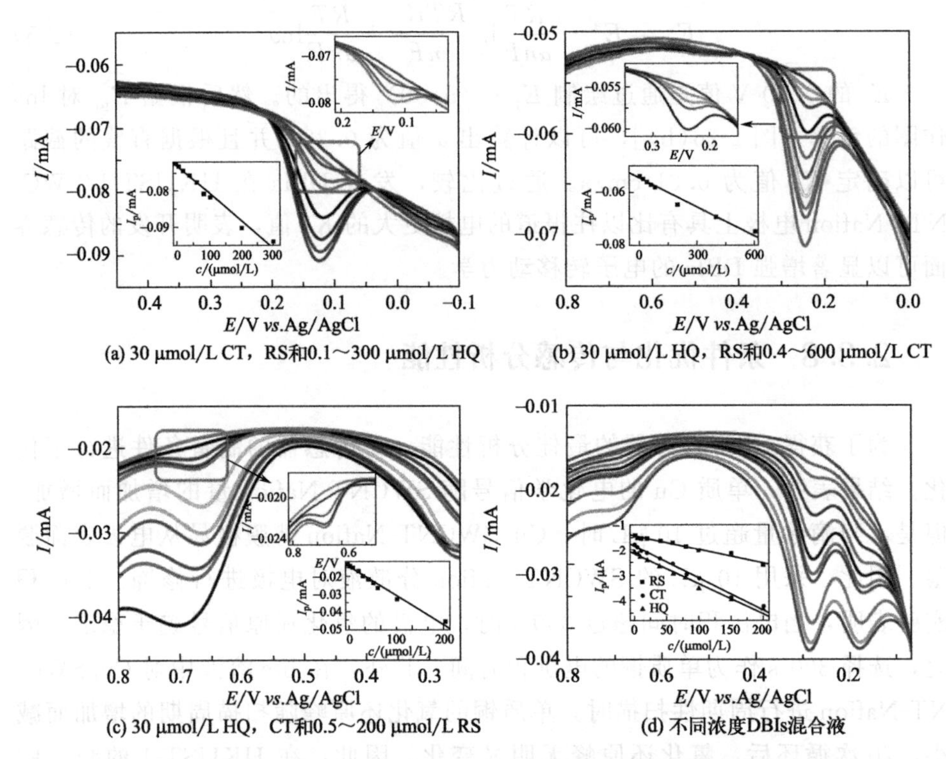

(a) 30 μmol/L CT，RS和0.1～300 μmol/L HQ　(b) 30 μmol/L HQ，RS和0.4～600 μmol/L CT

(c) 30 μmol/L HQ，CT和0.5～200 μmol/L RS　(d) 不同浓度DBIs混合液

图 2-27　传感器分别和同时检测 DBIs 的微分脉冲伏安图及工作曲线（插图）

添加 5 mmol/L 无机离子（如 Fe^{2+}，Zn^{2+}，Mg^{2+}，Ca^{2+}，K^{+}，Cl^{-}，SO_4^{2-}，NO_3^{-}）或 500 μmol/L 有机分子（如葡萄糖、抗坏血酸、双酚 A 和对氯苯酚）后的峰电流情况进行考察的。结果表明，添加干扰物质后，DBIs 的氧化峰电流变化均小于 5% [图 2-28(a)]，说明这些常见物质对 DBIs 分析不存在明显干扰。

通过将制备的传感器储存在室温下，每间隔 5 天对 50 μmol/L DBIs 进行检测以研究传感器的稳定性。传感器储存 15 天后，所有峰值的变化均小于 7% [图 2-28(b)]，表明采用原位生长法制备的电化学传感器具有良好的稳定性，这可归因于原位法合成的传感膜良好的化学性质和机械稳定性。

2.3.10　不同实际水样中苯二酚异构体分析应用

实验通过检测各种实际样品（如雨水、自来水和工业污水）中 DBIs 的回收率来考察 HKUST-1/SWCNTs-Nafion/GCE 电极于实际应用中的分析性能。测试之前，所有实际样品都通过 0.2 μm 膜过滤，并用 PBS 稀释 10

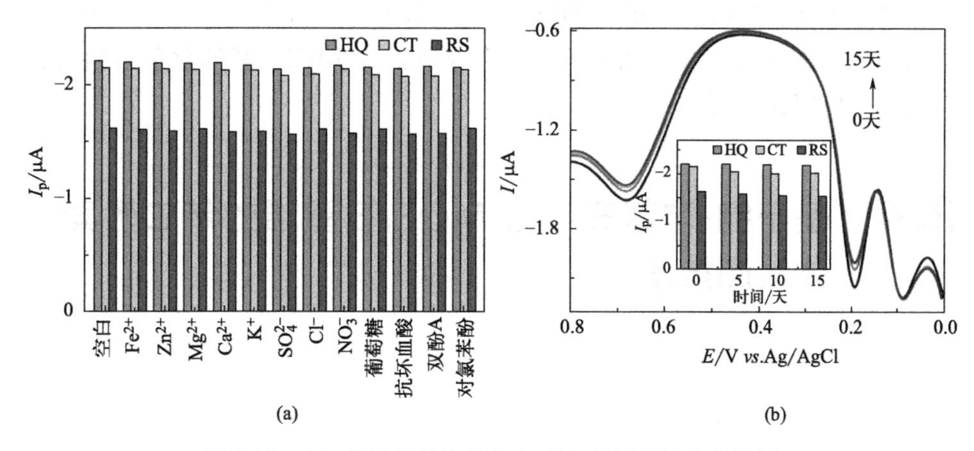

图 2-28 (a) 传感器的选择性和 (b) 传感器稳定性测试

倍。利用构建的传感器检测加入不同浓度 DBIs 标准溶液的实际样，并根据"检测浓度/添加浓度×100%"的公式计算回收率。结果列于表 2-6。结果显示所有回收率均在 97.7%～101.3%，表明该传感器适用于实际水样中的 DBIs 分析。

表 2-6 用 HKUST-1/SWCNTs-Nafion/GCE ($n=3$) 测定实际水样中的 HQ、CT 和 RS

样品	加标量/(μmol/L)			检测值/(μmol/L)			回收率/%		
	HQ	CT	RS	HQ	CT	RS	HQ	CT	RS
雨水	50.0	50.0	50.0	50.7±0.5	50.1±0.5	49.6±0.6	101.3	100.2	99.6
	80.0	80.0	80.0	79.6±0.9	80.3±1.3	79.7±1.2	99.5	100.4	99.7
自来水	50.0	50.0	50.0	49.7±0.4	49.4±0.6	49.6±0.4	99.4	100.5	97.7
	80.0	80.0	80.0	78.7±1.3	80.5±1.1	78.8±0.8	98.8	100.3	98.3
工业污水	50.0	50.0	50.0	50.3±0.8	49.9±0.9	50.2±1.1	100.7	99.7	101.3
	80.0	80.0	80.0	79.4±0.9	79.5±1.2	80.1±1.3	99.2	99.5	100.3

2.3.11 展望

本实验通过在 SWCNT-Nafion 修饰电极上电沉积单质 Cu，并在 btc 溶液中进行循环伏安扫描原位合成 HKUST-1。与传统方法（先合成 MOF，然后进行物理涂覆）相比，该方法可控且简便，保持了 HKUST-1 高比表面积、独特的孔结构和优异的电催化活性的特质，基于此构建的电化学传感器可实现同时检测 DBIs。将所制备的传感器应用于各种加标实际水样（如雨水、自来水和工业污水）中的 DBIs 分析，获得了令人满意的结果。该研究所提出的原位生长方法的优势可应用于制备其他 MOFs 基催化剂材料并推及电化学传感器应用。

2.4 基于铜-均苯三甲酸 MOF/石墨烯的苯二酚异构体检测技术

2.4.1 概述

邻苯二酚（CT）、间苯二酚（RS）和对苯二酚（HQ）是酚类化合物的三种典型的苯二酚异构体（DBIs），它们常共存于水样中作为一种污染物[55]。由于它们在生态环境中具有高毒性和低降解性，因此有必要开发简单快速的分析技术来测定它们。迄今为止，已经建立了几种定量测定 DBIs 的分析方法，如高效液相色谱法[56]、荧光法[57]、化学发光法[58]、分光光度法[59]、质谱法[60]、毛细管电色谱法[61] 和电化学法[62,63]。其中，电化学方法因其响应速度快、成本低、灵敏度高、选择性好等优点而备受关注。但是 CT、RS 和 HQ 的三种异构体具有相似的立体化学结构，且在电极上具有相近的氧化还原电位，通常很难同时测定它们。为了克服这一缺点，一些功能材料，如碳纳米管[64]、金属硫化物[65]、量子点[66]、石墨烯[67] 等，常被用作电化学传感材料，用于 DBIs 的同时测定。然而，这些材料存在合成过程复杂、毒性高和分析性能差的缺点。因此，开发用于同时测定 DBIs 的强大且方便构建的传感平台仍然是一个巨大的挑战。

$Cu_3(btc)_2$（btc＝均苯三甲酸）是最早的 MOF 化合物之一，具有交叉的 3D 网络，包含方形横截面的大孔。在过去十年中，$Cu_3(btc)_2$ 在气体吸附、储存和分离领域得到了广泛的研究[68]。近年来，MOF 在电分析领域的应用潜力也不断得到开发。例如，它已被用作检测葡萄糖、铅、过氧化氢和抗坏血酸的电化学传感材料[69-71]。然而，还没有发现 $Cu_3(btc)_2$ 作为电化学传感材料应用于高选择性和高灵敏的苯二酚异构体检测。

在此，通过共价固定将电活性 $Cu_3(btc)_2$ 固定在壳聚糖（CS)-电还原石墨烯（ERGO）上构建了一种新型的电化学传感器用来检测 DBIs（图 2-29)。壳聚糖（CS）是一种令人感兴趣的多糖生物高聚物，由于其无毒、成膜能力强、活性位点丰富、渗透性高、成本效益好等诸多优点，已广泛应用于农业、园艺、工业、生物医学和化学传感器等领域[72,73]。基于这些优点，在本工作中，在传感界面的构建过程中，CS 被涂覆在电极表面，然后用作 $Cu_3(btc)_2$ 的支撑载体。良好的成膜能力和稳定的共价键结合使传感界面具有高稳定性。

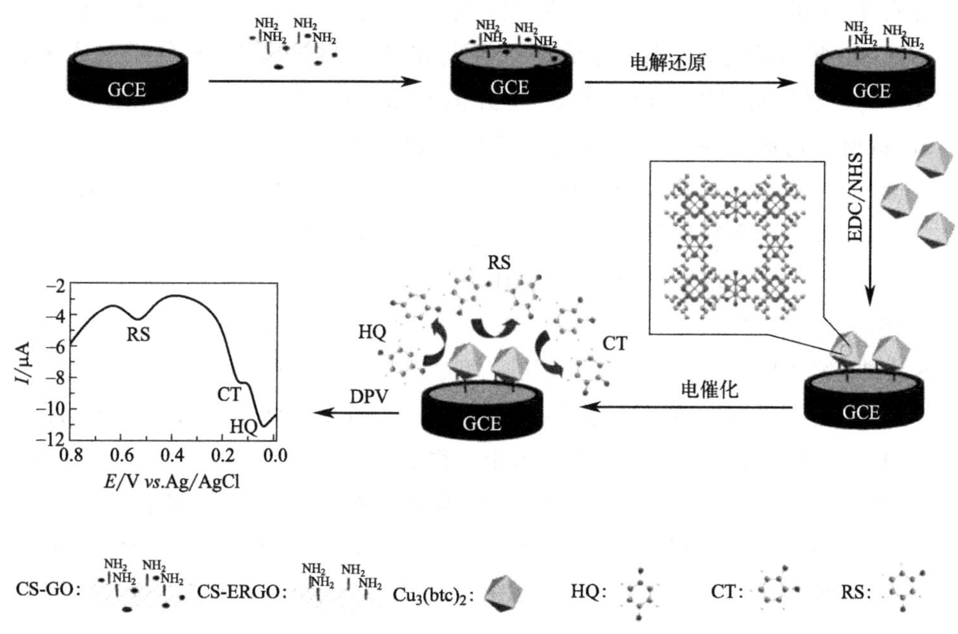

图 2-29 $Cu_3(btc)_2$/CS-ERGO 基传感器构建及邻苯二酚（CT）、间苯二酚（RS）和对苯二酚（HQ）同时检测示意

另一方面，为了提高电极的导电性，在 CS 中掺杂氧化石墨烯（GO），然后通过简单的电还原方法将其转化为高导电的还原形式（ERGO）[74,75]。使用扫描电子显微镜（SEM）、原子力显微镜（AFM）和能量色散 X 射线光谱仪（EDS）对所得材料和传感界面的形貌和结构进行了表征。电化学实验表明，基于 $Cu_3(btc)_2$ 独特的多孔性质和固有的氧化还原活性，苯二酚异构体 RS、CT 和 HQ 可以实现很好的分离检测。同时，CS-ERGO 的高电导率大大增强了 DBIs 电化学信号强度，使传感器具有高灵敏度。HQ、CT 和 RS 检测限分别为 0.44 μmol/L、0.41 μmol/L 和 0.33 μmol/L。所制备的传感器实现了实际样品中 DBIs 的准确测定，这拓宽了 MOF 在分析中的应用领域。

2.4.2 壳聚糖-氧化石墨烯分散液制备和铜-均苯三甲酸 [$Cu_3(btc)_2$] 合成

首先，用 Hummer 方法制备氧化石墨烯（GO）。往 200 mL 烧瓶中加入 1 g 石墨粉和 46 mL 98% 的浓硫酸，冰水浴中反应 2 h 后，加入 1 g 的 $NaNO_3$，继续反应 0.5 h，之后保持温度在 20 ℃以下，缓慢分批加入 6 g $KMnO_4$，然后将温度缓慢升至 38 ℃并恒温 2.5 h，而后加入 50 mL 去离子水，将混合物加热到 98 ℃，恒温 0.5 h。最后，加入 12.5 mL 30% H_2O_2 和 50 mL 二次蒸馏水终止反应。待混合物冷却至室温，过滤，并用 3% HCl 和二次蒸馏水进行多次洗涤，离心，最终将所得到的产物在 60 ℃下真空烘干，得到 GO 产品。称取 1 mg GO 溶解在 1 mL 二次蒸馏水中超声分散，即可得到分散性良好的棕黄色 GO 溶液。取 50 μL 1.0 g/L GO 与 50 μL 0.03 g/L CS 醋酸溶液混合，超声分散至均匀，即可得到 CS-GO 分散液。

根据已有文献，采用溶剂热法制备 $Cu_3(btc)_2$：将 $Cu(NO_3)_2 \cdot 3H_2O$（0.545 g）溶解于 7.5 mL 去离子水中，得到硝酸铜溶液，并将其与 7.5 mL 含 0.264 g btc 澄清的乙醇溶液相混合。超声处理 15 min 后，将混合液放入聚四氟乙烯内衬的不锈钢反应釜中，并在 120 ℃下加热 24 h。后冷却至室温，离心收集得到蓝色固体，并用乙醇和去离子水洗涤。随后，将蓝色沉淀物在 80 ℃下真空干燥 10h。

2.4.3 $Cu_3(btc)_2$ 在电还原氧化石墨烯（ERGO）修饰电极上的共价固定

将裸 GCE 分别用 1.0 μm、0.3 μm、0.05 μm 的 Al_2O_3 抛光后，依次用二次蒸馏水、乙醇、二次蒸馏水超声清洗 5 min，最后用 N_2 将电极表面吹干，备用。取 10 μL CS-GO 分散液滴涂于干净的电极表面，室温晾干。采用电还原的方法将 CS-GO 中的 GO 还原成石墨烯（ERGO）。还原过程如下：将 CS-GO/GCE 浸没在 25 mmol/L PBS（pH=7.0）缓冲溶液中，采用循环伏安法（CV）在 −1.6～+0.6 V 电位区间进行循环扫描，直到得到稳定的循环伏安曲线。将获得的电极浸泡在含有 2 g/L $Cu_3(btc)_2$ 和 10 mmol/L 1-(3-二甲氨基丙基)-3-乙基碳二亚胺盐酸盐（EDC），20 mmol/L *N*-羟基琥珀酰亚胺（NHS）的 PBS 均匀悬浮液中孵育 2 h。最后，修饰电极用去离子水仔细冲洗去除表面附着的 $Cu_3(btc)_2$，获得了 $Cu_3(btc)_2$ 修饰电极，表示为 $Cu_3(btc)_2$/CS-ERGO/GCE。作为比较，CS-ERGO/GCE 的修饰电极和 $Cu_3(btc)_2$/CS-GO/GCE 也以同样的方式制备。

2.4.4 量化计算

量子化学计算用 Guassian 09 程序包和模拟程序包（NWChem）进行：简而言之，DBIS 上的所有分子轨道计算用 Guassian 09 程序包密度泛函理论(DFT)/6-31G＋＋** 方法进行；$Cu_3(btc)_2$ 分子轨道则采用模拟程序包(NWChem) 中自旋非限制模型（UB3LYP）和 3-zeta 带极化函数（TZVP）基组进行计算。

2.4.5 $Cu_3(btc)_2$ 的形貌和结构表征

图 2-30(a) 显示了合成的 $Cu_3(btc)_2$ 的 SEM 图像，材料呈正八面体结构且形貌均一。从高分辨率图像［图 2-30(a) 的插图］可以看出，$Cu_3(btc)_2$ 八面体结构边缘长度约为 14 μm，相对的垂直顶点长度约为 18 μm。晶体颗粒边缘清晰，表面光滑，表明合成样品具有良好的结晶度和高纯度。XRD 结果［图 2-30(b) 中的曲线 b］表明，样品的所有衍射峰均与 $Cu_3(btc)_2$ 面心立方构型标准卡［CSD：XAMDUM06，图 2-30(b) 中的曲线 a］的位相一致，证明 $Cu_3(btc)_2$ 已成功合成。

$Cu_3(btc)_2$ 的结构由 FT-IR 图进一步证明，如图 2-30(c) 所示。特征峰在 488 cm^{-1} 处可归为 Cu—O 键。吸收带 1640 cm^{-1} 和 1580 cm^{-1}、1448 cm^{-1} 和 1373 cm^{-1} 分别归属于 btc 配体中羧酸基团的不对称和对称伸缩振动。为了研究合成 MOF 的比表面积和孔体积等结构性质，采用氮气吸-脱附等温线测量样品的比表面积和孔体积。图 2-30(d) 显示了在 77K 下，$Cu_3(btc)_2$ 典型的 N_2 吸-脱附等温线，并通过 Barrett-Joyner-Halenda（BJH）解析了其孔径分布。从结果可以看出，等温线是一个典型的 I 型曲线，证实了该 MOF 微孔结构的存在。

2.4.6 $Cu_3(btc)_2$ 修饰电极的 SEM 和 AFM 表征

$Cu_3(btc)_2$ 在 CS-ERGO 修饰电极（CS-ERGO/GCE）的固定通过 SEM

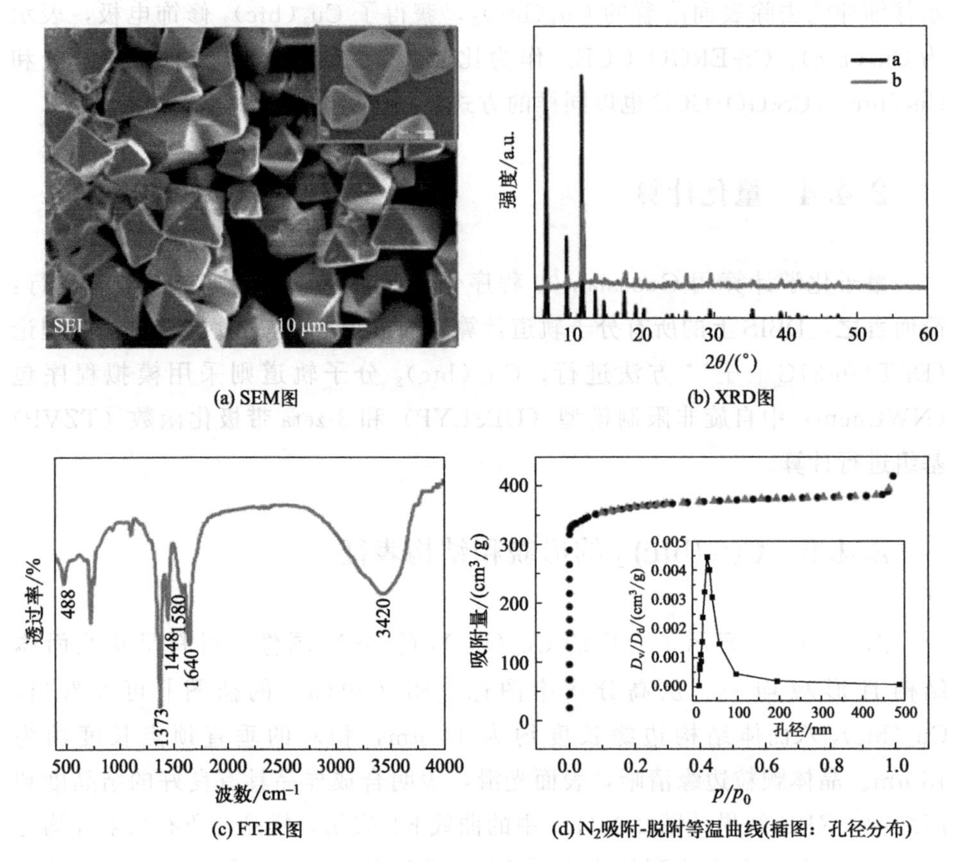

图 2-30　$Cu_3(btc)_2$ 的结构和物性表征

a—标准卡（CSD：XAMDUM06）；b—实验数据

和 AFM 进行表征。图 2-31 显示了 CS-ERGO/GCE 经预活化的 $Cu_3(btc)_2$ 修饰后的 SEM 图像。结果表明，CS-ERGO/GCE 呈现出明显的起伏褶皱状[图 2-31(a)]，这表明石墨烯材料已成功地修饰在电极表面。CS-ERGO/GCE 与用 EDC/NHS 预活化的 $Cu_3(btc)_2$ 反应后，可观察到一些固体颗粒分布在 CS-ERGO/GCE 表面［图 2-31(b)]。高倍图像显示，固定化后的 $Cu_3(btc)_2$ 仍保持了原始 $Cu_3(btc)_2$ 颗粒的八面体形状，但颗粒表面变得非常粗糙［图 2-31(c)]，这可能是由于活化过程中 $Cu_3(btc)_2$ 表面的微晶聚集所致。EDS 元素分析图谱表明混合体中存在 Cu、C 和 O 组分［图 2-31(e)～(g)]，这证明成功将 $Cu_3(btc)_2$ 修饰在 CS-ERGO/GCE 上。

原子力显微镜（AFM）是一种高分辨率的扫描探针显微镜，可以用来探测界面的形貌变化。图 2-32 显示了 CS/GCE、CS-ERGO/GCE 和 $Cu_3(btc)_2$/CS-ERGO/GCE AFM 表征中的三维（3D）（曲线 a）、平面图（曲线 b）和

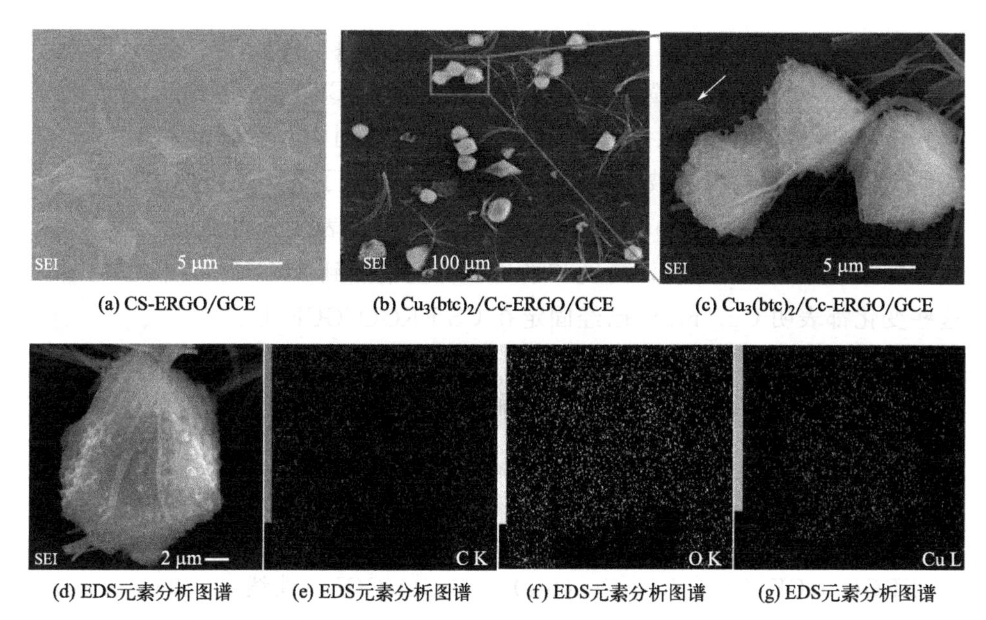

图 2-31　不同材料的 SEM 图和相应的 EDS 元素分析图谱

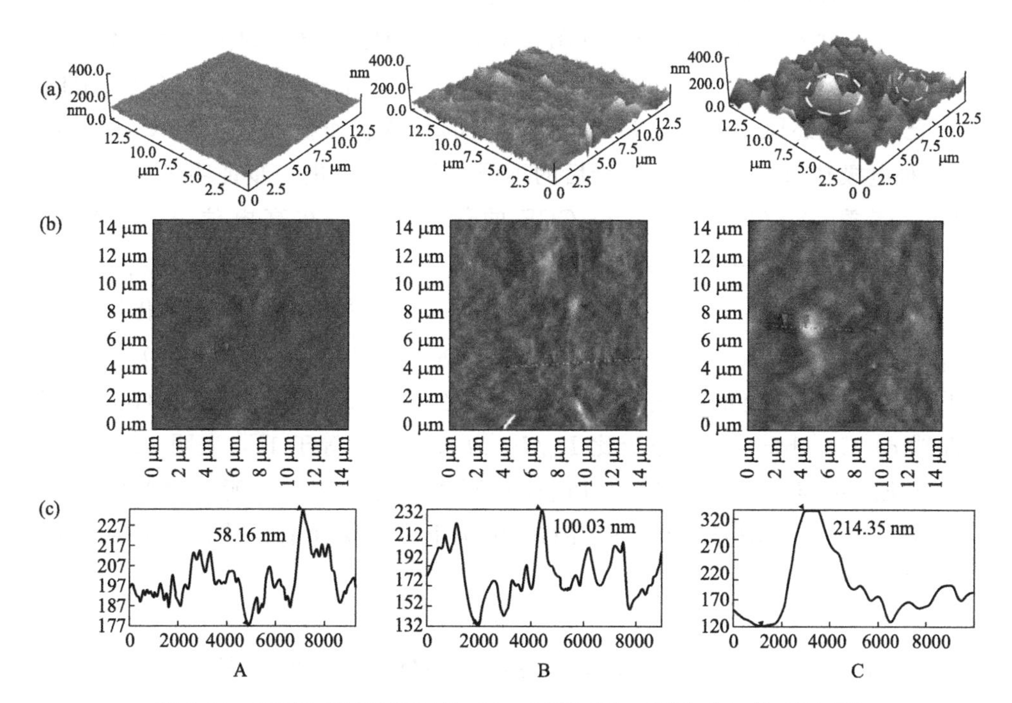

图 2-32　不同电极表面的三维（a）；平面（b）；剖面（c）的 AFM 图

A—CS/GCE；B—CS-ERGO/GCE；C—$Cu_3(btc)_2$/CS-ERGO/GCE

剖面线。如图所示，CS/GCE 的表面相对平坦光滑，最大高度为 58.16 nm，选取不同区域计算的粗糙度值为 8.44 nm。而在 CS-ERGO/GCE 表面观察到大量相邻峰出现，最大峰高和粗糙度分别增加到 100.03 nm 和 11.8 nm，表明 ERGO 纳米材料已被截留在 CS 膜内，并增强了修饰电极的表面积。当 CS-ERGO/GCE 与 $Cu_3(btc)_2$ 结合后，发现电极的表面变得更加粗糙，并看到许多隆起数微米的丘陵，高度和平均粗糙度增加到 214.35 nm 和 20.8 nm。这些变化都表明 $Cu_3(btc)_2$ 已经固定在 CS-ERGO/GCE 上。

2.4.7 $Cu_3(btc)_2$/ERGO 修饰电极的电化学行为

通过循环伏安法（CV）对不同修饰电极的电化学性能进行了评价。图 2-33 显示了在 25 mmol/L PBS（pH＝7.0）中 CS-GO/GCE（曲线 a），CS-ERGO/GCE（曲线 b），$Cu_3(btc)_2$/CS-GO/GCE（曲线 c）和 $Cu_3(btc)_2$/CS-ERGO/GCE（曲线 d）的 CV 图。发现 CS-GO/GCE 在高电位范围－0.4～0.8 V 内没有法拉第反应，但由于溶解氧在较低的电位（－0.55 V）被还原而产生了一个小且不可逆的峰（图 2-34）。修饰电极电还原处理后，CV 曲线的背景电流明显增大，溶解氧的还原峰增大，负移明显，这表明电极上的 GO 已成功被还原，从而改善了电极界面的有效表面积和电子转移动力学。这两种电极在与 $Cu_3(btc)_2$ 结合后的不同电化学响应进一步证明了这种增强效应。考察 $Cu_3(btc)_2$/CS-GO/GCE 的伏安行为，在高电位 0.001 V 和－0.274 V 观察到一对小的氧化还原峰（曲线 c）。根据文献报道，该法拉第信号对应 $Cu_3(btc)_2$ 的 Cu(Ⅱ)/Cu(Ⅰ) 的氧化还原过程。确定氧化峰电流（I_{pa}）与还原峰电流（I_{pc}）之比为 1.93，远大于 1，表明 $Cu_3(btc)_2$ 在 CS-GO/GCE 为准可逆的电化学过程。相比之下，$Cu_3(btc)_2$/CS-ERGO/GCE（曲线 d）$Cu_3(btc)_2$ 其峰电流比 I_{pa}/I_{pc} 为 0.97（约等于 1），表明 $Cu_3(btc)_2$ 在 CS-ERGO 电极上的电化学可逆性得到了很好的改善。所有这些实验表明，$Cu_3(btc)_2$ 成功修饰在 CS-ERGO 电极上，所构建的传感器具有高电化学活性的界面。

2.4.8 $Cu_3(btc)_2$ 对苯二酚异构体的电化学识别和量子化学计算

图 2-35(a) 是在 25 mmol/L PBS（pH＝7.0）中分别检测 DBIs 的 CV

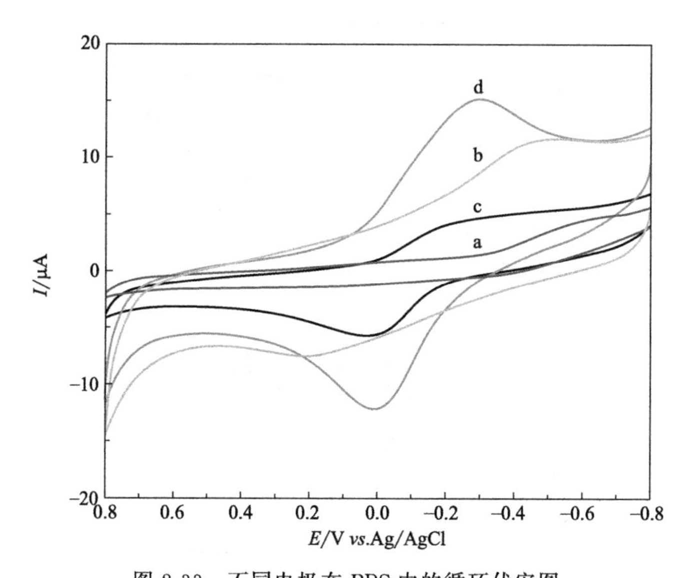

图 2-33 不同电极在 PBS 中的循环伏安图

a—CS-GO/GCE；b—CS-ERGO/GCE；c—$Cu_3(btc)_2$/CS-GO/GCE；d—$Cu_3(btc)_2$/CS-ERGO/GCE

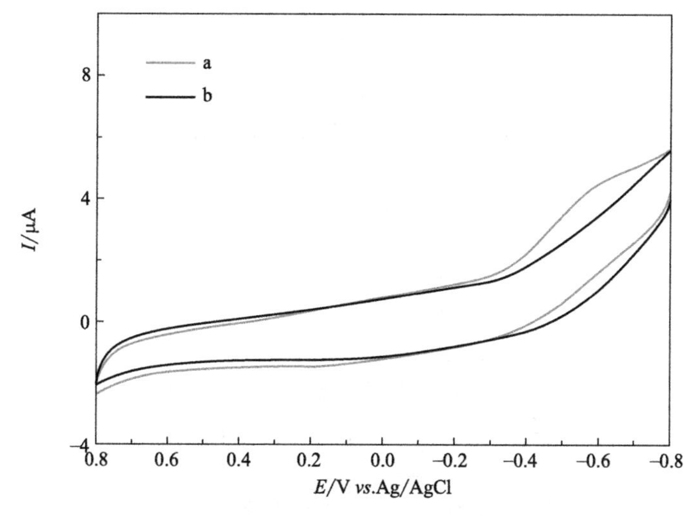

图 2-34 CS-GO/GCE 在 25 mmol/L PBS（pH=7.0）脱氧处理前后循环伏安图

a—无氮气脱氧；b—N_2 脱氧处理 20 min 后

图，其结果对应 1 mmol/L HQ（曲线 a)、CT（曲线 b）或 RS（曲线 c)。如图所示，所有 CV 响应在 0 V 左右有一对氧化还原峰，根据图 2-35 的结果，该氧化还原峰对应 $Cu_3(btc)_2$ 中 Cu(Ⅱ)/Cu(Ⅰ) 的电子转移，表明 $Cu_3(btc)_2$/CS-ERGO/GCE 修饰电极在 DBI 存在时仍保持其原有的电化学特性。

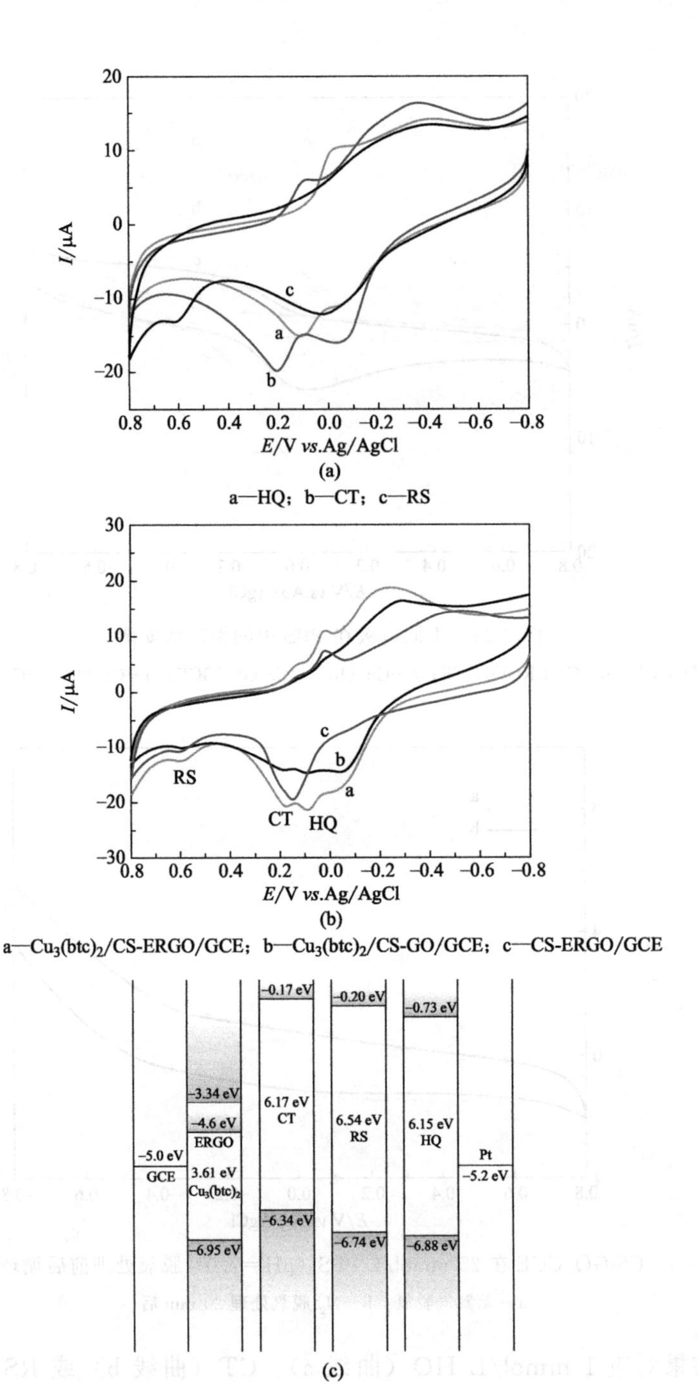

图 2-35 (a) 0.1 mmol/L HQ、CT 或 RS 在 $Cu_3(btc)_2$/CS-ERGO/GCE 上的循环伏安图；(b) DBIs 混合液在不同电极上的循环伏安图；(c) $Cu_3(btc)_2$、HQ、CT 和 RS 的 LUMO 和 HOMO 模型

当 HQ、CT 和 RS 分别存在于 PBS 溶液中时，0.100 V、0.006 V（HQ，曲线 a）和 0.203 V、0.094 V（CT，曲线 b）以及 0.612 V（RS，曲线 c）处出现新的氧化还原峰，这表明这三种异构体在 $Cu_3(btc)_2$/CS-ERGO/GCE 上都表现出良好的电化学响应。

此外，为了研究 $Cu_3(btc)_2$/CS-ERGO/GCE 对 DBIs 的同时检测性能，在溶液中，加入 HQ、CT 和 RS 混合物，并用 $Cu_3(btc)_2$/CS-ERGO/GCE 进行测试。结果如图 2-35(b) 曲线 a 所示，与图 2-35(a) 相比，可在 0.603 V 处观察到归属于 RS 的氧化峰，及 CT 和 HQ 在 0.196 V，0.102 V 和 0.094 V，0.012 V 电位的两对明显的氧化还原峰。作为对照，DBIs 混合物在 CS-ERGO/GCE 和 $Cu_3(btc)_2$/CS-GO/GCE 两个电极上的电化学响应也进行了测试。研究发现，在 CS-ERGO/GCE（曲线 c），只能在 0.605 V 和 0.149 V 观察到两个峰。前者是 RS 的氧化峰，后者是 CT 和 HQ 氧化峰的重叠，这表明 DBIs 的氧化峰不能被 CS-ERGO/GCE 完全区分开来。此外，在 $Cu_3(btc)_2$/CS-GO/GCE 电极上（曲线 b），DBIs 所有异构体的电化学响应虽然可被区分开，但信号强度明显小于在 $Cu_3(btc)_2$/CS-ERGO/GCE 上的响应。因此，可以得出结论，$Cu_3(btc)_2$/CS-ERGO 膜具有同时检测 DBIs 的能力，且具有较高的灵敏度，这与 $Cu_3(btc)_2$ 优异的区分性能和 ERGO 优异的导电性是分不开的。量子化学计算也证明了 $Cu_3(btc)_2$/CS-ERGO 对 DBIs 的电化学区分机理。众所周知，氧化电位通常取决于从电活性分子到工作电极的电子转移和从分子到铂电极的空穴转移。在这项工作中，传感膜 $Cu_3(btc)_2$/CS-ERGO 与苯二酚异构体之间的肖特基势垒是氧化电位的主要来源。通过考虑电子和空穴两种障碍，其简单平带模型如图 2-35(c) 所示。氧化电位可以简单地由两个电极上的苯二酚异构体的最低占据分子轨道（LUMO）和最高占据分子轨道（HOMO）之间的差距引起。经计算，RS 的 LUMO 和 HOMO 的能量差距最大（6.54 eV），因此其氧化电位也最高。这与电化学实验结果相一致。相同地，CT 和 HQ 的 LUMO 和 HOMO 能量差距分别为 6.17 eV 和 6.15 eV。这两个数值非常相近，意味着这两个物质有着相邻的氧化峰电位。但是由于 $Cu_3(btc)_2$ 对不同物质的吸附能力不同造成电极表面的各种偶极作用，进一步扩大其氧化电位。

2.4.9 苯二酚异构体在传感界面上的电化学动力学参数

了解 DBIs 在 $Cu_3(btc)_2$/CS-ERGO/GCE 上的电荷转移特性，分别记录

HQ、CT 和 RS 在该电极上不同扫描速率（v）下的 CV 图。从图 2-36 所示的 CV 图可以观察到，随着扫描速率的增加，DBI 的电化学信号逐渐增强。同时，HQ 和 CT 的氧化还原峰电流（I_{pa}，I_{pc}）和 RS 的不可逆氧化峰电流（I_{pa}）与扫描速率均呈良好的线性关系，遵循以下回归方程：

HQ［图 2-36(a) 内插图 a］：

$I_{pa}/\mu A = -81.0461 v/(V/s) - 5.7729$（$r = 0.9960$）

$I_{pc}/\mu A = 53.2349 v/(V/s) + 4.2040$（$r = 0.9921$）

CT［图 2-36(b) 内插图 a］：

$I_{pa}/\mu A = -96.0749 v/(V/s) - 8.5268$（$r = 0.9945$）

$I_{pc}/\mu A = 41.0143 v/(V/s) + 1.5600$（$r = 0.9921$）

RS［图 2-36(c) 内插图 a］：

$I_{pa}/\mu A = -76.4147 v/(V/s) - 4.9443$（$r = 0.9945$）

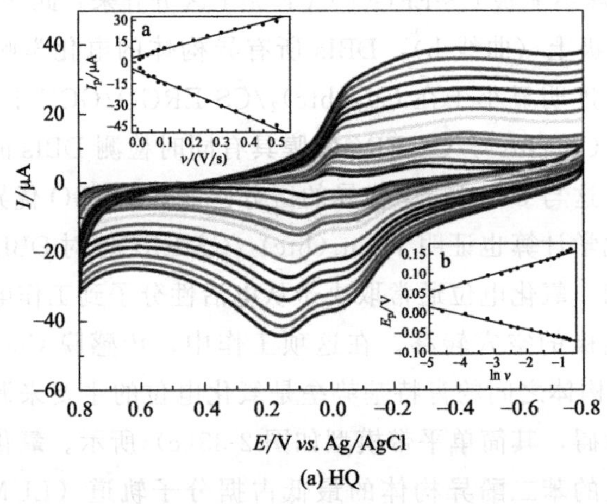

(a) HQ

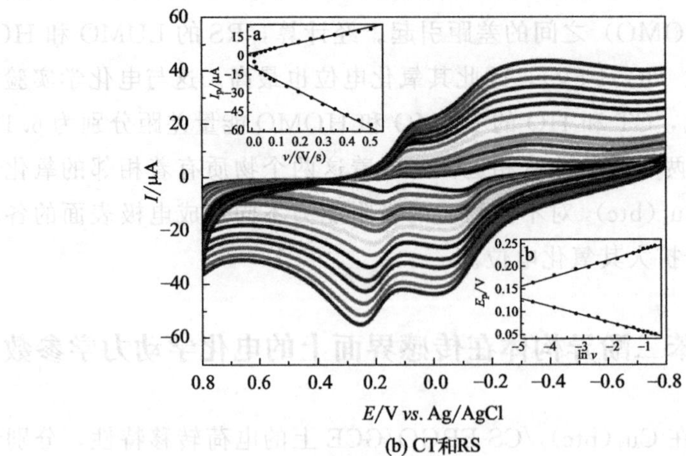

(b) CT和RS

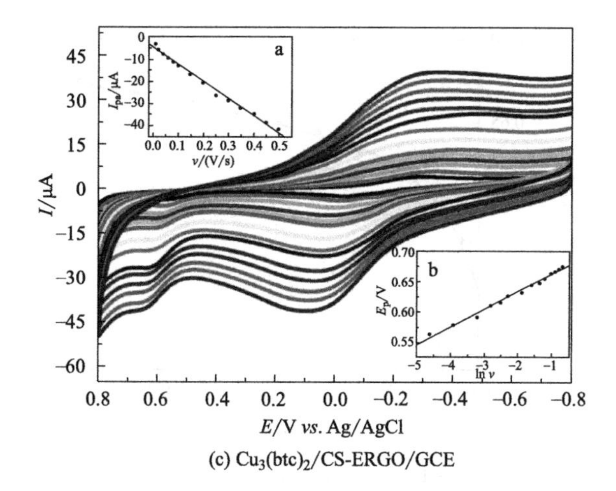

图 2-36　0.1 mmol/L HQ；CT 和 RS；在 $Cu_3(btc)_2$/CS-ERGO/GCE 上的不同扫描循环伏安图

插图 a—峰值电流（I_p）与扫描速率（v）关系曲线；插图 b—峰值电位（E_p）与 ln$v$ 的关系曲线

这些结果表明 DBIs 在修饰电极上的所有电化学反应都是吸附控制过程。因为 HQ 和 CT 的氧化还原峰峰电位差均大于 0.20/nV，所以电子转移系数（α）和标准电子转移速率常数（K_s）两个电化学参数可根据 Laviron 方程[式(2-2)、式(2-3) 和式(2-4)] 进行计算。如图 2-36(a) 和图 2-36(b) 所示，E_{pa} 和 E_{pc} 与 ln$v$ 呈线性关系，线性方程为：

HQ：$E_{pc}/\text{V}=-0.0192\ \ln v\ (\text{V/s})-0.0791\ (r=0.9974)$

$E_{pa}/\text{V}=0.0233\ \ln v\ (\text{V/s})+0.1694\ (r=0.9920)$

CT：$E_{pc}/\text{V}=-0.0184\ \ln v\ (\text{V/s})+0.0382\ (r=0.9992)$

$E_{pa}/\text{V}=0.0208\ \ln v\ (\text{V/s})+0.2595\ (r=0.9920)$

因此，HQ，CT 的 α 和 K_s 的值分别计算为 0.55，0.52 s^{-1} 和 0.53，0.54 s^{-1}。这些值与基于 CdS/r-GO，石墨烯-壳聚糖的传感器中获得的值相比较，表明 DBIs 在开发的传感界面上具有快速的电子转移动力学。

对于 RS 的不可逆氧化过程，其动力学参数（α 和 K_s）可以根据方程式(2-5) 计算出来。根据图 2-37 所示的 E_{pa} 与 v 的关系，通过将曲线延长至 $v=0$，得到 $E^{0'}$ 的值为 0.55 V。然后从图 2-36(c) 的插图 b 中氧化峰电位 E_{pa} 与 ln$v$ 呈线性关系，线性回归方程 $E_{pa}/\text{V}=0.0307\ln v(\text{V/s})+0.6963$ ($r=0.9912$)。因此，根据回归方程的斜率和截距可以计算 α 和 K_s 值分别为 0.44 和 0.28s^{-1}。

HQ、CT 和 RS 在 $Cu_3(btc)_2$/CS-ERGO/GCE 上的电催化速率常数通过计时电流法（CA）进一步测定。图 2-38(a) 显示了在 25 mmol/L PBS 下，

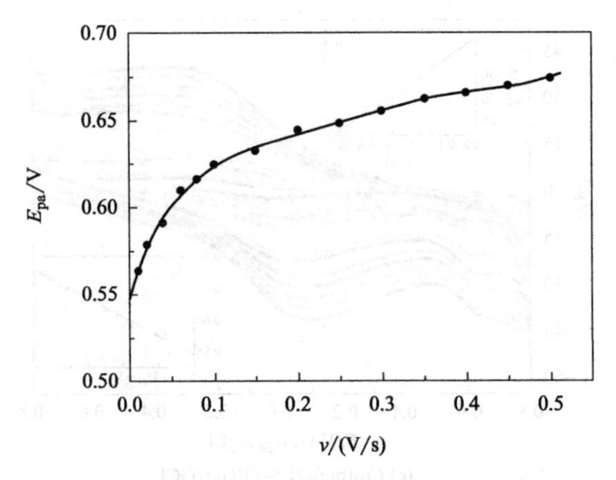

图 2-37　峰电位（E_p）对扫描速率（v）的曲线

不同浓度 HQ 在 $Cu_3(btc)_2$/CS-ERGO/GCE 上的 CA 响应。显然，随着 HQ 加入量的增加，电流也增加，说明 $Cu_3(btc)_2$/CS-ERGO 的传感层对 HQ 有电催化作用。然后根据式(2-6) 计算传感器对 HQ 的催化速率常数（k_{cat}）：

$$\frac{I_{cat}}{I_L}=(\pi k_{cat} c_0 t)^{1/2} \tag{2-6}$$

式中，I_{cat} 为存在分析物的催化电流；I_L 为不存在分析物的催化电流；c_0 为浓度；t 为时间。可计算出该传感器对 HQ，CT 和 RS 的平均催化速率常数（k_{cat}）分别为 3.2×10^5L/(mol·s)，7.8×10^4L/(mol·s) 和 1.9×10^3L/(mol·s)，进一步表明 HKUST-1/CS-ERGO/GCE 对 HQ、CT 和 RS 具有良好的催化作用。

2.4.10　$Cu_3(btc)_2$ 基传感界面用于苯二酚异构体的同时检测

DPV 技术在定量分析方面比 CV 技术具有更高的灵敏度和更好的分辨率，因为它是通过在线性电压扫描上施加一个小的电压脉冲并在脉冲后的短时间内对差动电流进行采样来实现的。因此，DPV 被进一步用于评价 $Cu_3(btc)_2$/CS-ERGO/GCE 传感器对 HQ、CT 和 RS 定量分析的性能。图 2-39(a) 显示了 $Cu_3(btc)_2$/CS-ERGO/GCE 在含有 30 μmol/L CT 和 30 μmol/L RS 中逐渐加入 HQ 的 DPV 曲线，其中氧化峰电流随 HQ 含量的增加而增加，而整个实验过程，CT 和 RS 的峰值几乎没有变化，这表明 CT 和 RS 的氧化产

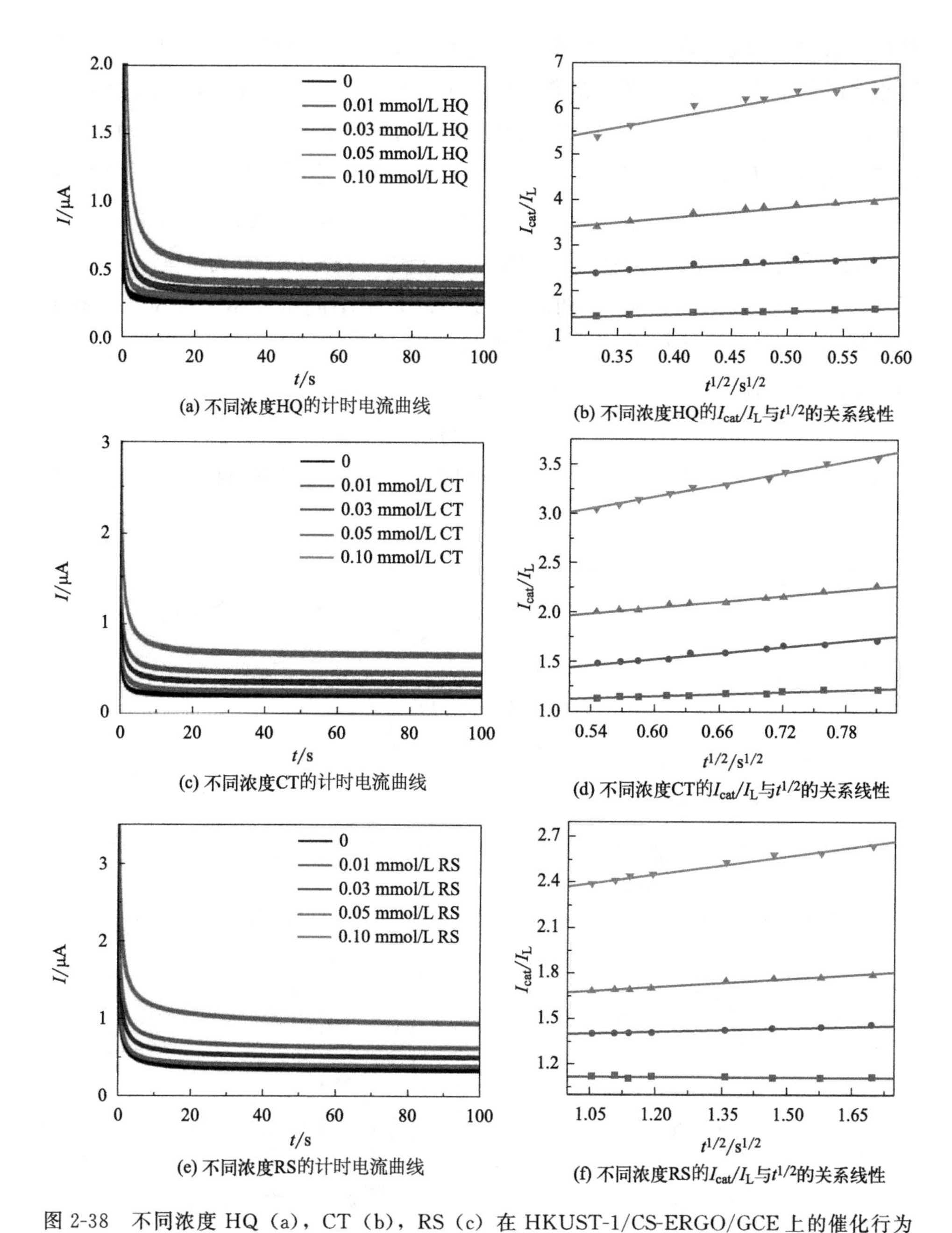

图 2-38　不同浓度 HQ（a），CT（b），RS（c）在 HKUST-1/CS-ERGO/GCE 上的催化行为

物没有不可逆的吸附在电极表面阻碍对 HQ 的检测。随着 HQ 浓度的增加，HQ 的氧化峰电流逐渐增强，氧化峰电流（I_{pa}）与 HQ 浓度（c_{HQ}）在 0.5～400 μmol/L 范围内呈良好的线性关系［图 2-39(a) 中的插图］，其线

性回归方程为 $I_{pa}/\mu A = -0.0168c_{HQ}$（μmol/L）−0.3052（$r = 0.9939$）。然后根据信噪比 $S/N = 3$，检测限（LOD）为 0.44 μmol/L。同样，在 25 mmol/L PBS（pH=7.0）中，HQ 和 RS 的浓度保持在 30 μmol/L，CT 的峰值电流（I_{pa}）与 CT 浓度在 2.0～200 μmol/L 范围内呈良好的线性关系[图 2-39(b)]，线性方程 $I_{pa}/\mu A = -0.0687c_{CT}$(μmol/L)−0.0506（$r = 0.9992$）[图 2-39(b) 的插图]，根据 $S/N = 3$，CT 的 LOD 为 0.41 μmol/L。图 2-39(c) 显示了 25 mmol/L PBS（pH=7.0）中不同浓度 RS 与 30 μmol/L HQ 和 CT 共存的 DPV 响应。结果表明，在 1.0～200 μmol/L 范围内，I_{pa} 与 RS 的浓度成正比。回归方程 $I_{pa}/\mu A = -0.0803c_{RS}$(μmol/L)−0.0213（$r = 0.9965$）[图 2-39(c) 插图]，LOD 为 0.33 μmol/L（$S/N = 3$）。所有这些分析结果表明，所提出的传感器允许同时、灵敏地检测 HQ、CT 和 RS，且不会相互干扰。

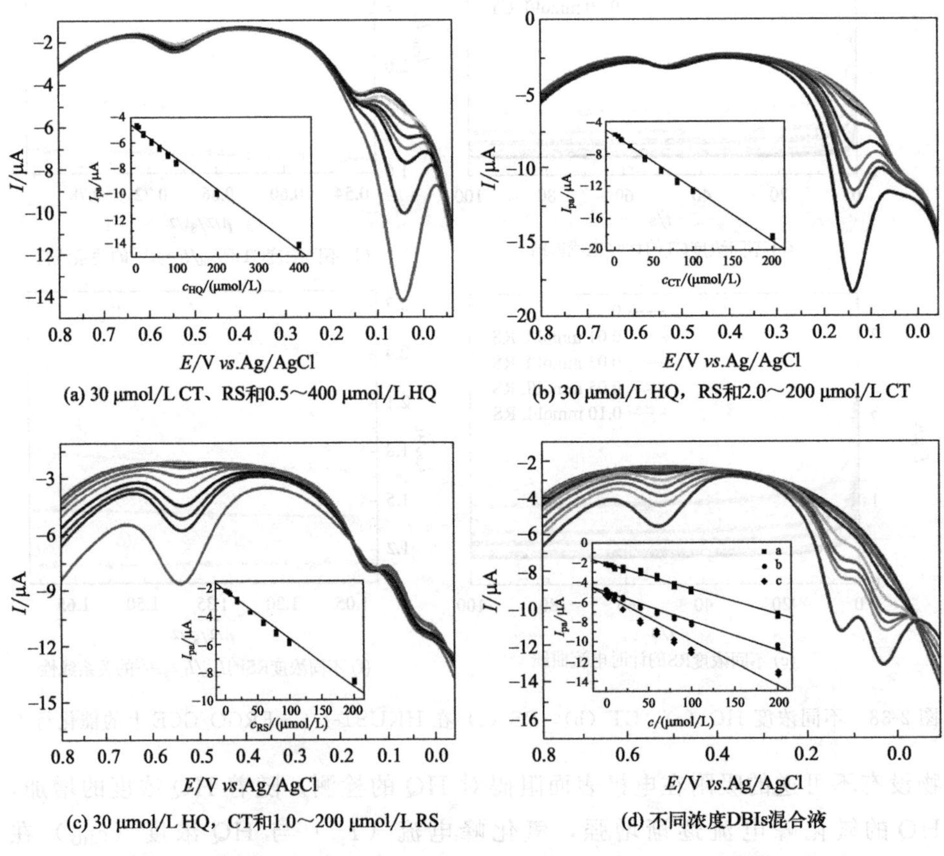

(a) 30 μmol/L CT、RS和0.5～400 μmol/L HQ

(b) 30 μmol/L HQ，RS和2.0～200 μmol/L CT

(c) 30 μmol/L HQ，CT和1.0～200 μmol/L RS

(d) 不同浓度DBIs混合液

图 2-39　传感器分别和同时检测 DBIs 的微分脉冲伏安图及工作曲线（插图）

此外，$Cu_3(btc)_2$/CS-ERGO/GCE 用于同时测定浓度同时发生变化的 HQ、CT 和 RS。测定结果如图 2-39(d) 所示，可观察到三个明显不同的氧化峰，表明 HQ、CT 和 RS 在 $Cu_3(btc)_2$/CS-ERGO/GCE 上的催化反应独立发生，且三者的氧化峰电流（I_{pa}）在 5.0～200 μmol/L 范围内随浓度线性增加。线性回归方程分别为

HQ：$I_{pa}/\mu A = -0.0128 c_{HQ}(\mu mol/L) - 0.3188$（$r=0.9954$）；

CT：$I_{pa}/\mu A = -0.0556 c_{CT}(\mu mol/L) - 0.0643$（$r=0.9917$）；

RS：$I_{pa}/\mu A = -0.0203 c_{RS}(\mu mol/L) - 0.0841$（$r=0.9974$）。

2.4.11 抗干扰实验

传感器可行性的一个重要问题是其区分分析物和干扰物的能力。在这项工作中，本书编著者团队考察了存在不同干扰物时，50 μmol/L HQ、CT 和 RS 在 $Cu_3(btc)_2$/CS-ERGO/GCE 上的电化学响应。结果表明，常见的无机离子如 K^+、Na^+、Ca^{2+}、Mg^{2+}、Zn^{2+}、Cl^-、NO_3^- 和 SO_4^{2-} 过量 100 倍时，不会对 HQ、CT 和 RS 的检测产生干扰（信号变化低于 5%）。此外，还研究了 2-硝基苯酚、4-硝基苯酚、甘氨酸、尿素酸、葡萄糖、抗坏血酸、柠檬酸、对羟基苯甲酸甲酯、对氨基苯酚、丙酮等有机和生物分子（过量 10 倍）对 DBIs 电化学响应的影响，响应变化均小于 7.5%。所有这些结果表明，该传感器对 HQ、CT 和 RS 的测定具有良好的抗干扰能力。

2.4.12 重现性和稳定性

$Cu_3(btc)_2$/CS-ERGO/GCE 的重现性通过制备五根平行电极测定 0.1 mmol/L HQ、CT 和 RS 来体现。五根电极对 DBIs 检测结果的相对标准偏差（*RSD*）分别为 3.4%，4.1%和 3.9%，说明构建的传感器有较好的重现性。修饰电极稳定性的研究通过将修饰电极在室温下放置 2 周后，仍可重复检测 HQ、CT 和 RS，表明传感器具有良好的稳定性。

2.4.13 不同实际水样中的苯二酚异构体检测应用

通过检测不同实际环境水样中的 HQ、CT 和 RS，检验了所制传感器的实时监测性能。其结果如表 2-7 所示，回收率保持在 98.0%～101.4%范围

内，表明该电极用于水样中HQ、CT和RS的同时检测具有良好的可行性和可靠性。

表 2-7 $Cu_3(btc)_2$/CS-ERGO/GCE对实际样品中的HQ、CT和RS的测定

样品	样品量/(μmol/L)	加标量/(μmol/L)			检测值/(μmol/L)			回收率/%		
		HQ	CT	RS	HQ	CT	RS	HQ	CT	RS
自来水	—	50	50	50	50.70±0.6	50.14±0.5	49.83±0.7	101.4	100.3	99.7
		80	80	80	79.58±0.9	80.32±1.3	79.78±1.2	99.5	100.4	99.7
雨水	—	50	50	50	49.89±0.4	50.38±0.7	48.98±0.5	99.8	100.8	98.0
		80	80	80	78.97±1.3	80.49±1.1	78.82±0.9	98.7	100.6	98.5
污水	—	50	50	50	50.46±0.8	49.85±0.9	50.53±1.2	100.9	99.7	101.1
		80	80	80	80.37±1.0	79.63±1.4	80.28±1.5	100.5	99.5	100.4

2.4.14 展望

由于一些MOF具有良好的电化学活性、高比表面积和良好的孔径的特点，因此在电化学传感领域受到越来越多的关注。然而，MOF作为同时检测苯二酚异构体的传感材料的应用尚未报道。在这项工作中，电活性 $Cu_3(btc)_2$ 被共价固定在CS-ERGO膜上被作为同时测定邻苯二酚（CT）、间苯二酚（RS）和对苯二酚（HQ）的传感界面的修饰材料。结果表明，基于 $Cu_3(btc)_2$ 独特的结构，RS、CT、HQ的响应信号电位差较大，可以很好地分离。同时，CS-ERGO的高导电性增强了DBIs的电化学信号强度，表现出传感器对DBIs的高灵敏度。该传感器用于实际样品中DBIs的测定，结果令人满意，拓宽了MOF在分析领域的应用范围。

参考文献

[1] Martín J A R, Arana C D, Ramos-Miras, et al. Impact of 70 years urban growth associated with heavy metal pollution [J]. Environ Pollut, 2015, 196: 156-163.

[2] Kim H N, Ren W X, Kim J S, et al. Fluorescent and colorimetric sensors for detection of lead, cadmium, and mercury ions [J]. Chem Soc Rev, 2012, 41: 3210-3244.

[3] Zhan F P, Gao F, Wang X, et al. Determination of lead(Ⅱ) by adsorptive stripping voltammetry using a glassy carbon electrode modified with β-cyclodextrin and chemically reduced graphene oxide composite [J]. Microchim Acta, 2016, 183: 1169-1176.

[4] Xiao L L, Zhou S H, Hu G Z, et al. One-step synthesis of isoreticular metal-organic framework-8 derived hierarchical porous carbon and its application in differential pulse anodic stripping voltammetric determination of Pb(Ⅱ) [J]. RSC Adv, 2015, 5: 77159-77167.

[5] Cornard J P, Caudron A, Merlin J C, et al. UV-visible and synchronous fluorescence spectroscopic investigations of the complexation of Al(Ⅲ) with caffeic acid, in aqueous low acidic medium [J]. Polyhedron, 2006, 25 (11): 2215-2222.

[6] Bagheri H, Afkhami A, Sabe M, et al. Preparation and characterization of magnetic nanocomposite of Schiff base/silica/magnetite as a preconcentration phase for the trace determination of heavy metal ions in water, food and biological samples using atomic absorption spectrometry [J]. Talanta, 2012, 97 (3): 87-95.

[7] Guzmán-MaraL J L, Hinojosa-Reyesa L, Serrab A M, et al. Applicability of multisyringe chromatography coupled to cold-vapor atomic fluorescence spectrometry for mercury speciation analysis [J]. Anal Chim Acta, 2011, 708 (1): 11-18.

[8] Arpadjan S, Celik G, Taşkesen S, et al. Arsenic, cadmium and lead in medicinal herbs and their fractionation [J]. Food Chem Toxicol, 2008, 46 (8): 2871-2875.

[9] Zhao L, Zhong S, Fang K, et al. Determination of cadmium(Ⅱ), cobalt(Ⅱ), nickel(Ⅱ), lead(Ⅱ), zinc(Ⅱ), and copper(Ⅱ) in water samples using dual-cloud point extraction and inductively coupled plasma emission spectrometry [J]. J Hazard Mater, 2012, 239 (5): 206-212.

[10] Xu H, Zeng L P, Xing S J, et al. Ultrasensitive voltammetric detection of trace lead(Ⅱ) and cadmium(Ⅱ) using MWCNTs-Nafion/bismuth composite electrodes [J]. Electroanalysis, 2008, 20: 2655-2662.

[11] Wang Y, Lu Y, Zhan W, et al. Synthesis of porous Cu_2O/CuO cages using Cu-based metal-organic frameworks as templates and their gas-sensing properties [J]. J Mater Chem A, 2015, 3: 12796-12803.

[12] Kajal N, Singh V, Gupta R, et al. Metal organic frameworks for electrochemical sensor applications: a review [J]. Environ Res, 2022, 204: 112320.

[13] Liu S C, Pan J M, Ma Y, et al. Three-in-one strategy for selective adsorption and effective separation of *cis*-diol containing luteolin from peanut shell coarse extract using PU/GO/BA-MOF composite [J]. Chem Eng J, 2016, 306: 655-666.

[14] Guo K, Hussain I, Fu Y, et al. Strategies for improving the photocatalytic performance of metal-organic frameworks for CO_2 reduction: A review [J]. J Environ Sci, 2023, 125: 290-308.

[15] Yan Y H, Cui J, Pötschke P, et al. Dispersion of pristine single-walled carbon nanotubes using pyrene-capped polystyrene and its application for preparation of polystyrene matrix composites [J]. Carbon, 2010, 48: 2603-2612.

[16] Zhou J, Li X, Yang L L, et al. The Cu-MOF-199/single-walled carbon nanotubes modified electrode for simultaneous determination of hydroquinone and catechol with extended linear ranges and lower detection limits [J]. Anal Chim Acta, 2015, 899: 57-65.

[17] Wang L, Wang X, Shi G, et al. Thiacalixarene covalently functionalized multiwalled carbon nanotubes as chemically modified electrode material for detection of ultratrace Pb^{2+} ions [J]. Anal Chem, 2012, 84 (24): 10560-10567.

[18] Afkhami A, Ghaedi H, Madrakian T, et al. Highly sensitive simultaneous electrochemical determination of trace amounts of Pb(Ⅱ) and Cd(Ⅱ) using a carbon paste electrode modified with multi-walled carbon nanotubes and a newly synthesized Schiff base [J]. Electrochim Acta, 2013, 89 (13): 377-386.
[19] Anson FC. Application of potentiostatic current integration to the study of the adsorption of cobalt (Ⅲ)-ethylenedinitrilo (tetraacetate) on mercury electrodes [J]. Anal Chem, 1964, 36 (4): 932-934.
[20] March G, Nguyen T D, Piro B. Modified electrodes used for electrochemical detection of metal ions in environmental analysis [J]. Biosensors, 2015, 5 (2): 241-275.
[21] Malek A, Thomas T, Prasad E. Visual and optical sensing of Hg^{2+}, Cd^{2+}, Cu^{2+} and Pb^{2+} in water and its beneficiation via gettering in nano-amalgam form [J]. ACS Sustain Chem Eng, 2016, 4: 3497-3503.
[22] Kocot K, Sitko R. Trace and ultratrace determination of heavy metal ions by en-ergy-dispersive X-ray fluorescence spectrometry using graphene as solid sorbent indispersive micro solid-phase extraction [J]. Spectrochim Acta, Part B, 2014, 94-95: 7-13.
[23] Bagheri H, Afkhami A, Saber-Tehrani M, et al. Preparation and char-acterization of magnetic nanocomposite of Schiff base/silica/magnetite as a pre-concentration phase for the trace determination of heavy metal ions in water, food and biological samples using atomic absorption spectrometry [J]. Talanta, 2012, 97: 87-95.
[24] Zhao J, Yan X, Zhou T, et al. Multi-throughput dynamic microwave-assisted leaching coupled with inductively coupled plasma atomic emission spectrometry for heavy metal analysis in soil [J]. J Anal At Spectrom, 2015, 30: 1920.
[25] Habila M A, ALOthman Z A, El-Toni A M, et al. Combination of syringe-solid phase extraction with inductively coupled plasma mass spectrometry for efficient heavy metals detection [J]. Clean-Soil Air Water, 2016, 44: 720-727.
[26] Rico M A G, Olivares-Marín M, Gil E P. Modification of carbon screen-printedelectrodes by adsorption of chemically synthesized Bi nanoparticles for the vol-tammetric stripping detection of Zn(Ⅱ), Cd(Ⅱ) and Pb(Ⅱ) [J]. Talanta, 2009, 80: 631-635.
[27] Dahaghin Z, Kilmartin P A, Mousavi H Z. Simultaneous determination of lead(Ⅱ) and cadmium (Ⅱ) at a glassy carbon electrode modified with GO@Fe_3O_4@ben-zothiazole-2-carboxaldehyde using square wave anodic stripping voltammetry [J]. J Mol Liq, 2018, 249: 1125-1132.
[28] Gao C, Yu X Y, Xu R X, et al. AlOOH-reduced graphene oxidenanocomposites: one-pot hydrothermal synthesis and their enhanced electro-chemical activity for heavy metal ions [J]. ACS Appl Mater Interfaces, 2012, 4: 4672-4682.
[29] Chamjangali M A, Kouhestani H, Masdarolomoor F, et al. A voltam-metric sensor based on the glassy carbon electrode modified with multi-walled carbon nanotube/poly (pyrocatechol violet)/bismuth film for determination of cadmium and lead as environmental pollutants [J]. Sensor Actuat B-chem, 2015, 216: 384-393.
[30] Gao F, Gao N N, Nishitani A, et al. Rod-like hydroxyapatite and Nafion nanocomposite as anelectrochemical matrix for simultaneous and sensitive detec-tion of Hg^{2+}, Cu^{2+}, Pb^{2+} and Cd^{2+} [J]. J

Electroanal Chem, 2016, 775: 212-218.

[31] Lee S, Oh J, Kim D, et al. A sensitive electrochemical sensor using an ironoxide/graphene composite for the simultaneous detection of heavy metal ions [J]. Talanta, 2016, 160: 528-536.

[32] Huang H, Chen T, Liu X Y, et al. Ultrasensitive and simultaneous detection of heavy metal ions based on three-dimensional graphene-carbon nanotubes hybrid electrode materials [J]. Anal Chim Acta, 2014, 852: 45-54.

[33] Promphet N, Rattanarat P, Rangkupanc R, et al. An electrochemical sensor based on graphene/polyaniline/polystyrene nanoporous fibers modified electrode for simultaneous determination of lead and cadmium [J]. Sensor Actuat B-chem, 2015, 207: 526-534.

[34] Park K S, Ni Z, Cote A P, et al. Exceptional chemical and thermal stability of zeolitic imidazolate frameworks [J]. PNAS, 2006, 103: 10186-10191.

[35] Pan Y, Liu Y, Zeng G, et al. Rapid synthesis of zeolitic imidazolate framework-8 (ZIF-8) nanocrystals in an aqueous system [J]. Chem Commun, 2011, 47: 2071-2073.

[36] Phan A, Doonan C J, Uribe-Romo F J, et al. Synthesis, structure, and carbon dioxide capture properties of zeolitic imidazolate frameworks [J]. Acc Chem Res, 2010, 43: 58-67.

[37] Roushani M, Valipour A, Saedi Z. Electroanalytical sensing of Cd^{2+} based on metal-organic framework modified carbon paste electrode [J]. Sensor Actuat B-chem, 2016, 233: 419-425.

[38] Roushani M, Saedi Z, Hamdi F, et al. Application of ion-imprinted polymer synthesized by precipitation polymerization as an efficient and selective sorbent for separation and pre-concentration of chromium ions from some real samples [J]. J Iran Chem Soc, 2018, 15: 2241-2249.

[39] Rather J A, Alsubhi Z, Khan I, et al. Covalently fabricated grapheneinterface for detection of resorcinol an endocrine disruptor in solubilized ionic liquid system [J]. ECS Electrochem Lett, 2018, 165: 57-66.

[40] Khodaei M M, Alizadeh A, Pakravan N. Polyfunctional tetrazolic thioethers through electrooxidative/Michael-type sequential reactions of 1, 2-and 1, 4-dihydroxybenzeneswith 1-phenyl-5-mercaptotetrazole [J]. J Org Chem, 2008, 73: 2527-2532.

[41] Wang X, Wu M, Li H, et al. Simultaneous electrochemical determi nation of hydroquinone and catechol based on three-dimensional graphene/MWCNTs/BMIMPF6 nanocomposite modified electrode [J]. Sensor Actuat B-Chem, 2014, 192: 452-458.

[42] Arago M, Arino C, Dago A, et al. Simultaneous determination of hydroquinone, catechol and resorcinol by voltammetry using graphene screen-printed electrodes and partial least squares calibration [J]. Talanta, 2016, 160: 138-143.

[43] Lavanya N, Sekar C. Highly sensitive electrochemical sensor for simultaneous determination of dihydroxybenzene isomers based on Co doped SnO_2 nanoparticles [J]. RSC Adv, 2016, 72: 68211-68219.

[44] Wang Y, Xiong Y, Qu J, et al. Selective sensing of hydroquinone and catechol based on multiwalled carbon nanotubes/polydopamine/gold nanoparticles composites [J]. Sensor Actuat B-Chem, 2016, 223: 501-508.

[45] Deng M, Lin S, Bo X, et al. Simultaneous and sensitive electrochemical detection of dihydroxybenzene isomers with UiO-66 metal-organic framework/mesoporous carbon [J]. Talanta, 2017,

174: 527-538.

[46] Ramakrishnan P, Rangiah K. A UHPLC-MS/SRM method for analysis of phenolics from *Camellia sinensis* leaves from Nilgiri hills [J]. Anal Methods, 2016, 45: 8033-8041.

[47] Fragoso S, Acena L, Guasch J, et al. Quantification of phenolic compounds during red winemaking using FT-MIR spectroscopy and PLS-rERGOession [J]. J Agric Food Chem, 2011, 59: 10795-10802.

[48] Moldoveanu S C, Kiser M. Gas chromatography/mass spectrometry versus liquid chromatography/fluorescence detection in the analysis of phenols in mainstream cigarette smoke [J]. J Chromatogr A, 2007, 1141: 90-97.

[49] Liu L, Ma Z, Zhu X, et al. Electrochemical behavior and simultaneous determination of catechol, resorcinol, and hydroquinone using thermally reduced carbon nano-fragment modified glassy carbon electrode [J]. Anal Methods, 2016, 8: 605-613.

[50] Zhao L, Yu J, Yue S, et al. Nickel oxide/carbon nanotube nanocomposites prepared by atomic layer deposition for electrochemical sensing of hydroquinone and catechol [J]. J Electroanal Chem, 2018, 808: 245-251.

[51] Yue X Y, Pang S P, Han P X, et al. Carbon nanotubes/carbon paper composite electrode for sensitive detection of catechol in the presence of hydroquinone [J]. Electrochem Commun, 2013, 34: 356-359.

[52] Yuan B, Yin X, Liu X, et al. Enhanced hydrothermal stability and catalytic performance of HKUST-1 by incorporating carboxyl-functionalized attapulgite [J]. ACS Appl Mater Interfaces, 2016, 8: 16457-16464.

[53] Xue Z, Liu K, Liu Q, et al. Missing-linker metal-organic frameworks for oxygen evolution reaction [J]. Nat Commun, 2019, 10: 5048.

[54] Joaristi A M, Juan-Alcañiz J, Serra-Crespo P, et al. Electrochemical synthesis of some archetypical Zn^{2+}, Cu^{2+}, and Al^{3+} metal organic frameworks [J]. Cryst Growth Des, 2012, 12: 3489-3498.

[55] Perry D A, Razer T M, Primm K M, et al. Surface-enhanced infrared absorption and density functional theory study of dihydroxybenzene isomer adsorption on silver nanostructures [J]. J Phys Chem, C, 2013, 117: 8170-8179.

[56] Becerra-Herrera M, Sánchez-Astudillo M, Beltrán R, et al. Determination of phenolic compounds in olive oil: new method based on liquid-liquid micro extraction and ultra high performance liquid chromatography-triple-quadrupole mass spectrometry [J]. LWT-Food Sci Technol, 2014, 57: 49-57.

[57] Li Y, Huang H, Ma Y, et al. Highly sensitive fluorescent detection of dihydroxybenzene based on graphene quantum dots [J]. Sens Actuators, B, 2014, 205: 227-233.

[58] Lu Q, Hu H, Wu Y, et al. An electrogenerated chemiluminescence sensor based on gold nanoparticles@C_{60} hybrid for the determination of phenolic compounds [J]. Biosens Bioelectron, 2014, 60: 325-331.

[59] Nagaraja P, Vasantha R A, Sunitha K R. A sensitive and selective spectrophotometric estimation of catechol derivatives in pharmaceutical preparations [J]. Talanta, 2001, 55: 1039-1046.

[60] Liao C I, Ku K L. Development of a signal-ratio-based antioxidant index for assisting the identification of polyphenolic compounds by mass spectrometry [J]. Anal Chem, 2012, 84: 7440-7448.

[61] He J, Yao F, Cui H, et al. Simultaneous determination of dihydroxybenzene positional isomers by capillary electrochromatography using gold nanoparticles as stationary phase [J]. J Sep Sci, 2012, 35: 1003-1009.

[62] Medina-Plaza C, Rodriguez-Mendez M L, Sutter P, et al. Nanoscale Au-in alloy-oxide core-shell particles as electrocatalysts for efficient hydroquinone detection [J]. J Phys Chem C, 2015, 119: 25100-25107.

[63] Ahammad A J S, Rahman M M, Xu G R, et al. Highly sensitive and simultaneous determination of hydroquinone and catechol at poly (thonine) modified glassy carbon electrode [J]. Electrochim Acta, 2011, 56: 5266-5271.

[64] Wang Z, Li S, Lv Q. Simultaneous determination of dihydroxybenzene isomers at single-wall carbon nanotube electrode [J]. Sens Actuators, B, 2007, 127: 420-425.

[65] Hu S, Zhang W, Zheng J, et al. One step synthesis cadmium sulphide/reduced graphene oxide sandwiched film modified electrode for simultaneous electrochemical determination of hydroquinone, catechol and resorcinol [J]. RSC Adv, 2015, 5: 18615-18621.

[66] Wang H, Wu Y, Yan X. Room-temperature phosphorescent discrimination of catechol from resorcinol and hydroquinone based on sodium tripolyphosphate capped Mn-doped ZnS quantum dots [J]. Anal Chem, 2013, 85: 1920-1925.

[67] Zhou X, He Z, Lian Q, et al. Simultaneous determination of dihydroxybenzene isomers based on graphene-graphene oxide nanocomposite modified glassy carbon electrode [J]. Sens Actuators, B, 2014, 193: 198-204.

[68] Guo H, Zhu G, Hewitt I J, et al. "Twin copper source" growth of metal-organic framework membrane: Cu_3 $(BTC)_2$ with high permeability and selectivity for recycling H_2 [J]. J Am Chem Soc, 2009, 131: 1646-1647.

[69] Liu Y, Zhang Y, Chen J, et al. Copper metal-organic framework nanocrystal for plane effect nonenzymatic electro-catalytic activity of glucose [J]. Nanoscale, 2014, 6: 10989-10994.

[70] Wang Y, Wu Y, Xie J, et al. Multi-walled carbon nanotubes and metal-organic framework nanocomposites as novel hybrid electrode materials for the determination of mano-molar levels of lead in a lab-on-valve format [J]. Analyst, 2013, 138: 5113-5120.

[71] Yang J, Zhao F, Zeng B. One-step synthesis of a copper-based metal-organic framework-graphene nanocomposite with enhanced electrocatalytic activity [J]. RSC Adv, 2015, 5: 22060-22065.

[72] Alves N M, Mano J F. Chitosan derivatives obtained by chemical modifications for biomedical and environmental applications [J]. Int J Biol Macromol, 2008, 43: 401-414.

[73] Rinaudo M. Chitin and chitosan: properties and spplications [J]. Prog Polym Sci, 2006, 31: 603-632.

[74] Hummers Jr W S, Offeman R E. Preparation of graphitic oxide [J]. J Am Chem Soc, 1958, 80: 1339-1339.

[75] Wang X, Wang Q X, Wang Q H, et al. Highly dispersible and stable copper terephthalate metal-organic framework-graphene oxide nanocomposite for an electrochemical sensing application [J]. ACS Appl. Mater. Interfaces 2014, 6: 11573-11580.

第3章

MOFs基生物活性小分子电化学传感器

3.1 普鲁士蓝-石墨烯复合物用于巨噬细胞释放过氧化氢的监测

3.1.1 概述

过氧化氢（H_2O_2）是自然界中的一种常见分子，在医药、临床、环境、采矿、纺织、造纸、食品制造和化工等行业有着广泛的应用[1]。在生物学领域，H_2O_2 的剧增可能触发信号蛋白导致细胞增殖，从而引发体内的各种疾病，如帕金森氏症、阿尔茨海默病、癌症、糖尿病、心血管和神经退行性疾病等[2,3]。因此，发展高灵敏、准确、快速、经济的 H_2O_2 测定方法在生物医学和环境研究中都具有重要意义[4-6]。电化学方法因其固有的简便性、高灵敏度和高选择性而被广泛应用于 H_2O_2 传感器的设计和制造[7-9]。酶基电化学 H_2O_2 传感器具有高灵敏度、高选择性等突出优点，但由于酶的价格昂贵，以及电极制作工艺复杂、稳定性差、测试条件苛刻等原因，制约了其在实际中的应用。

无机纳米材料因其具有高稳定性，丰富的活性中心及优异的催化活性等优点成为制备非酶 H_2O_2 传感器的理想候选材料[10,11]。纳米普鲁士蓝（PB）是一种 MOF 结构材料，在电容器材料、电致变色器件、催化、医药等领域有着广泛的应用，因其对胆固醇、葡萄糖等生物重要分子具有催化作用而被称为“人工过氧化物酶”[12-14]。此外，PB 及其复合材料具有优异的电活性、高选择性和多孔结构，也经常被作为 H_2O_2 生物传感器的氧化还原介质[15,16]。PB 基传感器的制备通常可以通过直接电合成或物理涂层结合化学预合成的方法来完成[17,18]。电沉积法在电极表面合成 PB 操作方便，厚度可控，但由于 PB 的超低溶度积常数（$K_{sp}=3.3\times10^{-41}$）导致 PB 生长过快，使得电合成产物的形貌和尺寸难以精确调控。同样的，均相化学法合成的 PB 也存在上述缺点，且均相化学法合成的 PB 在固体电极表面的修饰过程较为复杂，通常需要一些成膜剂或黏合剂，这将使电导率降低，进而影响传感器的灵敏度。

利用 Fe^{3+} 和 $Fe(CN)_6^{4-}$ 在合适的基底上分步循环吸附的原位自组装方法合成 PB，不仅可以有效地控制 PB 的生长速率、均匀性和形貌，还能大大提高其物理化学性能，如机械强度和化学稳定性[19]。基于这些优点，Manivannan[20] 等研究者采用氨基化硅酸盐溶胶-凝胶还原氧化石墨烯复合材料作为基底，原位合成三维笼状多孔纳米结构的 PB。该研究的电化学实验表明，PB 与原位组装法合成的高导电性还原氧化石墨烯的独特电子转移过程促进了对甲醇氧化的协同电催化活性。Ojani[21] 等也在聚邻苯二胺修饰电极上通过原位组装的方法合成了 PB，该修饰电极被用来构建酸性介质中 H_2O_2 的电化学传感器。为了成功地原位合成 PB，采用氨基化硅酸盐溶胶-凝胶[20]或聚邻苯二胺[21] 等不导电的支撑基底，这不仅增加了制备成本和工艺，同时也降低了PB的电化学活性。

为了克服传统原位合成 PB 方法存在的缺点，课题组直接使用具有丰富官能团的氧化石墨烯（GO）作为支撑平台进行 PB 的合成。首先通过共价键法将氧化石墨烯固定在玻碳电极（GCE）上，之后在氧化石墨烯上通过 Fe^{3+} 和 $Fe(CN)_6^{4-}$ 溶液循环浸渍生长 PB。实验表征结果表明，功能化含氧基团对氧化石墨烯定向生长 PB 至关重要。为了提高复合材料的电活性，通过对修饰电极进行电化学处理，使氧化石墨烯膜转变为具有高导电性的还原形式（ERGO）[22,23]。石墨烯负载的 PB 纳米粒子的催化活性由于催化剂向石墨烯基底的电荷转移得到改善而大大提高，表现出良好的稳定性和较高的电还原 H_2O_2 的催化活性。

3.1.2 氧化石墨烯在玻碳电极表面的共价固定

以石墨粉为原料，按照报道的方法合成氧化石墨烯。将 5 mg 氧化石墨烯分散在 5 mL 水中，超声处理 5 h，制备均匀的氧化石墨烯悬浮液（1.0 g/L）。首先用 1.0 μm、0.3 μm 和 0.05 μm α-Al_2O_3 将裸 GCE 抛光至镜面，然后用去离子水、乙醇水混合物（体积比＝1∶1）、去离子水依次进行超声漂洗。清洗后的电极用高纯 N_2 吹干，在 0.05 mol/L PBS（pH＝7.0）中，在＋0.5 V 下氧化 60 s。将氧化后的 GCE 浸入含有 5.0 mmol/L EDC 和 8.0 mmol/L NHS 的 200 μL 混合液中活化 2 h，用去离子水冲洗。然后将制备好的 GO 悬浮液滴在活化的 GCE 表面，空气下自然干燥。最后用去离子水清洗除去物理吸附的氧化石墨烯，得到 GO 修饰 GCE（GO/GCE）。

3.1.3 普鲁士蓝在氧化石墨烯表面的原位生长

传感器的制备过程如图 3-1 所示，首先在 GO/GCE 修饰的电极表面上原位生长 PB，过程如下：先将 GO/GCE 浸没在溶液 A（包含 0.01 mol/L $FeCl_3$，0.1 mol/L HCl 和 0.1 mol/L KCl）中 1 min，取出浸泡在去离子水中 30 s 后，转移至溶液 B｛0.01 mol/L $K_4[Fe(CN)_6]$，0.1 mol/L KCl｝中浸泡 1 min，再取出浸入去离子水中 30 s，温度控制在 37 ℃，浸泡过程重复 10 次，以确保 PB 纳米颗粒在 GO/GCE 上充分生长，所得电极为 PB-GO/GCE。将 PB-GO/GCE 浸入 0.05 mol/L 的 PBS 溶液（pH＝7.0）中，以 50 mV/s 的扫速在－1.6～0.6 V 电位范围内循环伏安扫描数圈，使 GO 完全转化为还原石墨烯（ERGO），所得电极为 PB-ERGO/GCE。最后，在 PB-ERGO/GCE 表面滴涂 5 μL 0.5% Nafion 溶液以提高电极的选择性和稳定性。自然晾干后用去离子水淋洗数次，制得传感器（Nafion/PB-ERGO/GCE）。

此外，为了探讨 PB 是否在 GO 修饰电极上特异生长，本书编著者团队对 GO/GCE 进行了预电还原，并将其作为 PB 原位生长的支撑平台，得到的对照电极命名为 PB-pERGO/GCE。同时，为了考察传感器中各组分的传感性能，采用相同的方法制备了 GO/GCE 和 PB-GO/GCE 电极进行对比。

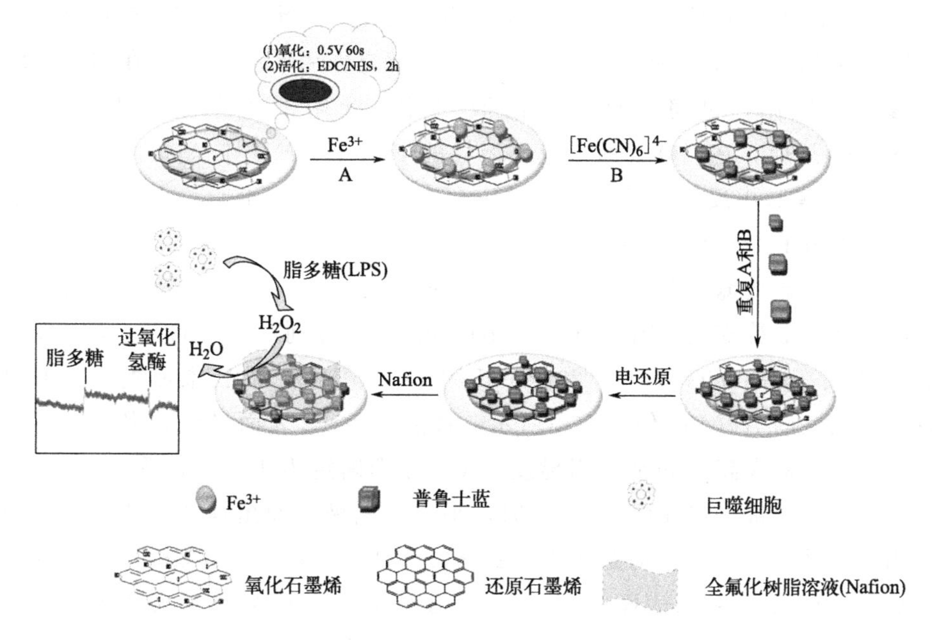

图 3-1　Nafion/PB-ERGO 修饰电极制备和电化学传感应用示意

3.1.4 修饰电极的形貌和结构表征

本书编著者团队将具有—COOH、—OH 和环氧基等官能团的 GO 共价锚定在 GCE 上作为固相载体用于 PB 颗粒的原位生长。用扫描电子显微镜（SEM）对生长过程进行表征，结果如图 3-2 所示。裸露的 GCE 表面平整光滑［图 3-2(a)］；用 GO 修饰 GCE 后，出现一些符合 GO 特征的波纹区［图 3-2(b)，见箭头］，表明 GO 已成功地固定在电极表面；如实验部分所述，将 GO/GCE 循环浸泡在本书 3.1.3 所提到的溶液 A 和 B 中后，发现一些立方体粒子均匀分散在 GO/GCE 的表面［图 3-2(c)］，EDX 分析进一步证明这些颗粒是由 Fe、N、C 和 K 元素组成［图 3-2(d)］，证实 PB 已成功生长在 GO 的表面。为了探讨 GO 上的官能团对 PB 原位生长的影响，利用 GO/GCE 的预电还原电极，即 pERGO/GCE 作为支撑基质，先后浸泡在溶液 A 和溶液 B 中。SEM［图 3-2(e)］显示在 pERGO/GCE 表面只有少量的 PB 颗粒生成，EDX 分析［图 3-2(f)］也证实了 pERGO/GCE 表面上的少数颗粒为 PB。由此可见，GO 上的含氧官能团对 PB 的大量原位合成起着至关重要的作用。

这样的生长机理定义为“反应性自组装过程”：当 GO/GCE 浸入溶液 A 中时，GO 的亲水性和带负电荷氧基之间的静电作用促进了 Fe^{3+} 在 GO 表面的渗透和吸附，再将电极浸入溶液 B 中，吸附的 Fe^{3+} 进一步与［$Fe(CN)_6$］$^{4-}$ 反应，在 GO 表面形成不溶性的 $Fe_x[Fe(CN)_6]_y$ 晶核。电极在溶液 A 和溶液 B 中反复浸渍后，$Fe_x[Fe(CN)_6]_y$ 的晶核不断长大，最终在电极表面形成 PB 纳米颗粒层。

原子力显微镜（AFM）是一种高分辨率的扫描探针显微镜，可以用来探测界面的形貌变化。图 3-3(a)、(b) 和图(c) 分别对应裸 GCE(A)、GO/GCE(B)、PB-GO/GCE(C) 和 PB-pERGO/GCE(D) 的三维形貌图、平面图和剖面线的 AFM 图像。如图所示，裸露的 GCE 表面平坦光滑，从不同区域计算的最大高度和平均粗糙度（R）分别确定为 1.83 nm 和 1.27 nm。而当 GO 被共价固定在裸 GCE 上时，平坦的电极表面出现波浪状峰型，最大高度和平均粗糙度分别提高到 4.26 nm 和 2.65 nm，表明 GO 已锚定到电极表面。在 GO/GCE 表面进一步生长 PB 粒子后，AFM 图像发生了显著变化，观察到许多起伏较大的山丘状峰型，最大峰高和粗糙度进一步增加到 42.01 nm 和 38.22 nm，证实了利用所提出的“反应性自组装过程”方法可以成功地在 GO 修饰电极上制备 PB 纳米颗粒。为了进行对比，实验还表征

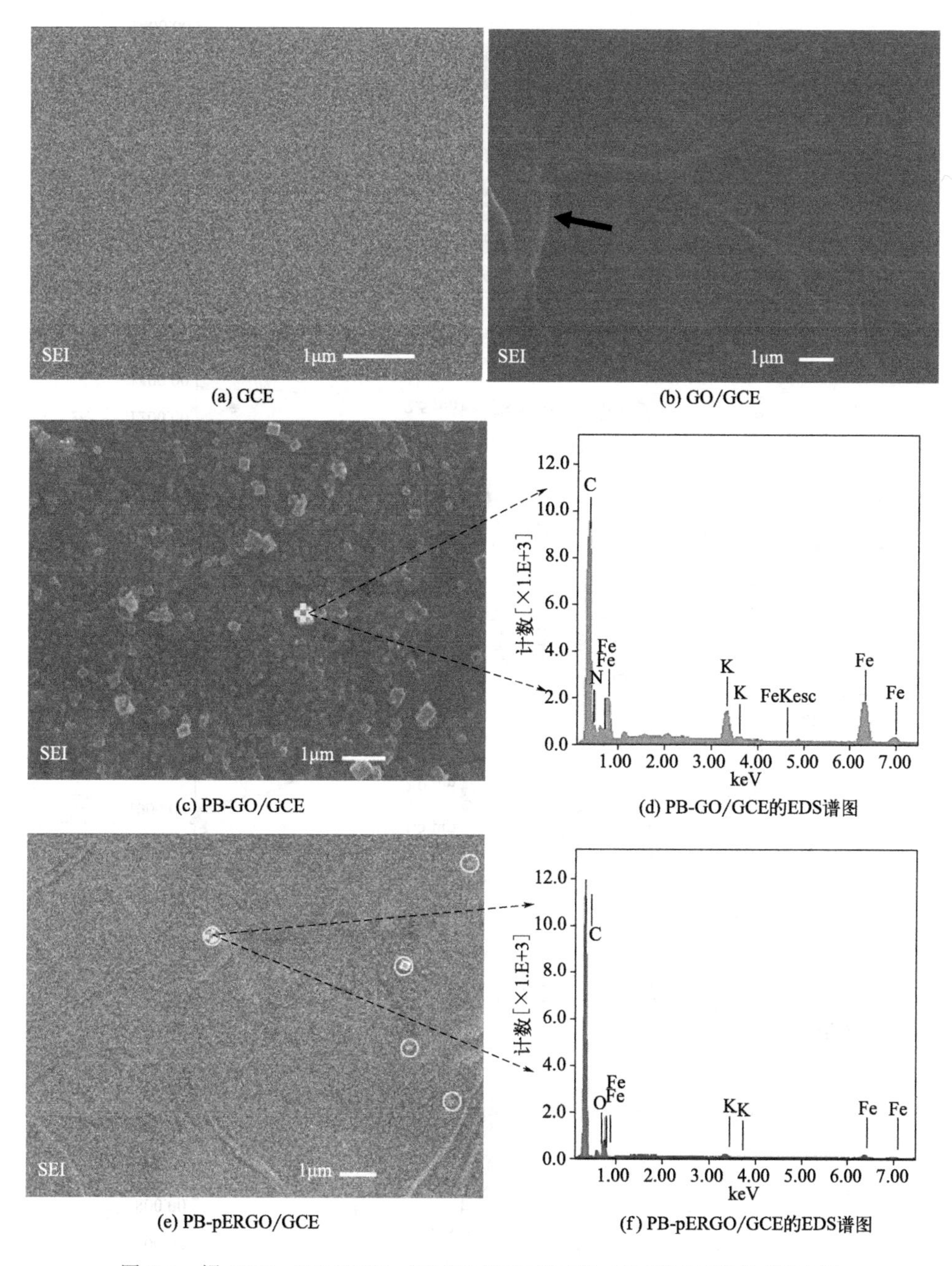

图 3-2 裸 GCE、GO/GCE、PB-GO/GCE 和 PB-pERGO/GCE 的 SEM 图

了 pERGO/GCE 上形成的 PB 的 AFM 图谱，结果发现该电极的表面与 PB-GO/GCE 的表面非常不同，却与 GO/GCE 的表面相似，高度和平均粗糙度分别仅为 8.45 nm 和 5.81 nm，表明 pERGO/GCE 上仅形成少量 PB，推断

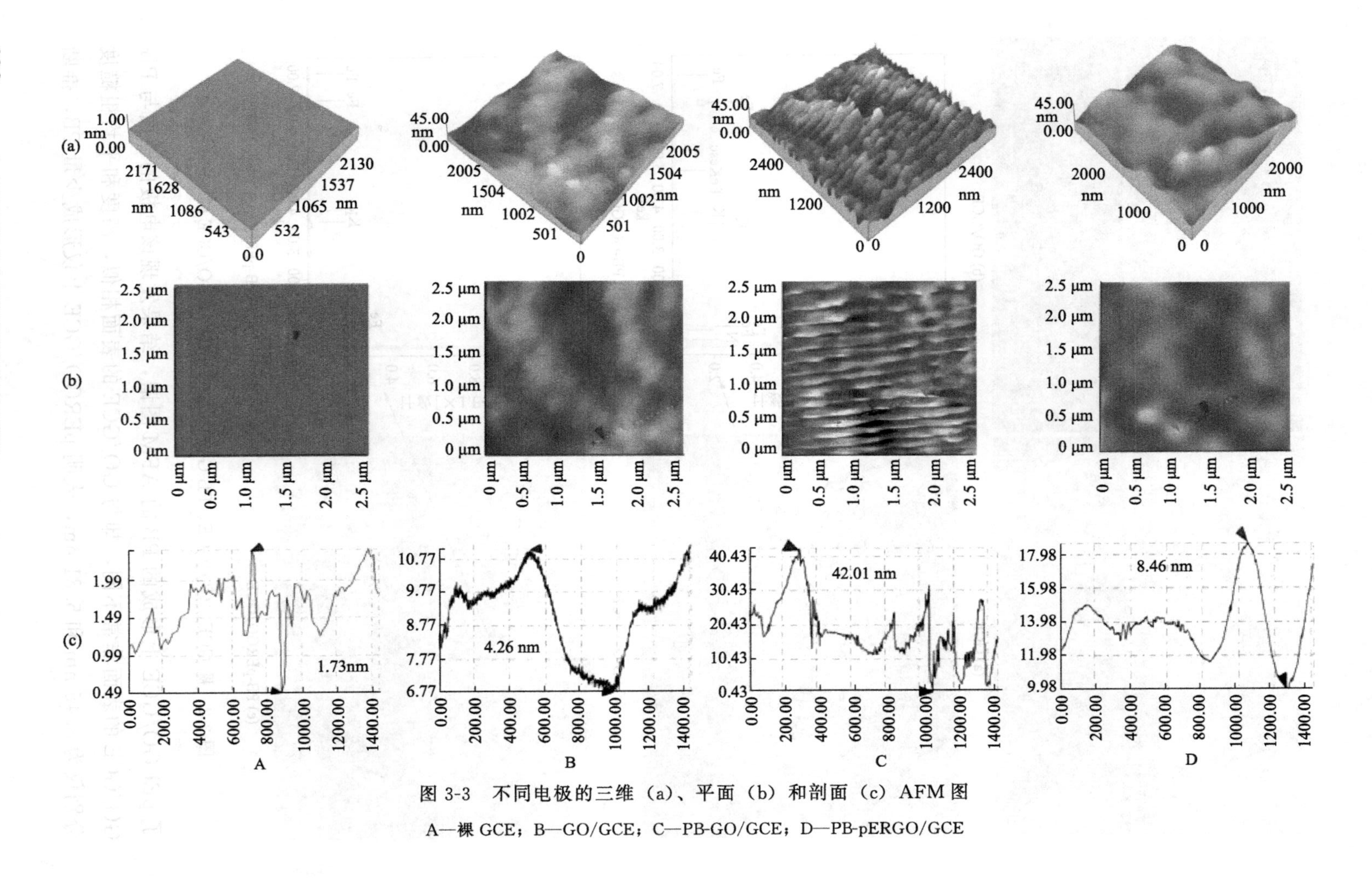

图 3-3 不同电极的三维（a）、平面（b）和剖面（c）AFM 图

A—裸 GCE；B—GO/GCE；C—PB-GO/GCE；D—PB-pERGO/GCE

是由于 pERGO 上缺乏有效生长 PB 的活性基团。以上分析结果进一步表明，GO/GCE 可以有效作为生长 PB 纳米粒子的基质。

3.1.5 修饰电极的电化学行为

图 3-4(a) 为 GO/GCE、PB-GO/GCE 和 PB-ERGO/GCE 在 0.1 mol/L KCl 溶液中的循环伏安图（CV），电位扫描范围为－0.8～0.6 V。如图 3-4 所示，在 GO/GCE 上未观察到任何法拉第响应，表明 GO 修饰层在实验条件下是非电活性的。然而，通过原位生长方法将 PB 沉积在 GO 电极后，在＋0.116 V 和＋0.220 V 处观察到一对清晰的氧化还原峰，阳极峰值电流（I_{pa}）为－30.7 μA，阴极峰值电流（I_{pc}）为 98.2 μA，氧化还原峰电位与

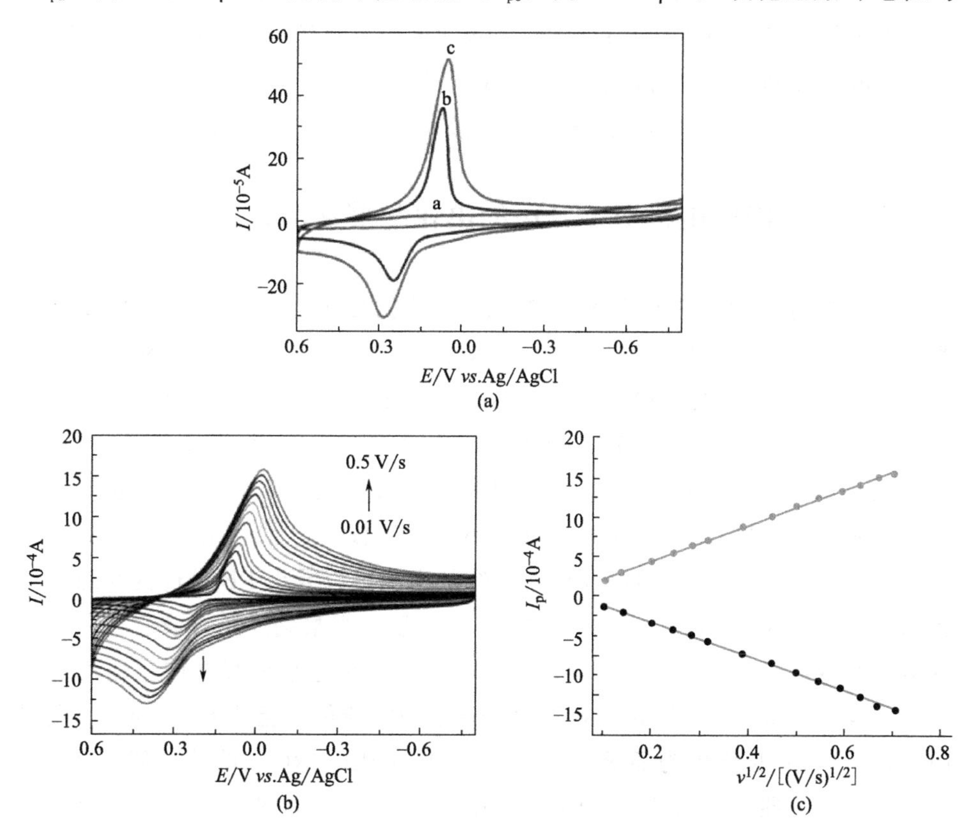

图 3-4 (a) 不同电极在 0.1 mol/L KCl 溶液中的循环伏安图；

(b) Nafion/PB-ERGO/GCE 在 0.1 mol/L KCl 溶液中不同扫描速率循环伏安图；

(c) 峰电流（I_p）与扫描速率平方根（$v^{1/2}$）的线性关系图

a—GO/GCE；b—PB-GO/GCE；c—PB-ERGO/GCE

文献中的 PB 峰电位一致，证实在 GO/GCE 上成功形成具有电活性 PB 纳米层。PB-GO/GCE 在 0.05 mol/L PBS 缓冲液中进一步进行电化学处理，将 GO 层还原为 ERGO 后，发现电极的背景电流显著增加（曲线 c）同时，PB 特征峰 I_{pa} 和 I_{pc} 也分别增加到 $-160.7\ \mu A$ 和 $253.5\ \mu A$，与未还原电极相比，I_{pa}/I_{pc} 更接近于一个单位。这些结果表明，GO 层被成功还原为 ERGO，电极有效表面积和电子转移可逆性的增加，有利于电化学传感的应用。

此外，还研究了 PB-ERGO/GCE 在不同扫描速率（v）下的电化学行为，如图 3-4(b) 所示，随着扫描速率的增加，还原峰和氧化峰也随之增强，峰值电流（I_p）与扫描速率的平方根（$v^{1/2}$）呈良好的线性关系，符合 $I_{pa}(10^{-6}\ A)=105.2-2150\ v^{1/2}[(V/s)^{1/2}](R=0.999)$ 和 $I_{pc}(10^{-6}\ A)=18.49+2230\ v^{1/2}$ 的回归方程$[(V/s)^{1/2}](R=0.998)$[图 3-4(c)]，说明 PB 在电极表面的电子转移行为受扩散过程控制，PB 的电子电化学反应过程伴随着 K^+ 从空白溶液扩散到电极表面，过程如下式所示：

$$KFe^{III}[Fe^{II}(CN)_6](电极)+K^+(溶液)+e^- \longrightarrow K_2Fe^{II}[Fe^{II}(CN)_6]$$

3.1.6 修饰电极对 H_2O_2 的电化学催化活性

为了提高 PB-ERGO/GCE 用作 H_2O_2 催化分析传感器的稳定性和抗干扰性，在 PB 修饰电极表面滴涂一层 Nafion 膜。图 3-5 显示了 Nafion/ERGO/GCE、Nafion/PB-GO/GCE、Nafion/PB-ERGO/GCE 在没有 H_2O_2（曲线 a）和含有 10 mmol/L H_2O_2（曲线 b）的 N_2 饱和电解质中的 CV 曲线。图 3-5(a) 中，溶液中有无 H_2O_2 对 ERGO/GCE 的 CV 曲线影响可忽略不计，这表明单一材料 ERGO 对 H_2O_2 还原几乎没有电催化活性。图 3-5(b) 为 Nafion/PB-GO/GCE 的循环伏安曲线，由图可以看出 PB 呈现良好的氧化还原峰（曲线 a），当向电解液中添加 H_2O_2 后，观察到还原峰较之空白电解液增加 21 μA，这表明 GO 膜上的 PB 对 H_2O_2 的还原具有电催化作用。进一步考察 Nafion/PB-ERGO/GCE 对 H_2O_2 的电催化性能［图 3-5(c)］，发现 PB 的还原峰的变化更为显著（85 μA），表明 PB/ERGO 的传感膜对 H_2O_2 具有更高的电催化还原性能。PB 在 ERGO 上催化的快速电子转移过程如下式所示：

$$2K_2Fe^{II}[Fe^{II}(CN)_6]+2H_2O_2+4H^+ \underset{ERGO,\ -2e^-}{\overset{+2e^-}{\rightleftharpoons}} 2KFe^{III}[Fe^{II}(CN)_6]+4H_2O+2K^+$$

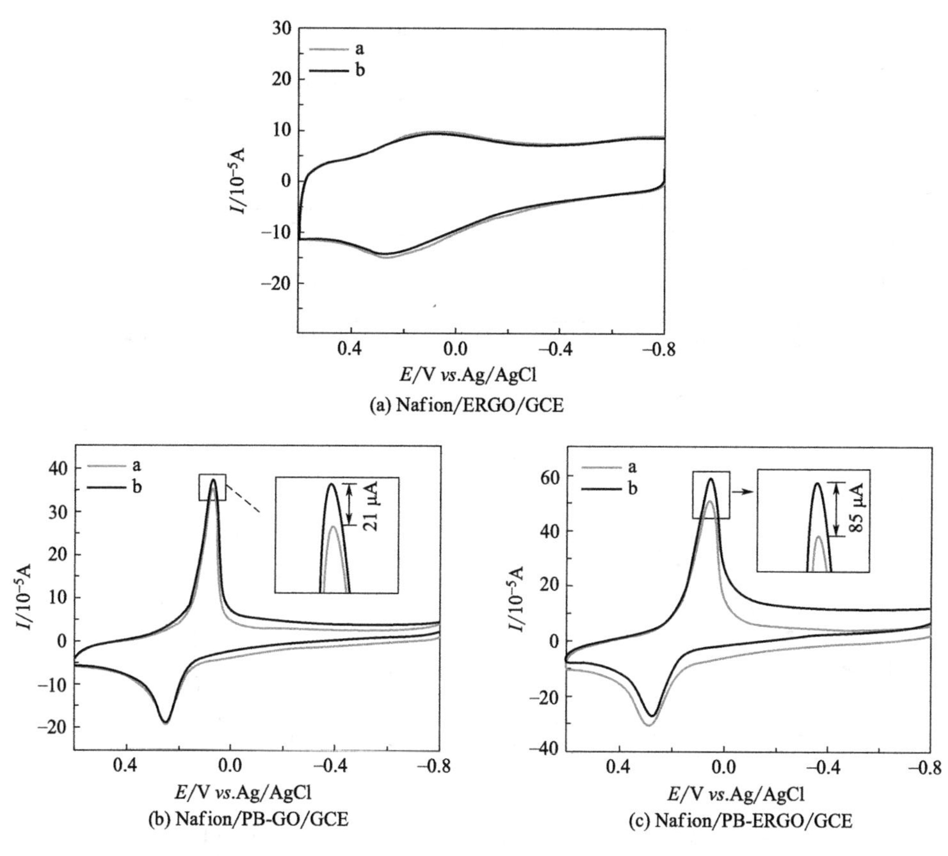

(a) Nafion/ERGO/GCE

(b) Nafion/PB-GO/GCE

(c) Nafion/PB-ERGO/GCE

图 3-5　不同电极在不含和含有 1.0 mmol/L H_2O_2 的 0.1 mol/L KCl 溶液中的循环伏安曲线

a—不含 1.0 mmol/L H_2O_2；b—含有 1.0 mmol/L H_2O_2

为进一步考察传感器的性能，本书编著者团队考察了不同条件下 Nafion/PB-ERGO/GCE 在 H_2O_2 溶液中的电流曲线。图 3-6(a) 显示了 Nafion/PB-ERGO/GCE 在不同电位下，随着 H_2O_2 加入量递增的电流响应。由图可见，在不同电位下电流曲线呈现出不同的灵敏度，其最大灵敏度出现在－0.25 V 处，因此选择－0.25 V 作为外加电位进行定量分析。

图 3-6(b) 显示了 Nafion/PB-ERGO/GCE 在 0.1 mol/L KCl 溶液中，在－0.25 V 的电位下连续加入 H_2O_2 的电流响应。如图所示，在连续加入 H_2O_2 的过程中，催化还原电流明显增加。图 3-6(b) 的插图进一步揭示了传感器对 H_2O_2 还原的快速催化响应，从注入 H_2O_2 后电流在 3 s 内达到稳态，这低于许多文献报道值。催化电流（I）与 H_2O_2 浓度在 5.0 ～1 μmol/L 范围内呈线性关系［图 3-6(c)］，其线性回归方程为 $I(\mu A)=0.02013c_{H_2O_2}$

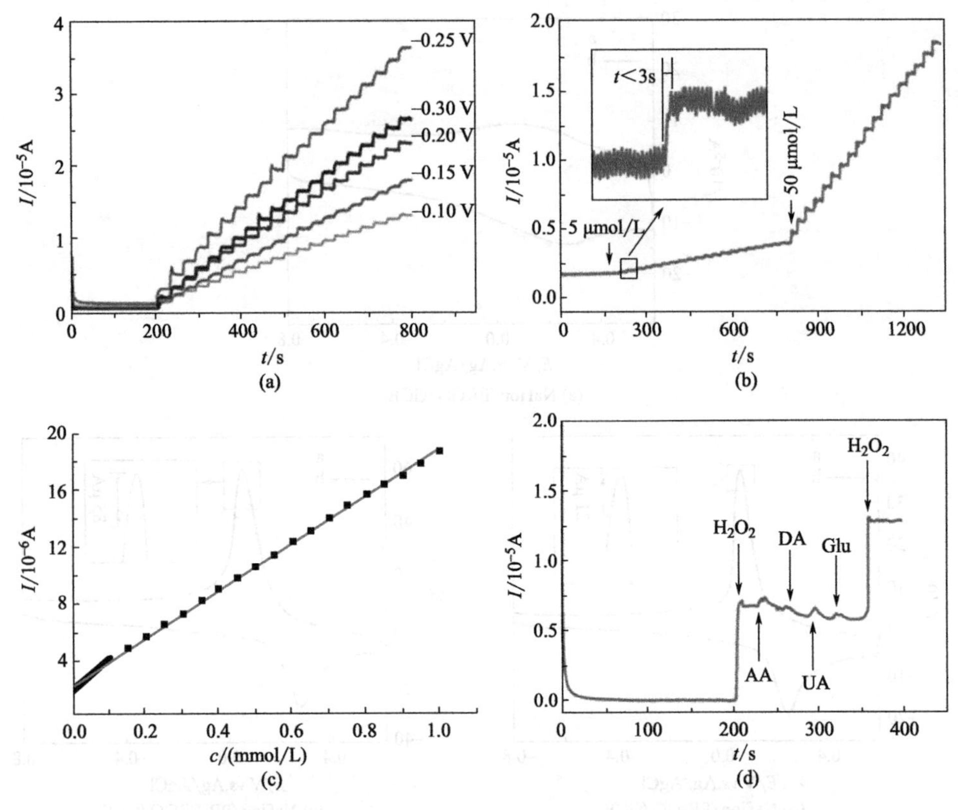

图 3-6 (a) 不同电位下的计时电流响应；(b) 不同浓度 H_2O_2 时的电流响应（插图：电流响应时间）；(c) 催化电流（I）与 H_2O_2 浓度（c）的校准曲线图；(d) 0.5 mmol/L 抗坏血酸 AA、多巴胺 DA、尿酸 UA 和葡萄糖 Glu 对 0.5 mmol/L H_2O_2 催化电流响应的干扰影响

AA—抗坏血酸；DA—多巴胺；UA—尿酸；Glu—葡萄糖

(μmol/L)＋2.201(R＝0.995)，在信噪比为 3 的情况下，传感器的检测限为 0.8 μmol/L。该传感器的检测限与其他一些 H_2O_2 传感器相当的情况下，具有成本低、操作简单、电导率高、传感响应快等优点。

为了评价以 PB-ERGO 为传感材料的 H_2O_2 传感器的选择性，考察抗坏血酸、多巴胺、尿酸和葡萄糖等内源物种对传感器的影响。如图 3-6(d) 所示，加入 H_2O_2(0.5 mmol/L) 后传感器催化电流急剧增加；继续往电解液中分别加入 0.5 mmol/L 抗坏血酸、多巴胺、尿酸和葡萄糖溶液，传感器的催化电流变化并不明显；接着在含有这些干扰物种的溶液中进一步加入 0.5 mmol/L H_2O_2 后，电流响应显著增强，证实了 Nafion/PB-ERGO/GCE 在复杂环境中对 H_2O_2 电化学分析具有高选择性。

本书编著者团队继续研究了传感器的稳定性、重现性和重复性。实验稳定性的考察是通过传感器进行连续 3600 s 的计时响应测试，结果如图 3-7(a) 显示，仅有 11.3%的催化电流信号损失；修饰稳定性测试是通过将制备的传感器保存在自然环境中，每 2 天进行一次电化学测试，结果显示在 4 周后，传感器在空白电解质中仍保持 97%的初始氧化还原响应，而对 H_2O_2 的催化响应也仍有初始催化电流的 91%，这些结果证明了传感器的稳定性 [图 3-7(a) 插图]。传感器的高稳定性可归因于 PB 材料的稳定性以及材料在电极表面修饰方法（共价法）的选择。此外，当在相同条件下单独制备 6 根 Nafion/PB-ERGO/GCE 并用于检测 0.5 mmol/L H_2O_2 时，催化电流响应仅有 4.8%的相对标准偏差（*RSD*）[图 3-7(b)]，表明该传感器具有良好的重现性。重复性的考察是通过使用一根电极对含有 0.5 mmol/L H_2O_2 的电解液进行连续七次计时电流测定，如图 3-7(b) 插图所示，催化电流响应的 *RSD* 为 4.2%。综上结果表明，Nafion/PB-ERGO/GCE 具有良好的稳定性、重现性和重复性，可用于 H_2O_2 传感分析。

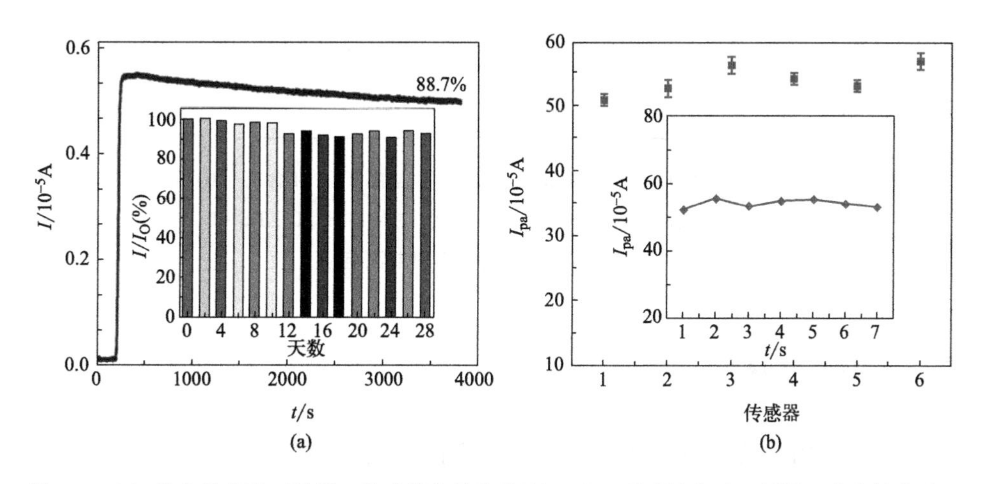

图 3-7 (a) 稳定性实验（插图：传感器信号变化比）；(b) 重现性实验（插图：稳定性实验）

3.1.7 巨噬细胞释放 H_2O_2 的实时检测

为了验证 Nafion/PB-ERGO/GCE 在活细胞释放 H_2O_2 中的实际应用，实验以巨噬细胞为例，使用脂多糖（LPS）刺激细胞产生 H_2O_2。如图 3-8 所示，利用计时电流法实时监测电流响应情况，发现在没有巨噬细胞的空白电解质溶液中添加 LPS 时未观察到明显的电流变化（曲线 a)。将 LPS 添加到含有巨噬细胞的电解质溶液后，电流响应迅速增加（曲线 b），表明活细胞在 LPS 的刺激下迅速释放出 H_2O_2，稳定测定一段时间后注入 300 U/mL 过氧化氢酶，电流急剧下降，说明溶液中由巨噬细胞释放的 H_2O_2 被过氧化氢酶分解。根据电流的变化差值（4.5 μA），可计算出每个细胞释放的 H_2O_2 约为 18.3 fmol，与文献报道值一致，表明开发的传感器可用于实时监测活细胞释放的 H_2O_2。

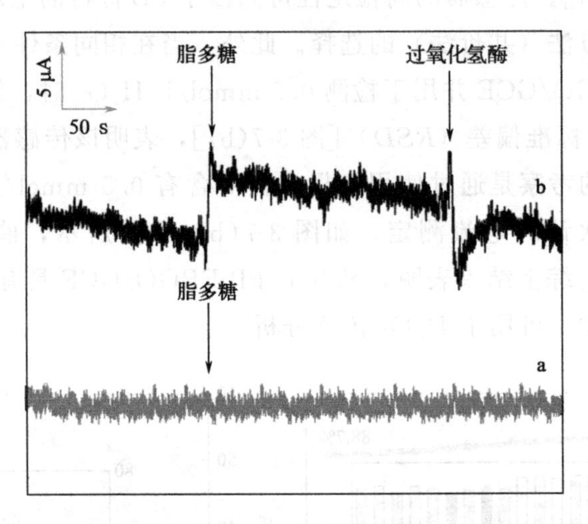

图 3-8 Nafion/PB-ERGO/GCE 在不含有（a）和含有（b）巨噬细胞的 0.1 mol/L KCl 溶液中注入 8 mg/L LPS 和 300 U/mL 过氧化氢酶的电流响应

3.1.8 展望

本节采用共价键合法将 GO 固定在表面活化后的玻碳电极上，将其作为原位合成 PB 的支撑平台。表征结果表明，富氧基团的 GO 基底对 PB 的生长起着至关重要的作用。之后，通过一种环保有效的电化学还原方法将 PB-GO 膜中的 GO 层还原为 ERGO，使改性膜具有更高的电催化性能和良好的导电性。制备的 Nafion/PB-ERGO/GCE 被应用于 H_2O_2 的电化学检测，发现其具有响应速率快、电流响应大和动态范围宽的特点。此外，基于传感器良好的选择性和超快的电流响应（小于 3 s），本书编著者团队将其应用于活细胞释放 H_2O_2 的实时检测，获得了满意的结果。本研究为生物样品中 H_2O_2 非酶电化学传感器的制备提供了一种新的策略。

3.2 花状石墨烯@HKUST-1一锅合成及过氧化氢无酶传感应用

3.2.1 概述

如前节所述，过氧化氢（H_2O_2）已被公认为是生物体内生理学、衰老、细胞活化和疾病的重要小分子媒介。根据报道，H_2O_2 异常产生或积累在细胞中会导致不同的疾病，例如阿尔茨海默病、心肌梗死、动脉硬化、帕金森氏症和癌症等[24-27]。对 H_2O_2 的检测，在过去的 20 年里已经开发了包括光谱法、比色法和正电子发射断层扫描法等各种技术，但集快速、经济、选择性和灵敏的通用解决方法仍然难以实现[28-30]。电化学检测方法因具有高灵敏度、出色的选择性、快速反应、易于处理和低成本等诸多优点，使其成为目前最有前途的方法之一[31,32]。基于酶的电化学生物传感器因其固有的高选择性和有效性而被广泛用于检测 H_2O_2。然而，这种类型的传感器仍有一些缺点，如酶的变性、生物成分的变化、环境的不稳定性和复杂的固定化程序等，这些缺点大大限制了它们的实际应用。

为了克服这些缺点，许多功能材料，如贵金属复合材料、过渡金属氧化物/硫化物和碳质材料已被用作非酶电催化剂用于电化学检测 H_2O_2[32-36]。然而，传统的非酶传感器通常存在抗干扰能力低的缺陷，因为非酶催化剂也能催化生物样品中与 H_2O_2 共存的其他电活性物质，如抗坏血酸（AA）、尿酸（UA）和一些碳水化合物。因此，开发新的电化学传感材料以提高非酶 H_2O_2 传感器的分析性能仍然迫切需要。MOFs 的高孔隙率和大比表面积被认为有助于富集更多的分析物，从而产生更强的信号；可调孔隙结构的特性有助于以合适的尺寸捕获所需的分析物，从而提高传感器的选择性[37]。然而，使用单组分的 MOFs 作为电化学传感器的电极材料，由于其低的电子传导性和低的机械性能，通常会出现线性范围窄、灵敏度低和稳定性不足的问题。

相比之下，将其他具有高电子传导性和高机械强度的功能材料纳入 MOFs 宿主基体的 MOF 基复合材料有望克服单组分 MOFs 的缺点，因为这种复合材料通常结合了 MOFs 和客体材料的优点。在过去的几年中，学者们已经合成了许多新型的基于 MOF 的复合材料用于电化学传感应用。例如，Zhan[38] 等制备了 ZnO@ZIF-8 纳米复合材料并将其用于抗坏血酸（AA）和过氧化氢（H_2O_2）的选择性检测。Xu[39] 的研究小组合成制备了铂金纳米粒子（PtNPs）@UiO-66 的核壳异质结构。电化学实验表明，复合材料在检测 H_2O_2 方面具有显著的电催化活性和良好的抗干扰性能。然而，这些报道的 MOF 复合材料通常是通过多个步骤合成，包括核心部分的预制备和纯化以及核心周围 MOF 外壳的后生长。这样一个复杂的过程不仅增加了制备时间和人力消耗，而且还可能抑制了内部导电核心的功能。因此，探索简便合成具有独特结构和性能的新型 MOF 复合材料的策略，以拓宽和深化 MOF 基材料的电化学应用，仍然是一个非常值得关注的问题。

受此启发，通过简单的一步溶剂热法合成一种新型的分层花形石墨烯@HKUST-1 异质结构，不需要像传统方法那样预先合成核心部分和后期生长 MOF 外壳[38,39]。更重要的是，研究发现氧化石墨烯（GO）可以作为一种形态和结构导向剂，有效地诱导 HKUST-1 从八面体结构转变为分层的花形。同时在溶剂热反应过程中，GO 被撕裂成小碎片参与到 HKUST-1 的形成中，然后转变为还原形式。因此，通过 GO 这种简单的形态和结构调节策略，所获得的复合材料比单组分的 HKUST-1 和石墨烯具有更好的性能，包括由于分层的花状结构而具有更大的表面积，由于更大的孔径而具有更快的质量传输率，以及由于高导电的石墨烯碎片而具有更高的电活性。这些特点也有利于该复合材料作为高性能的电化学传感材料。结果证明，当该材料作为一种新型的非酶电催化剂用于 H_2O_2 传感分析时，与纯 HKUST-1 或石墨烯相比，其对 H_2O_2 还原的电催化作用明显增强（图 3-9）。同时，当该复合

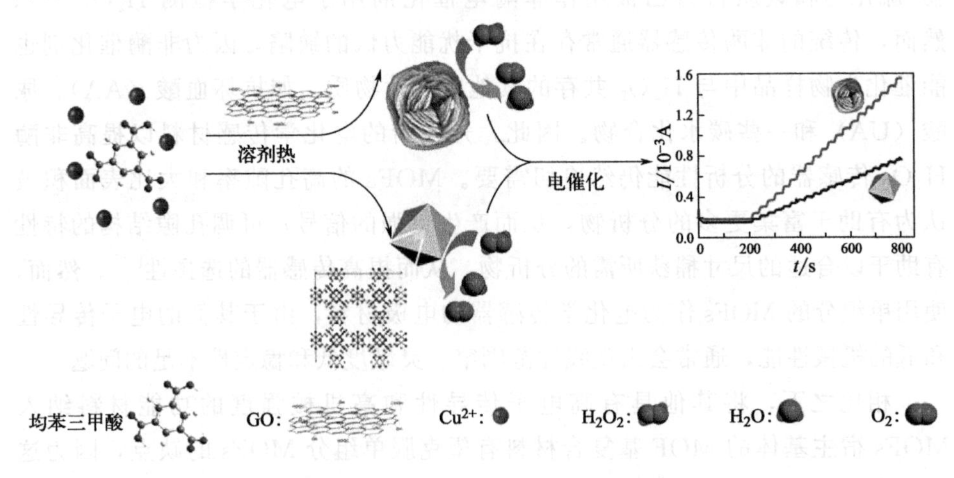

图 3-9 CS-SGO@HKUST-1 的制备及对 H_2O_2 的催化响应示意

材料用于血清和活细胞液等实际样品中的 H_2O_2 传感检测时，获得了满意的结果，表明该材料在复杂的生物环境中拥有高灵敏度和出色的抗干扰能力。本实验所建立的方法为控制大规模合成用于电化学传感的新型高电活性 MOF 基材料提供了便捷的途径。

3.2.2 溶剂热还原氧化石墨烯@HKUST-1(SGO@HKUST-1)的制备

称取 1 g 石墨粉溶解在 46 mL 98%的浓硫酸中，冰水浴中反应 2 h 后，加入 1 g $NaNO_3$，继续反应 0.5 h，保持温度在 20 ℃以下，缓慢加入 6 g $KMnO_4$，然后将温度缓慢升至 38 ℃并恒温 2.5 h，之后加入 50 mL 二次蒸馏水，将混合物加热到 98 ℃，恒温 0.5 h。最后，加入 12.5 mL 30% H_2O_2 和 50 mL 二次蒸馏水终止反应。待混合物冷却至室温，过滤，并用 3% HCl 和二次蒸馏水进行多次洗涤，离心。最终将所得到的氧化石墨烯（GO）在 60 ℃下真空干燥。采用简单的一锅溶剂热法合成花状溶剂热还原氧化石墨烯@HKUST-1（SGO@HKUST-1）纳米材料：称取 0.545 g（2.25 mmol）$Cu(NO_3)_2 \cdot 3H_2O$ 溶解在 7.5 mL 去离子水中，0.264 g（1.25 mmol）均苯三甲酸（btc）溶解在 7.5 mL 乙醇中，待两溶液完全溶解后，混合后超声 15 min，然后加入不同量的 GO（0 mg，0.5 mg，1.5 mg，2.0 mg）搅拌 30 min，将均匀的溶液转移到特氟隆内衬不锈钢反应器中，在 120 ℃下加热 24 h。自然冷却到室温后，离心收集沉淀物后用乙醇和去离子水洗涤数次，最后在 80 ℃下真空干燥 10 h，得到 SGO@HKUST-1。作为对照，SGO 和 HKUST-1 分别在相同条件下通过上述溶剂热法制备。

3.2.3 SGO@HKUST-1 修饰电极的制备

在改性之前，裸 GCE 分别用 1.0 μm、0.3 μm、0.05 μm 的 Al_2O_3 抛光，依次用二次蒸馏水、乙醇、二次蒸馏水超声清洗 5 min，最后用 N_2 将电极表面吹干，备用。

为了制备改性电极，将 1 mg SGO@HKUST-1 分散到 1 mL 去离子水中，超声处理 10 min，得到均匀的悬浮液。随后，将 100 μL SGO@HKUST-1 悬浮液加入 100 μL 含有 0.3 % CS 的 1.0 % 乙酸溶液中，然后在 80 W 下超声处理 30 min 得到分散液。此后，将 10 μL 分散液滴在清洗过的

GCE 上，在空气中干燥。用去离子水冲洗后，制得改性电极（CS-SGO@HKUST-1/GCE）。按照同样方法制备 CS-HKUST-1/GCE 和 CS-SGO/GCE，用作对比。

3.2.4 活细胞释放 H_2O_2 的实时监测

首先，培养 Raw 264.7 细胞并进行扩增。然后以 1300 r/min 转速离心 5 min，将细胞从培养液中分离出来，用 25 mmol/L PBS（pH＝7.0）洗涤三次。随后，在 25 mmol/L 脱氧 PBS 中加入约 5×10^5（通过细胞计数器估计）洗过的 Raw 264.7 细胞，进行电化学测量。在－0.40 V 对 Ag/AgCl 下记录电流-时间（I-t）曲线，在获得稳态背景电流后，在系统中加入 0.3 μmol/L 3-[3-(胆酰胺丙基)二甲基铵]-1-丙磺酸内盐（CHAPS）进行实际样品测量。

3.2.5 SGO@HKUST-1 的物性表征

HKUST-1 是最早报道的由 Cu^{2+} 和 btc 连接剂组成的 MOFs 之一。作为一种经典的 MOF，由于其简单的制备过程和独特的化学和物理特性，在实验和理论研究中得到了极大的关注。在这项工作中，本书编著者团队选取 HKUST-1 作为制备 MOF 基纳米复合材料的原料之一。图 3-10 为合成的 SGO、HKUST-1 及其复合材料的扫描电子显微镜（SEM）图。从图 3-10(a) 可以看出，纯 GO 在 120 ℃溶剂热处理 24 h 后仍然呈现出与纯 GO 相似的典型层状结构。图中的褶皱纹理进一步表明 SGO 保持了石墨烯的结构特征。HKUST-1 的 SEM 显示［图 3-10(b)］合成的 MOF 产物具有清晰的八面体几何结构，切面规则、边缘清晰和夹角尖锐，符合自限性和对称性这两个基本的晶体学特征。这些特征与文献中报道的 HKUST-1 的形态一致。单个 HKUST-1 粒子放大的 SEM 图［图 3-10(b) 内插图］显示其表面光滑，表明所制样品的高纯度。由图 3-10(c)～(e) 可以看出，在合成 HKUST-1 的过程中，当存在 GO 时，会出现一些花状粒子，并且这些花状粒子的数量随着反应溶液中 GO 含量的增加而增加。当 GO 含量达到 0.13 g/L 时，几乎所有的八面体 HKUST-1 粒子都变成了分层的花状结构。这些结果清楚地表明，GO 可以作为一种有效的结构导向剂，促使 HKUST-1 从原来的八面体结构转变为分层的花状结构。同时可以看出，形态上的变化将导致更大的有效表面积和更高的传输质量。此外，所得到的花状颗粒与原来的 HKUST-1 的尺寸接近，每个颗粒由四组堆积的片状花瓣组成，对应于 HKUST-1 一半的四个面。这一结果表明，HKUST-1 的基本框架单元并没有因为引入 GO 而改变。

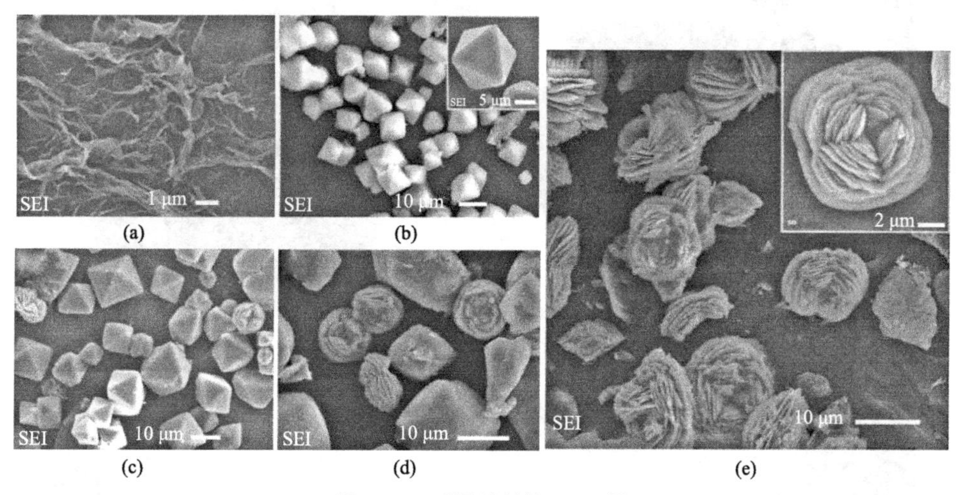

图 3-10　不同材料的 SEM 图

(a) SGO；(b) HKUST-1；(c)～(e) 加入不同 GO 得到 SGO@HKUST-1 的 SEM 图

图 3-11(a) 和 (b) 为单个 HKUST-1 和 SGO@HKUST-1 粒子的透射电子显微镜（TEM）图像。通过比较，可以清楚地观察到 HKUST-1 和 SGO@HKUST-1 都具有规则的六边形，证明这两种基于 MOF 的产品保持了与 SEM 表征中讨论的类似的基本框架，但 SGO@HKUST-1 六边形的边缘比纯 HKUST-1 的六边形粗糙，这可能是复合材料中的不规则花瓣边缘造成的。通过选择区域电子衍射（SAED）进一步表征 HKUST-1 和 SGO@HKUST-1 的结晶性质，结果如图 3-11(a) 和 (b) 的插图所示。结果发现，这两个样品都有一些同心的衍射环，表明它们都具有多晶结构。此外，可以观察到 SGO@HKUST-1 的衍射环比单一 HKUST-1 的衍射环清晰得多，这可能是由于 HKUST-1 晶体的厚度更大，而 SGO@HKUST-1 的花状薄片更薄造成的。图 3-11(c) 和 (d) 显示了从 SGO@HKUST-1 中剥离的薄片的低分辨率和高分辨率 TEM 图像。在低分辨率的 TEM 图像中，可以看到一些不规则的白色区域分布在鳞片上。高分辨率 TEM 图像进一步表明，这些白色区域有清晰的晶格条纹，其界面间距为 0.32 nm，与石墨烯纳米片 (0.35 nm) 非常接近。而且，该界面间距（0.32 nm）明显小于氧化石墨烯 (0.90 nm)，表明含氧官能团已经被移除，即氧化石墨烯通过简单的一步溶

剂热过程还原为石墨烯。因此从这些表征来看，在溶剂热合成过程中，氧化石墨烯被撕裂成小的片段，然后与 Cu^{2+} 配合参与 HKUST-1 框架的形成。通过溶剂热条件还原氧化石墨烯的类似过程在相关文献中也有报道。

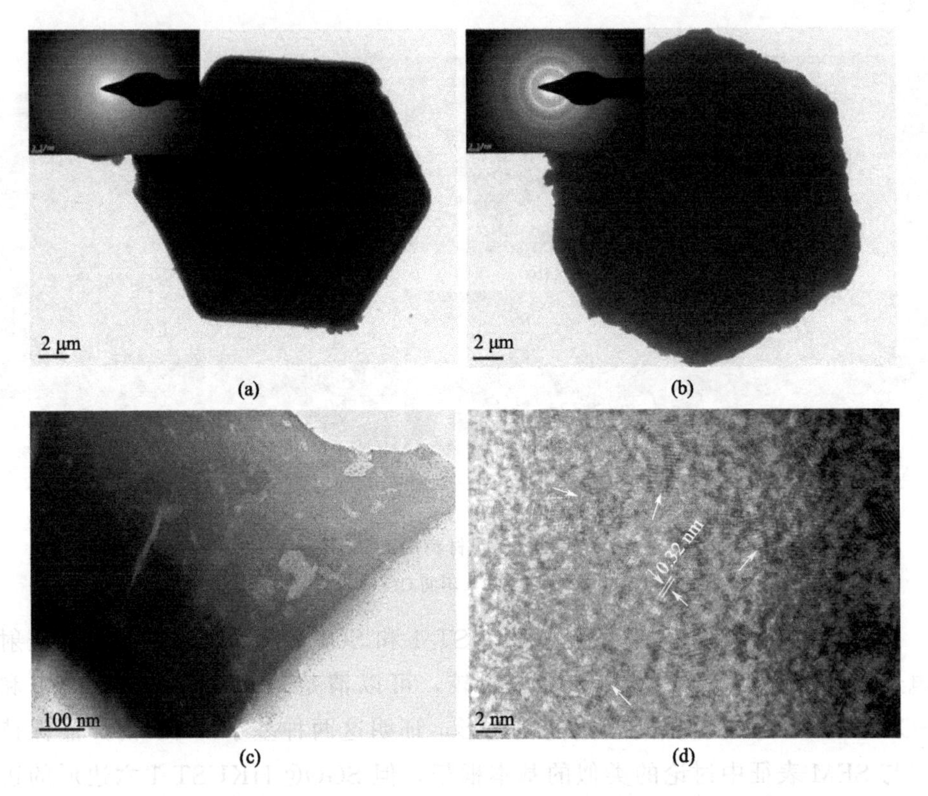

图 3-11 不同材料的 TEM 图（插图：SAED）和 HR-TEM 图

(a) HKUST-1；(b)～(d) SGO@HKUST-1

图 3-12(a) 显示了 SGO、HKUST-1 和 SGO@HKUST-1 的粉末 X 射线衍射（XRD）图谱。由图可知，纯 SGO 在 $2\theta=11.11°$ 处没有出现对应于 GO(001) 反射的衍射峰，表明 GO 已经通过溶剂热反应转化为还原形式。曲线 3 为合成材料的 XRD 图谱，其与 HKUST-1 的面心立方结构相对应的衍射峰与文献一致，表明 HKUST-1 的形成。SGO@HKUST-1 的 XRD 图谱显示，所有的衍射峰都与 HKUST-1 一致，表明 HKUST-1 在花状复合材料中保持了其晶体结构。此外，合成的纳米复合材料没有表现出任何与 CuO 或 Cu_2O 相对应的峰，证实反应过程中没有副产物 Cu_2O 和 CuO 的形成。

图 3-12(b) 为 SGO，HKUST-1 和 SGO@HKUST-1 的拉曼光谱图，由

图可以看出，SGO（曲线 1）的拉曼特征峰，在 1602 cm^{-1} 处的 G 峰归属于 sp^2 碳原子的面内振动，在 1326 cm^{-1} 处的 D 峰为一个声子与一个缺陷的谷间散射。而在 HKUST-1（曲线 2）中，500 cm^{-1} 处为 Cu—O 的配位键，在 742 cm^{-1} 和 828 cm^{-1} 处是配体 btc 的平面外环（C—H）的弯曲振动，在 1005 cm^{-1} 和 1613 cm^{-1} 处是配体 btc 苯环上 C ═C 的振动。这些振动峰在 SGO@HKUST-1（曲线 3）都可观察得到，进一步证实了 SGO@HKUST-1 复合材料中同时存在石墨烯和 HKUST-1。

图 3-12(c) 为样品的傅里叶变换红外光谱图（FT-IR）。对于 SGO（曲线 1），观察不到 C ═O、—OH 和 C—O—C（环氧键）所对应的特征吸收带，说明 GO 在溶剂热处理后成功被还原成 SGO。HKUST-1（曲线 2）的谱图中，吸收带在 1300～1700 cm^{-1} 之间归属于配体 btc 的吸收峰，波数 500 cm^{-1} 的峰属于 Cu—O 配位键的伸缩模式。由图可以看出，SGO@HKUST-1（曲线 3）和 HKUST-1 的红外谱图基本相同，说明 HKUST-1 在复合材料中保持了配位聚合状态。

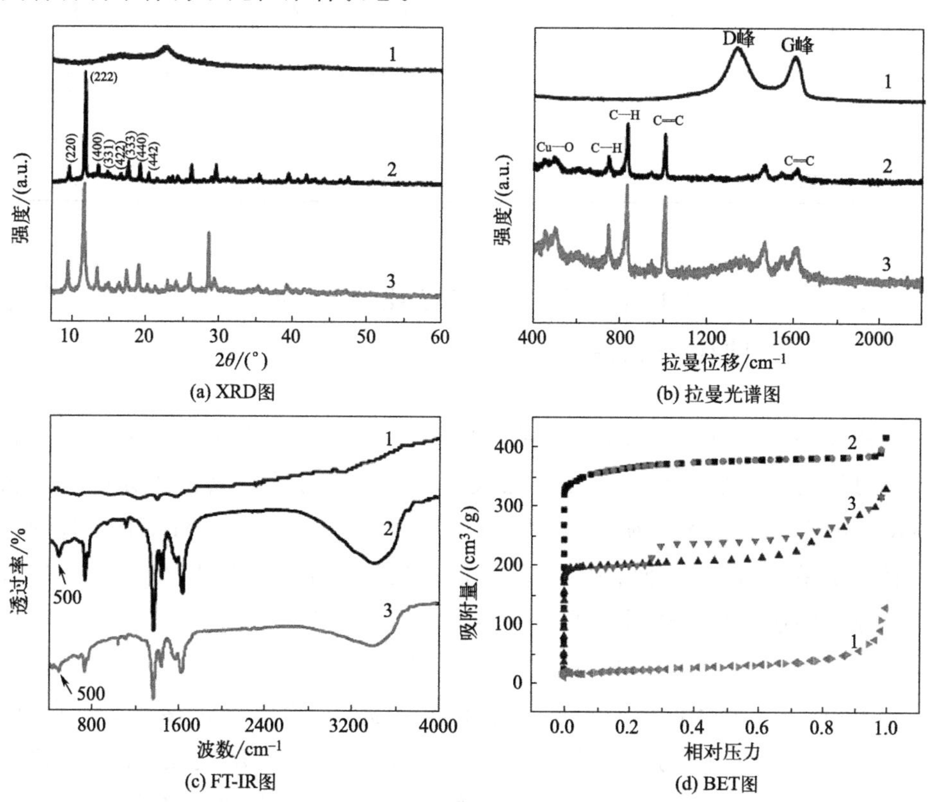

图 3-12 SGO、HKUST-1、SGO@HKUST-1 的结构和物性表征

1—SGO；2—HKUST-1；3—SGO@HKUST-1 的结构和物性表征

图 3-12(d) 显示了在 77 K 下通过 N_2 吸附等温线对样品进行的比表面表征。所有样品均呈现典型的 I 型吸附等温线，说明这些样品是微孔材料。但 SGO 的孔隙率明显较低，可以忽略不计（曲线 1)。相比于 SGO，HKUST-1（曲线 2）具有更好的 N_2 吸附能力，特别是在 $P/P_0=0.1$ 处，HKUST-1 具有非常大的比表面积。SGO@HKUST-1（曲线 3）的吸附/脱附等温线在 $P/P_0=0.29\sim0.99$ 之间呈现迟滞回线，该迟滞回线类似于 H4 类型（基于 IUPAC 分类)。这种现象可能是由于 HKUST-1 晶体与 SGO 碎片之间存在窄缝状孔隙。SGO、HKUST-1 和 SGO@ HKUST-1 的孔径分布采用 BJH 模型从解吸分支进行评估。表 3-1 列出了三个样品的比表面积参数的详细数据。可以看出，SGO@HKUST-1 显示出最大的孔隙体积和平均孔隙直径，表明在用作电化学传感材料时，该复合材料比单组分的 HKUST-1 和石墨烯具有更好的吸附和传输分析物的能力。

表 3-1 样品的孔隙参数和比表面积

材料	BET s 表面积 /(m^2/g)	Langmuir 比表面积 /(m^2/g)	平均孔径 /nm	孔容 /(cm^3/g)
SGO	71.6	134.1	2.56	0.16
HKUST-1	1324.6	1647.1	3.37	0.08
SGO@HKUST-1	696.6	865.8	4.07	0.28

3.2.6 SGO@HKUST-1 的电化学行为及其对 H_2O_2 的电催化还原性能

图 3-13(a) 为不同修饰电极在 PBS（pH=7.0）缓冲溶液中的 CV 图。由图可以看出，CS-SGO/GCE（曲线 a）未出现明显的氧化还原峰，表明 SGO/GCE 在此扫描范围内不具有电催化活性。然而，CS-HKUST-1/GCE（曲线 b）在 0.004 V 处出现一个明显的氧化峰，在 −0.25 V 和 −0.31 V 有两个相邻的还原峰。根据公式（3-1)：

$$|E_p-E_{p/2}|=1.857RT/\alpha nF \tag{3-1}$$

式中，E_p 为峰值电位；$E_{p/2}$ 为半峰电位；α 为电子转移系数（通常，$0.3<\alpha<0.7$)；F 为法拉第常数（96485 C/mol)；R 为通用气体常数 [8.314 J/(K·mol)]；T 为开尔文温度（298 K)。从曲线 c 中可确定 P_1 和 P_2 的 $|E_p-E_{p/2}|$ 的值分别为 81 mV 和 106 mV。假设 α 为 0.5，根据方程

(3-1) 计算出 P_1 和 P_2 的 n 值分别为 1.18 和 0.90，表明 MOF 在电极表面进行了两步单电子还原过程[Cu(Ⅱ)/Cu(Ⅰ)和 Cu(Ⅰ)/Cu(0)]。在 CS-SGO@HKUST-1/GCE（曲线 c）中，氧化还原峰峰电位与 CS-HKUST-1/GCE 一致，证明 HKUST-1 存在于复合材料中，并保持其电活性。此外，与 CS-HKUST-1 薄膜相比，CS-SGO@HKUST-1 薄膜的所有峰值强度均有显著增强，表明嵌入复合材料中的 SGO 片段有效地促进了 HKUST-1 的电子转移。

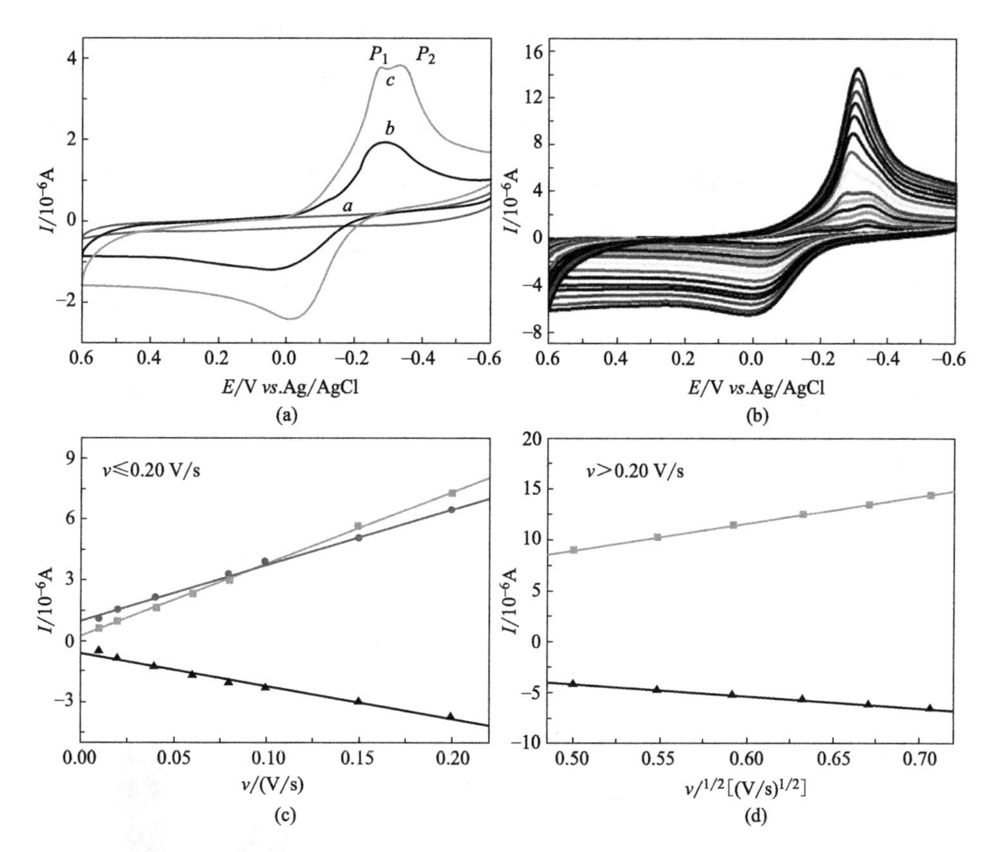

图 3-13 (a) CS-SGO/GCE、CS-HKUST-1/GCE 和 CS-SGO@HKUST-1/GCE 在 25 mmol/L PBS（pH=7.0）缓冲溶液中的 CV 图；(b) CS-SGO@HKUST-1/GCE 在 PBS（pH=7.0）中不同扫速（v）的 CV 图；(c) 氧化还原峰电流（I_p）与扫速（v）的线性关系图；(d) 氧化还原峰电流（I_p）与扫速开根号（$v^{1/2}$）的关系图

a—CS-SGO/GCE；b—CS-HKUST-1/GCE；c—CS-SGO@HKUST-1/GCE

此外，实验考察了不同扫速对 CS-SGO@HKUST-1/GCE 在 PBS 中电化学行为的影响。由图 3-13(b) 可知，随着扫速的不断增大，其氧化还原信

号不断增大。结果显示，在扫速 $v \leqslant 0.20$ V/s 时，其氧化还原峰电流（I_p）与扫速（v）呈良好的线性关系，其线性方程为 $I_{pc}/\mu A = 35.2981v/(V/s) + 0.2585(r=0.9998)$，$I_{pc}/\mu A = 27.4963v/(V/s) + 0.9854(r=0.9977)$ 和 $I_{pa}/\mu A = -15.9454v/(V/s) - 0.6496(r=0.9894)$，表明在低扫速时，电极表面的电子转移受吸附控制。而在扫速 $v > 0.20$ V/s 时，其氧化还原峰电流（I_p）与扫速开根号（$v^{1/2}$）呈良好的线性关系，其线性方程为 $I_{pc}/\mu A = 26.6348v^{1/2}/[(V/s)^{1/2}] - 4.3887(r=0.9993)$ 和 $I_{pa}/\mu A = -11.0934v^{1/2}/[(V/s)^{1/2}] - 1.2651(r=0.9968)$，由此可知，在高扫速时，其电极表面的电子转移受扩散控制。此现象与之前文献报道的其他电活性物质一致。

图 3-14(a)、(b)、(c) 为不同修饰电极在含有 0.2 mmol/L H_2O_2 的 PBS（25 mmol/L，pH＝7.0）溶液和空白液的 CV 图。由图可知，CS-

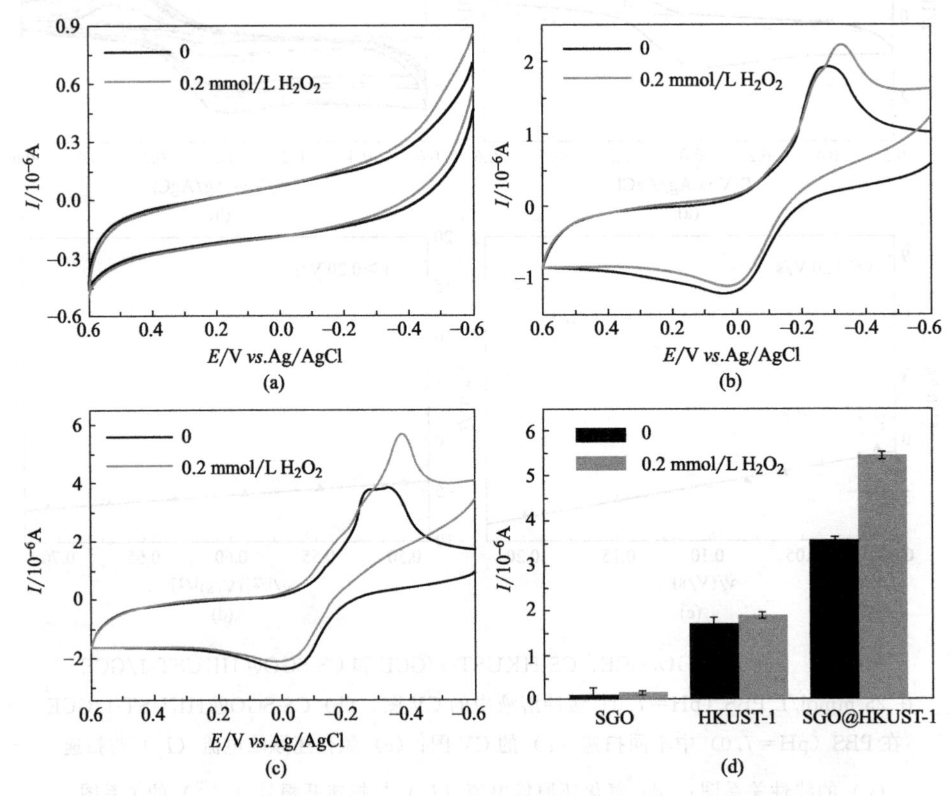

图 3-14 CS-SGO/GCE［图(a)］、CS-HKUST-1/GCE［图(b)］、CS-SGO@HKUST-1/GCE［图(c)］在含有 0 和 0.2 mmol/L H_2O_2 的 25 mmol/L PBS（pH＝7.0）中的 CV 图；(d) 在含有 0 和 0.2 mmol/L H_2O_2 的 25 mmol/L PBS（pH＝7.0）中不同电极的还原峰值电流（I_p）柱状图

SGO/GCE在PBS中无明显的电化学响应，加入0.2 mmol/L H_2O_2后，响应电流几乎不发生变化，说明CS-SGO/GCE对H_2O_2没有电催化性能。当电极滴涂上CS-HKUST-1后，在PBS中出现响应电流，加入0.2 mmol/L H_2O_2后，其Cu(Ⅱ)/Cu(Ⅰ)的响应信号几乎不变，而Cu(Ⅰ)/Cu(0)的响应信号明显发生变化，说明HKUST-1能催化还原H_2O_2，其催化还原机理可能如下：

$$Cu(Ⅱ)-HKUST-1+e^- \rightarrow Cu(Ⅰ)-HKUST-1$$

$$Cu(Ⅰ)-HKUST-1+1/2H_2O_2 \rightarrow OH^-+Cu(0)-HKUST-1$$

此外，CS-SGO@HKUST-1/GCE［图3-14(c)］在PBS中的响应信号明显比CS-HKUST-1/GCE［图3-14(b)］大，且加入0.2 mmol/L H_2O_2后，其响应电流（5.21 μA）明显比CS-HKUST-1/GCE（1.88 μA）大，表明复合材料中由于SGO片段较高的电子电导率，导致复合材料的电催化活性明显高于HKUST-1。

在以上CV分析的基础上，采用计时电流法（CA）进一步研究了CS-SGO@HKUST-1对H_2O_2的电化学动力学和电催化参数，结果如图3-15(a)和(b)所示。随着H_2O_2的不断增加，其响应电流也不断增大。根据Cottrell方程计算H_2O_2的扩散系数（D）：

$$I_{cat}=nFAD^{1/2}C_0\pi^{-1/2}t^{-1/2} \tag{3-2}$$

式中，I_{cat}为存在H_2O_2的催化电流；A为电极面积；C_0为H_2O_2的本体浓度。根据式(3-2)可以计算出扩散系数D的平均值为4.5×10^{-5} cm^2/s，该数值与文献报道的数值相近。

根据第2章中式（2-6）可以计算出H_2O_2与传感膜之间的电子传递催化速率常数（k_{cat}）。图3-15(c)显示的是CS-SGO@HKUST-1/GCE的I_{cat}/I_L与$t^{-1/2}$在短时间内的关系曲线，根据线性方程的斜率，可以计算出k_{cat}的平均值为1.74×10^5 L/(mol·s)，明显大于之前报道值。

图3-15(d)为CS-SGO@HKUST-1/GCE在不同电位下对H_2O_2的催化还原I-t曲线。从图中可以看出，在不同工作电位下，随着H_2O_2浓度的增加，其响应电流信号也不断增加。当工作电位从−0.20 V增加到−0.40 V时，得到的I-t曲线斜率逐渐增大，说明传感器的灵敏度不断提高。当工作电位增加到−0.45 V时，斜率略有增加；同时，由于溶液中溶解氧的干扰，I-t曲线变得不稳定。故选定−0.40 V的工作电位进一步研究。

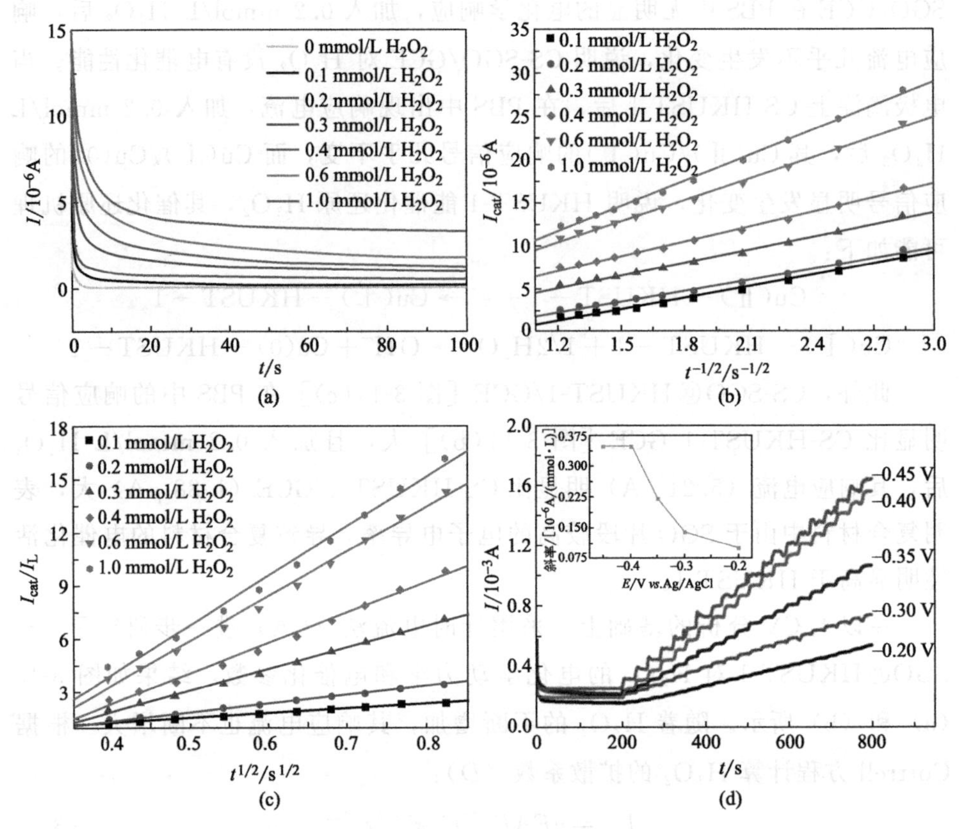

图 3-15 (a) CS-SGO@HKUST-1/GCE 在含有不同浓度的 H_2O_2 的 PBS (pH=7.0) 溶液中的计时电流曲线；(b) 响应电流 I_{cat} 与 $t^{-1/2}$ 的线性关系；(c) I_{cat}/I_L 与 $t^{1/2}$ 的线性关系；(d) 不同电位下连续加入 2.0 mmol/L H_2O_2 时 CS-SGO@HKUST-1/GCE 的 I-t 曲线（内插图：响应信号斜率与响应电位关系）

3.2.7 传感器的 H_2O_2 分析性能

图 3-16(a) 为 CS-SGO@HKUST-1/GCE 加入适量 H_2O_2 的 I-t 曲线。由图可知，随着 H_2O_2 浓度的不断增大，其响应电流也不断增加。图 3-16(a) 中的插图表明，即使在低浓度 (1 μmol/L) 的 H_2O_2 下，传感器的催化电流也有明显的增强，证实了纳米复合材料优秀的电催化能力。图中插图的内插图进一步显示，加入 H_2O_2 后，响应在 4 s 内达到最大稳态电流，表明传感器对 H_2O_2 的电还原能实现快速响应，这可归因于 SGO@HKUST-1 层上大的孔容和高的电催化活性。

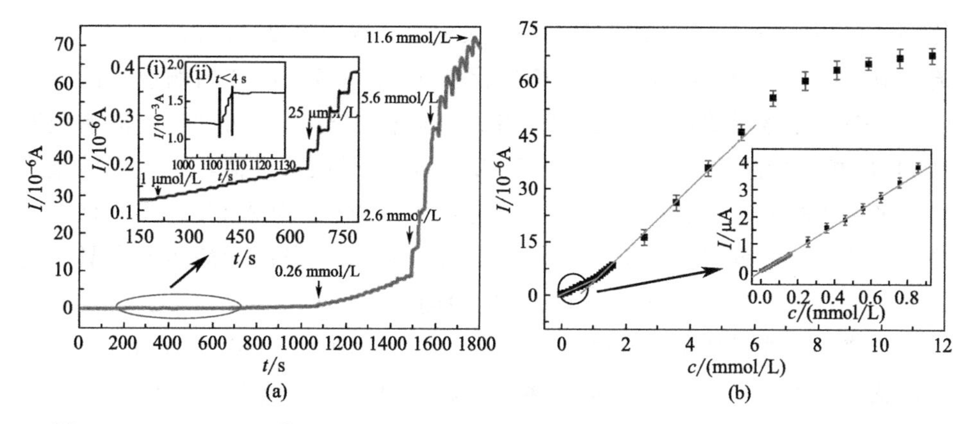

图 3-16 (a) CS-SGO@HKUST-1/GCE 对 H_2O_2 的 I-t 曲线（工作电位：−0.40 V；插图：低浓度放大图）；(b) 响应电流与 H_2O_2 浓度（1.0 μmol/L～5.555 mmol/L）的线性关系［插图：低浓度（1.0μmol/L～0.855 mmol/L）线性关系］

图 3-16(b) 显示，响应电流与 H_2O_2 浓度呈现出良好的线性关系，在 1.0 μmol/L～0.86 mmol/L 浓度范围内，其线性回归方程为 $I/\mu A=-2.4495\times10^{-4}+4.2487c/(mmol/L)(r=0.9994)$，在 0.86～5.6 mmol/L 浓度范围内，其线性回归方程为 $I/\mu A=-4.5979+8.7149c/(mmol/L)(r=0.9966)$。结果表明，该传感器在高浓度区域的灵敏度[135.4 μA·L/(cm^2·mmol)]高于低浓度区域的灵敏度[277.4 μA·L/(cm^2·mmol)]。根据文献，不同的灵敏度可能是由于在不同 H_2O_2 浓度区域下，H_2O_2 在电极表面的电化学动力学不同造成的。在 1.0～0.86 mmol/L 浓度范围内，H_2O_2 的电还原过程受 H_2O_2 在电极表面吸附和催化活化的共同控制，灵敏度相对较低。但随着 H_2O_2 浓度从 0.86 mmol/L 增加到 5.6 mmol/L，H_2O_2 在传感膜上的电催化活化成为唯一的速率决定步骤，从而提高了分析灵敏度。值得注意的是，当 H_2O_2 浓度大于 5.6 mmol/L 时，催化电流随 H_2O_2 浓度的增加略有增强，这可以理解为 H_2O_2 在传感材料活性位点上的吸附已达饱和。在平均空白值（$LOD=3\times RSD/\text{Slope}$）的 3 倍相对标准偏差（$RSD$）下，其检测限（$LOD$）为 0.49 μmol/L。其优异性能的原因在于：①丰富且尺寸合适的 MOF 孔有利于 H_2O_2 分子通过电解质/电极界面的传输；②SGO 负载在 MOF 上具有良好的电导率和高的 H_2O_2 电还原催化性能；③其宏观结构产生的大表面积提高了传感界面对 H_2O_2 的吸附量。

3.2.8 传感器的选择性、重现性、稳定性

稳定性和重现性是评价传感器性能的重要参数。将 CS-SGO@HKUST-1

传感器在环境条件下存储 15 天，每 3 天记录一次对 0.2 mmol/L H_2O_2 的电流响应。结果表明，所制备的传感器保持了至少 97%的初始响应［图 3-17(a)］，表明传感器的高度稳定性。对同一电极进行 5 次测试，电流响应对 H_2O_2 的相对标准偏差（*RSD*）小于 2.8%，表明该传感器具有良好的重现性。采用相同方法制备的 5 个独立传感器的 *RSD* 值为 3.1%，表明该方法是可靠的。综上表明，基于 CS-SGO@HKUST-1 制备的无酶传感器具有良好的稳定性和重现性，可用于 H_2O_2 的检测。

传感器的选择性是高性能评价的重要参数。图 3-17(b) 是采用 *I-t* 法考察传感器的选择性。如图所示，在 −0.4 V 的工作电位下，在 PBS（pH=7.0）溶液中依次加入 0.02 mmol/L H_2O_2、0.02 mmol/L 葡萄糖（Glu）、0.02 mmol/L 抗坏血酸（AA）、0.02 mmol/L 盐酸-多巴胺（DA）、0.02 mmol/L 尿酸（UA）和 0.02 mmol/L H_2O_2。结果显示，加入不同干扰物质，其响应电流发生不同程度的改变。其中，加入 0.02 mmol/L H_2O_2，CS-SGO@HKUST-1/GCE 的响应电流最大，而加入其他干扰物质，如 Glu、AA、DA、UA 等，其响应信号基本不变，说明该传感器对 H_2O_2 具有优异的选择性。

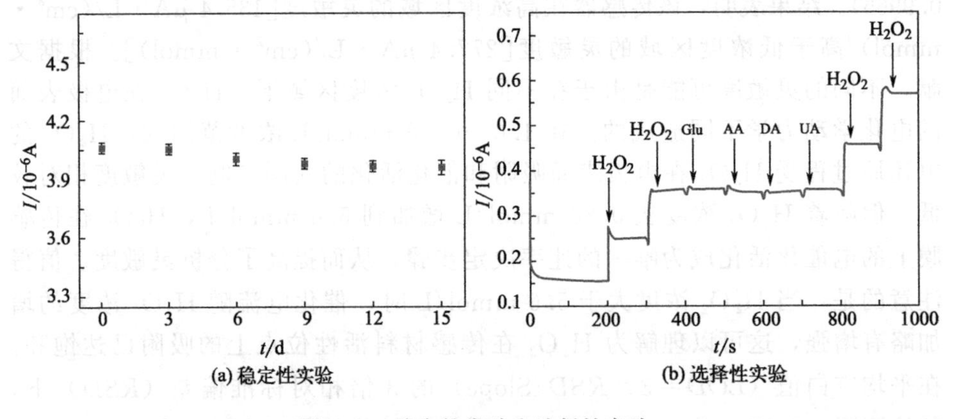

图 3-17　稳定性实验和选择性实验

3.2.9　传感器的血清和细胞实际样品检测能力

本书编著者团队考察了传感器的实际应用。采用标准加入法，通过加入已知量的 H_2O_2 标准液，考查了血清中 H_2O_2 的回收实验。首先，用 10 mL PBS（pH=7.0）稀释血清后，取一定量注入电解液，再将 H_2O_2 标准溶液连续注入，用 CS-SGO@HKUST-1/GCE 进行实时传感分析，所得到的安培曲线如图 3-18 所示。结果见表 3-2，其回收率在 97.4%～101.2%之间，表明该方法可用于血清中 H_2O_2 的检测。

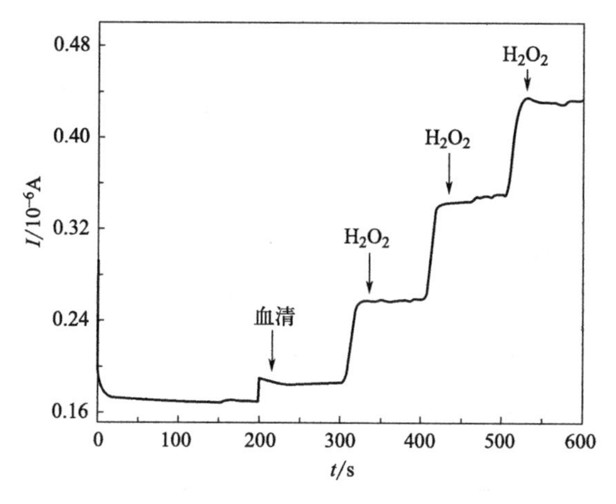

图 3-18　在 CS-SGO@ HKUST-1/GCE 上加入血清后，连续加入 0.02 mmol/L H_2O_2 的 PBS（pH=7.0）记录的 I-t 曲线

表 3-2　血清样品回收率实验

样品	样品量 /(μmol/L)	加标量 /(μmol/L)	检测值 /(μmol/L)	回收率 /%	*RSD* /%
血清	1.33	0	1.33 ±0.02	—	1.5
1	1.33	20	20.81 ± 0.25	97.4	1.2
2	1.33	40	40.82 ± 0.58	98.7	1.4
3	1.33	60	62.03 ± 0.48	101.2	0.8

另外，使用 264.7 细胞系作为模型，将该传感器用于检测活细胞中释放的 H_2O_2。图 3-19 为 CS-SGO@HKUST-1/GCE 在 PBS（pH=7.0）中的安培响应，含有 5.0×10^5 Raw 264.7 细胞但未添加 CHAPS 的 PBS 溶液（曲线 a）或添加 CHAPS 后未添加 Raw 264.7 细胞的 PBS 空白溶液（曲线 b）显示没有明显的电流变化。然而，当将 0.3 μmol/L CHAPS 注入含有 5.0×10^5 Raw 264.7 细胞的 PBS 溶液中时，电流值显著增加（曲线 c），表明该电极能够充当实时监测活细胞释放的 H_2O_2 的灵敏传感器。此外，根据注入 CHAPS 后 5.7 nA 的稳态催化电流值，根据图 3-16(b) 中显示的标准工作曲线，计算出细胞溶液中的 H_2O_2 浓度为 1.4 μmol/L。基于使用的 5.0×

10^5 个细胞，可计算出每个细胞释放的 H_2O_2 量约为 2.8 pmol/L，这与之前文献报道的结果非常吻合。因此，基于花状 SGO@HKUST-1 纳米复合材料传感平台可以有效地用于测定细胞 H_2O_2 的释放，显示出该传感器的良好应用前景。

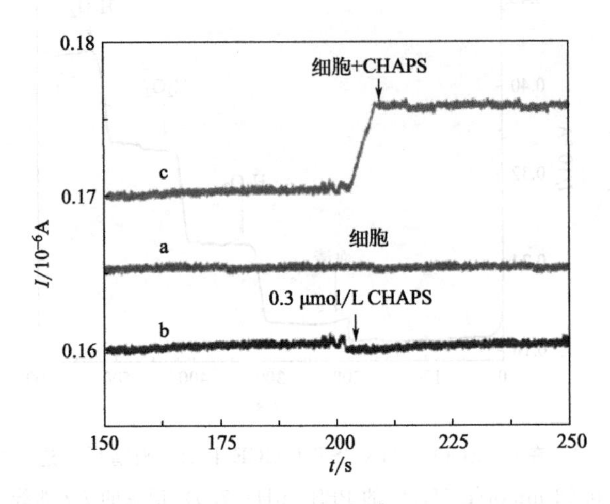

图 3-19 CS-SGO@HKUST-1/GCE 在含有 5.0×10^5 Raw 264.7 细胞但未添加 CHAPS 的 PBS（pH=7.0）溶液（曲线 a）、添加 CHAPS 后未添加 Raw 264.7 细胞的 PBS（pH=7.0）空白溶液（曲线 b）和将 0.3 μmol/L CHAPS 注入含有 5.0×10^5 Raw 264.7 细胞的 PBS 溶液（曲线 c）中的安培响应

3.2.10 展望

采用简单的一步溶剂热法制备了一种新颖的花状 SGO@HKUST-1 纳米复合材料。SEM、TEM、XRD、FT-IR 等表征结果表明，氧化石墨烯对产物的形貌和组成具有至关重要的控制作用。氧化石墨烯本身被撕成碎片参与 HKUST-1 的配位组装，同时氧化石墨烯碎片被还原为石墨烯。与原 HKUST-1 相比，合成的花状 SGO@HKUST1 不仅具有较大的比表面和孔径，而且具有更强的氧化还原活性。电化学分析表明，SGO@HKUST-1 纳米复合材料具有良好的非酶催化 H_2O_2 检测性能，响应速度快（<4 s），线性范围宽（1.0 μmol/L～5.6 mmol/L），检出限为 0.49 μmol/L。此外，SGO@HKUST-1/GCE 对常见干扰物种如 UA、AA 和 Glu 等表现出良好的抗干扰能力。这些高的分析性能归因于 SGO 的高电导率和 HKUST-1 的协同效应，该 MOF 具有合适的结构和电化学响应。本研究拓宽了非酶传感器

的构建思路，也为具有重要电化学传感应用的功能 MOF 基复合材料的合成开辟了新的途径。

3.3 基于铜-对苯二甲酸 MOF/石墨烯的多巴胺和对乙酰氨基酚传感技术

3.3.1 概述

由于纳米级多孔材料在气体吸附、电双层电容器催化剂载体、燃料电池等方面的广泛应用，近十年来备受关注[40-43]。然而，由于单组分 MOFs 的电导率低、机械稳定性差、电催化能力较差等问题，限制了其在电化学中的直接应用[44,45]。为了克服这些缺点，在 MOFs 中引入其他高导电和机械耐用的材料成为重要研究方向。例如，Zhang 等[44] 报道了 Cu-MOF/大孔碳（MPC）杂化材料。电化学实验表明，MPC 的加入极大地提高了 Cu-MOF 的稳定性和电催化性能。此外，Hosseini 等[45] 制备了 Au-SH-SiO_2 纳米颗粒/Cu-MOF 复合修饰电极，并将其用作电化学测定 *L*-半胱氨酸的高灵敏度和选择性传感器。但这些材料的合成过程复杂，在水溶液中的分散性和稳定性较低，极大地抑制了它们在电化学领域的实际应用。

本节采用一种简单有效的超声方法合成了一种新型的具有良好分散性和稳定性的铜-对苯二甲酸 MOF-氧化石墨烯［Cu(tpa)-GO］杂化纳米复合材料。采用 SEM、TEM、UV-Vis、FT-IR、XRD、TGA 等手段对复合材料的形貌和结构进行了表征。推测 Cu(tpa) 与 GO 的结合机制为 π-π 堆积、氢键和 Cu-O 配位的协同作用。将 Cu(tpa)-氧化石墨烯纳米复合材料滴涂在玻碳电极（GCE）上，通过电化学处理将氧化石墨烯转化为具有更大比表面积和更高导电性的还原石墨烯（ERGO）[46-48]。为了探究 Cu(tpa)-ERGO 杂化电极的电化学性能，将修饰电极作为电化学传感平台，用于对乙酰氨基酚（ACOP）和多巴胺（DA）的测定。结果表明，两种药物在修饰电极上表现出良好的分离和增强的氧化还原峰，为扩展 MOFs 的电化学应用开辟了新的途径。因此，本研究为制备高分散性和稳定性的 MOF 基复合材料提供了理论和实践基础，展示了其在电化学领域的广阔应用前景。

3.3.2 铜-对苯二甲酸 MOF-氧化石墨烯 [Cu(tpa)-GO] 纳米复合材料的制备

采用改进的方法合成 Cu(tpa)。将 40 mL DDW 与 5 g $Cu(NO_3)_2 \cdot 3H_2O$ 和 2 g tpa 在 40 mL *N*,*N*-二甲基甲酰胺（DMF）和 40 mL 乙醇的混合溶剂中混合。然后用溶剂热法在 85 ℃下处理 24 h，过滤回收蓝色粉末，用水和 DMF 洗涤，80 ℃真空干燥。以天然石墨粉为原料，采用改进的 Hummers 法合成 GO。在 1 g/L GO 水溶液中加入 1 mg Cu(tpa)，搅拌，100 W 超声 1 h，得到均匀分散的 Cu(tpa)-GO 纳米复合材料。

3.3.3 Cu(tpa)-ERGO 修饰 GCE 的制备

先用 1.0 μm、0.3 μm 和 0.05 μm α-Al_2O_3 将裸 GCE 抛光至镜面，再用 DDW、乙醇和 DDW 进行超声清洗，清洗后的电极用高纯氮气吹干。然后在电极表面滴涂 10 μL 的 Cu(tpa)-GO 悬浮液。在室温干燥后，用 DDW 仔细清洗修饰电极，去除松散附着的 Cu(tpa)-GO，得到 Cu(tpa)-GO 修饰的 GCE [Cu(tpa)-GO/GCE]。用 Cu(tpa) 和 GO 溶液制备 Cu(tpa) 修饰 GCE [Cu(tpa)/GCE] 和 GO 修饰 GCE（GO/GCE）用作比较。

如文献所述，用电化学方法对 Cu(tpa)-GO 膜中的氧化石墨烯进行还原。方法是将 Cu(tpa)-GO/GCE 浸入 0.1 mol/L PBS（pH＝7.0）中，在 −1.5～0.6 V 之间进行循环扫描，直到得到稳定曲线。所得电极用 Cu(tpa)-ERGO/GCE 表示。在 0.1 mol/L 的 PBS（pH＝7.0）中，GO/GCE 进行类似的电化学还原，制备 ERGO 修饰电极（ERGO/GCE)。

3.3.4 电化学检测

在 0.1 mol/L PBS（pH＝7.0）中，在 −1.0～0.8 V 的电位范围内循环扫描，对修饰电极进行电化学表征。将适量的 ACOP 和 DA 标准溶液加入 0.1 mol/L 的 PBS（pH＝5.0）中，记录循环伏安（CV）和差分脉冲伏安（DPV）测量结果。在 0～0.80 V 电位范围内记录 CV。DPV 测量条件为：增量电位 0.004 V、脉冲幅度 0.05 V、脉冲宽度 0.05 s、样品宽度 0.0167 s、脉冲周期 0.2 s、静息时间 2 s。图 3-20 为 Cu(tpa)-ERGO/GCE 的制备及其在 ACOP 和 DA 传感分析中的应用示意。

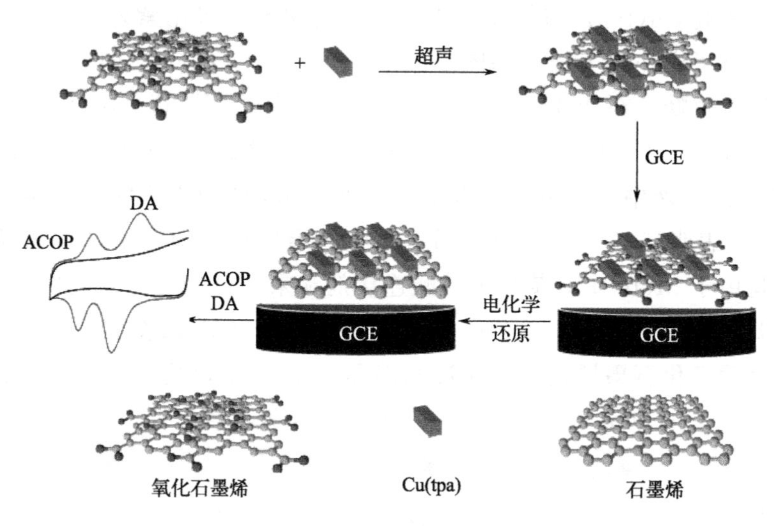

图 3-20 超声辅助制备 Cu(tpa)-GO 及其同时测定 ACOP 和 DA 示意

3.3.5 Cu(tpa)-GO 材料的物性表征

图 3-21(a) 显示了合成的 Cu(tpa) 颗粒的 SEM 图像，观察到大量规则独立的长方体，表明 Cu(tpa) 产率高，结晶度好。从高倍放大图像［图 3-21(a) 插图］可以看出，大长方体一般由 2～4 个直径约为 100 nm 的小长方体组成。超声制备的 Cu(tpa)-GO 复合材料的 SEM 图像显示，复合材料中的 Cu(tpa) 颗粒仍保持原来的长方形体［图 3-21(b)］，说明超声处理对 Cu(tpa) 的形貌没有影响。此外，从图 3-21(b) 插图所示的局部放大图像中，可以观察到一些明显的褶皱（见插图中的箭头），符合 GO 的特征，表明 Cu(tpa) 已被氧化石墨烯成功修饰。从 Cu(tpa)［图 3-21(c) 的插图］和 Cu(tpa)-GO 复合材料［图 3-21(c)］的 TEM 图像中，可以进一步证实 Cu(tpa) 及其与 GO 的结合是清晰的长方体。图 3-21(d) 的插图显示了 Cu(tpa)（1）、GO(2) 和 Cu(tpa)-GO(3) 水分散体的照片。结果表明，氧化石墨烯水溶液呈均匀的棕黑色［图 3-21(d) 插图 2］，表明制备的氧化石墨烯具有良好的水溶性。但在 Cu(tpa) 水溶液中，在 20 min 内，瓶底出现一层浅蓝色粉末［图 3-21(d) 插图 1］，说明合成的 Cu(tpa) 在水中的溶解度和分散性较差。有趣的是，当 GO 与 Cu(tpa) 混合时，得到了均匀的棕黑色分散体，没有任何沉淀［图 3-21(d) 插图 3］，且至少可以维持一个月，

表明氧化石墨烯的修饰可以有效提高 Cu(tpa) 的溶解性和分散性。

为了探究 Cu(tpa) 与氧化石墨烯的结合机理，采用紫外-可见光谱对复合材料进行了进一步表征。如图 3-21(d) 所示，GO 在水中的 231 nm 处有一个宽的吸收峰，在 300 nm 处有一个弱的肩峰（曲线 a)，这可以归属未氧化的芳香族 C ═C 键的 π→π * 跃迁和 C ═O 键的 n→π * 跃迁。而在 Cu(tpa)-GO 水溶液中，发现氧化石墨烯在 231 nm 处的吸收峰红移至 238 nm（曲线 b)，表明与 Cu(tpa) 反应后，氧化石墨烯片内的电子共轭已经恢复。这可能是由于 MOF 中对苯二甲酸酯连接剂和未氧化的芳香环之间的 π 电子耦合。此外，在 Cu(tpa)-GO 的吸收曲线中，约 300 nm 处的弱肩峰完全消失。这表明氧化石墨烯也可能通过氢键和（或）Cu-O 配位键与 Cu(tpa) 相互作用。UV-vis 实验还表明，Cu(tpa)-GO 溶液储存一个月后的吸收光谱几

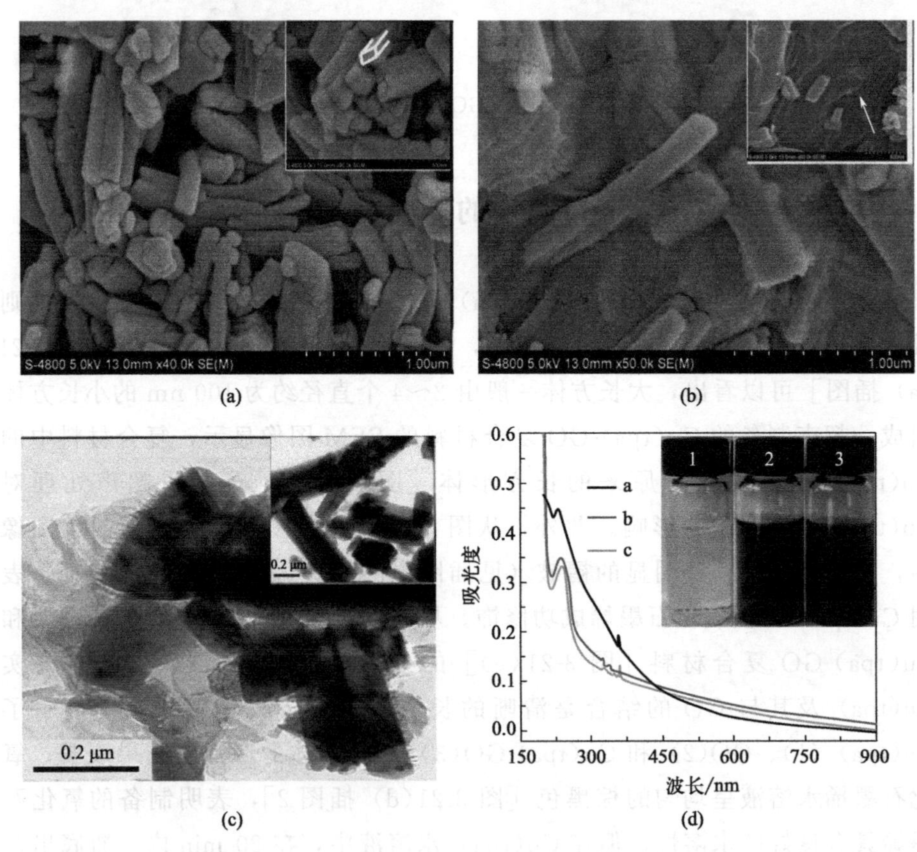

图 3-21 Cu(tpa) 和 Cu(tpa)-GO 的形貌及光谱表征

(a) Cu(tpa) 的 SEM 图；(b) Cu(tpa)-GO 的 SEM 图；(c) Cu(tpa)-GO 的 TEM 图；(d) GO（曲线 a）和 Cu(tpa)-GO（曲线 b）及其静置 30 天后（曲线 c）的紫外-可见吸收光谱［插图：Cu(tpa)（1)、GO（2）和 Cu(tpa)-GO（3）水分散液照片］

乎没有变化（曲线 c），说明 Cu(tpa)-GO 在水中具有良好的化学稳定性。

如图 3-22(a) 所示，通过 FT-IR 进一步研究了 GO 和 Cu(tpa) 之间的相互作用。对于 GO（曲线 a），3386 cm^{-1} 和 1726 cm^{-1} 处的谱带分别属于 O—H 键和 C ═O 键的特征振动。1232 cm^{-1} 和 1042 cm^{-1} 处的峰分别是 C—OH 和 C—O—C（环氧）的 C—O 伸缩振动。1620 cm^{-1} 处的峰与未氧化石墨烯的骨架振动有关。与 Cu(tpa) 相互作用后，发现 GO 的 C ═O 峰转移到 1688 cm^{-1} 和 1620 cm^{-1}（骨架振动），1232 cm^{-1}（C—OH）和 1042 cm^{-1}（C—O—C）消失（曲线 c）。这些变化证实，这二者之间的相互作用力是 π-π 堆积和氢键。此外，Cu(tpa) 的特征峰（曲线 b）均出现在复合材料的光谱（曲线 c）中，说明 Cu(tpa) 的结构在加入氧化石墨烯后没有发生改变。图 3-22(b) 显示了 GO（曲线 a）、Cu(tpa)（曲线 b）和 Cu(tpa)-GO（曲线 c）的 XRD 谱图。通过对比发现，Cu(tpa) 的所有衍射峰都保留在 Cu(tpa)-GO 的复合材料中，说明超声作用下 Cu(tpa) 组分的结晶度没有被

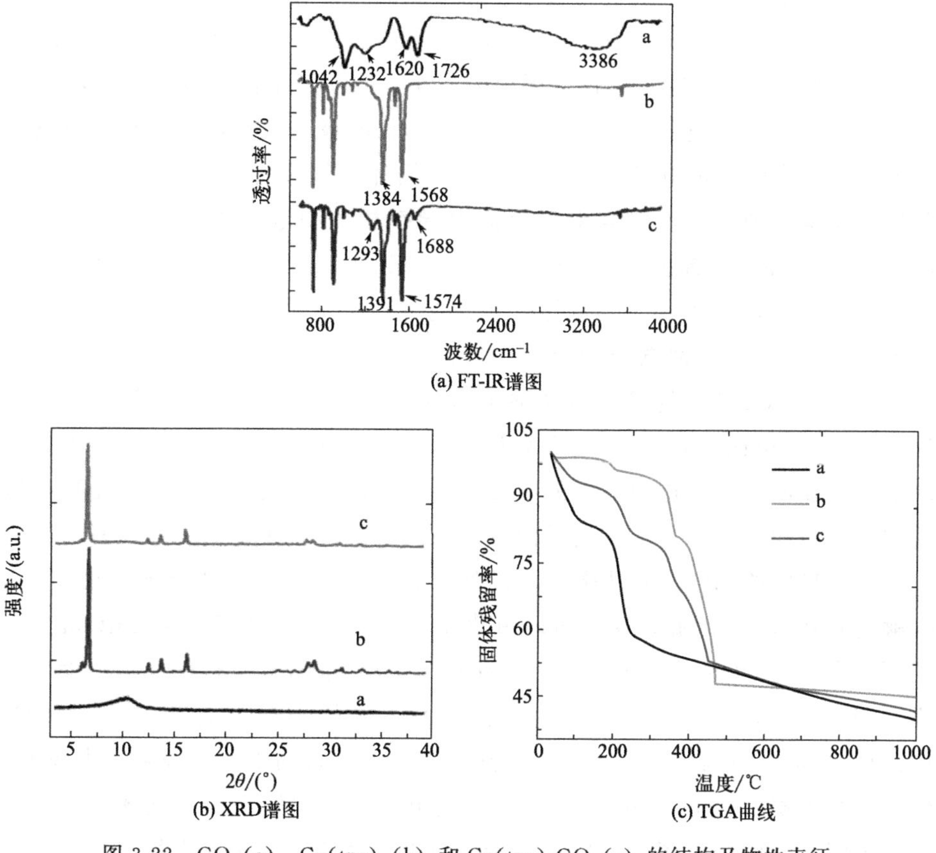

(a) FT-IR谱图

(b) XRD谱图

(c) TGA曲线

图 3-22 GO（a）、Cu(tpa)（b）和 Cu(tpa)-GO（c）的结构及物性表征

破坏。采用热重分析法（TGA）在 N_2 气氛下测定了氧化石墨烯（曲线 a）、Cu(tpa)（曲线 b）和 Cu(tpa)-GO（曲线 c）的热稳定性。如图 3-22(c) 所示，在 100 ℃以下，由于物理吸附在亲水性氧化石墨烯表面的水分子的热脱附，氧化石墨烯的重量开始下降，在 200 ℃左右发生了显著的减小，可能是由于 GO 中含氧官能团的损失。Cu(tpa) 的 TGA 曲线表明，Cu(tpa) 在 150 ℃开始分解，在 200～360 ℃范围内发生了第二次失重。当温度达到 360 ℃时，Cu(tpa) 的失重急剧增加，表明 Cu(tpa) 的结构已经坍塌。Cu(tpa)-GO 复合材料的 TGA 曲线显示出预期的热行为。氧化石墨烯吸附水分子在 100 ℃以下发生第一次损失，在 190 ℃和 330 ℃分别发生第二次和第三次损失。这些变化与 GO 和 Cu(tpa) 的复合热分解行为相一致。

3.3.6 Cu(tpa)-ERGO 的电化学性能

电化学还原是制备氧化石墨烯还原形式的一种直接、高效、环境友好的方法。在本工作中，Cu(tpa)-GO/GCE 在 0.1 mol/L PBS 中，在 −1.5～+0.6 V 的电位范围内，电化学还原 Cu(tpa)-GO 膜中的 GO 为 ERGO。如图 3-23(a) 所示，随着扫描次数的增加，修饰电极的氧化还原峰有一对逐渐增加的峰，表明修饰电极的电化学响应在循环扫描过程中逐渐增强。此外，背景电流也增加了，说明与电极界面电导率相关的电容电流也增加了。然而，当 Cu(tpa) 修饰的 GCE[Cu(tpa)/GCE]作为对照进行同样的测试时，本书编著者团队发现 CV 曲线在整个扫描过程中几乎没有变化［图 3-23(a) 插图］。通过比较两种电极的差异，可以得出结论，随着扫描周期的增加，Cu(tpa)-GO/GCE 上的氧化石墨烯纳米片不断向高导电 ERGO 转变。值得注意的是，Cu(tpa)-GO/GCE 上氧化还原峰的峰间距离（ΔE_p）也随着循环次数的增加而增加，这与前面的结论相矛盾，即改性膜的电导率随循环次数的增加而增加。这种情况可能是由以下原因造成的：在初始阶段，复合膜中只存在不导电的 GO，所以这一阶段的电化学响应仅来自少量与 GCE 紧密接触的 Cu(tpa)。因此，这一阶段氧化还原峰较小。但由于这层 Cu(tpa) 分子可以直接与 GCE 传递电子，因此获得了 ΔE_p 小的电子转移电阻。随着扫描周期的增加，复合膜中越来越多的氧化石墨烯转化为高导电的 ERGO，ERGO 作为 Cu(tpa) 外层的电子通路，导致电极表面氧化还原峰不断增加。但是，当外层 Cu(tpa) 分子与 GCE 交换电子时，它们需要克服薄膜厚度造成的电阻，因此产生了一个比初始阶段更大的 ΔE_p。当氧化石墨烯纳米片全部还原后，CV 曲线趋于稳定。

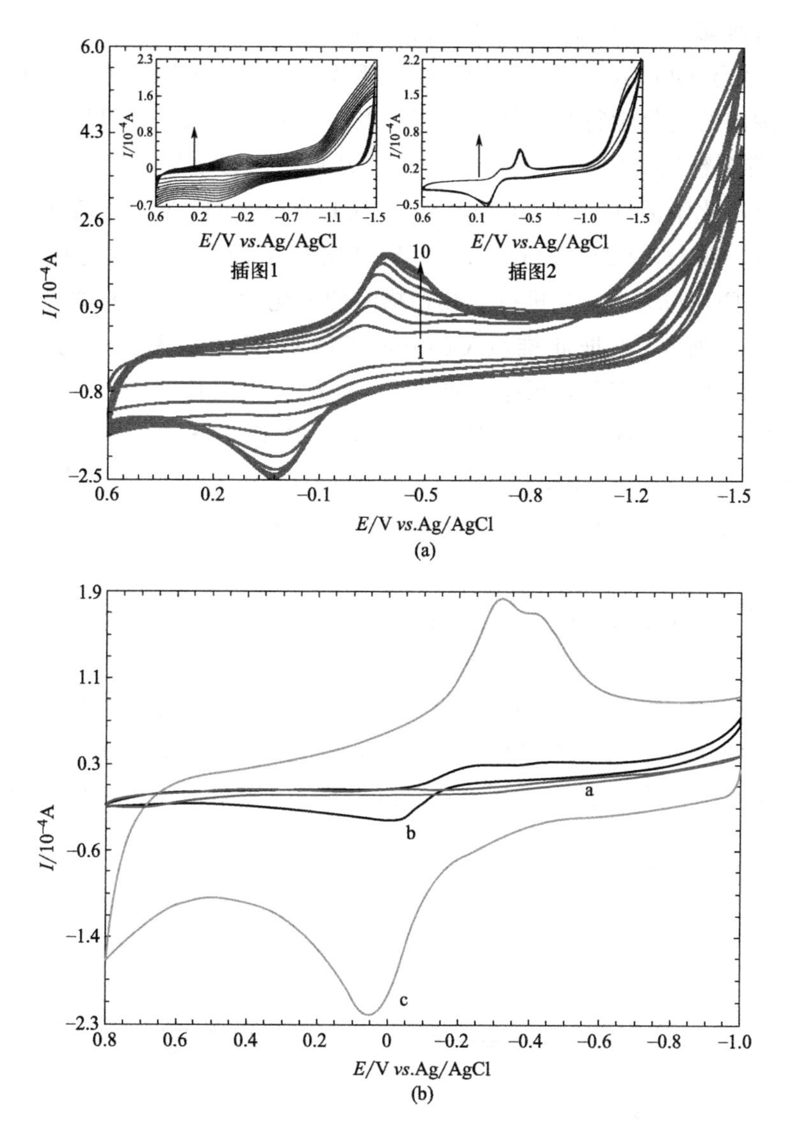

图 3-23 (a) Cu(tpa)-GO/GCE、GO/GCE（左插 1）和 Cu(tpa)/GCE（右插 2）在 0.1 mol/L PBS（pH=7.0）的循环伏安图；(b) GO/GCE、Cu(tpa)-GO/GCE 和 Cu(tpa)-ERGO/GCE 在 0.1 mol/L PBS（pH=7.0）中的循环伏安图

曲线 a—GO/GCE；曲线 b—Cu(tpa)-GO/GCE；曲线 c—Cu(tpa)-ERGO/GCE

在 PBS 中对 GO/GCE 进行连续扫描，结果显示 GO/GCE 的氧化还原信号［图 3-23(a) 插图 1］明显小于 Cu(tpa)-GO/GCE 的氧化还原信号，推测 GO/GCE 的氧化还原信号主要是来自氧化石墨烯上含氧基团的电子转移。

这表明复合材料中 Cu(tpa) 会显著影响修饰电极的电化学性能。为了进一步探究这种影响，在 0.1 mol/L (pH=7.0) 的 PBS (−1.0～0.8 V) 中，用 CV 研究了 GO/GCE、Cu(tpa) /GCE 和 Cu(tpa)-GO/GCE 在−1.0～0.8 V 电位范围内的电化学行为，结果如图 3-23(b) 所示。从图中可以看出，GO/GCE 没有观察到氧化还原峰（曲线 a)，表明氧化石墨烯层在这个电位范围内不具有电化学活性。而 Cu(tpa)-GO/GCE 在−0.017 V 处出现了一个清晰的氧化峰，在−0.024 V 和−0.441 V 处出现了两个相邻的还原峰（曲线 b)，这与 Cu(tpa) /GCE 进行连续扫描时的电化学响应非常相似［如图 3-23 (a) 插图 2 所示］，据此推测 Cu(tpa)-GO/GCE 上的氧化还原峰可能与 Cu(tpa) 的电活性有关，根据文献报道，Cu(tpa) 氧化峰来自 $Cu^0 \rightarrow Cu^{2+}$ 的电子转移，而两个还原峰分别是 $Cu^{2+} \rightarrow Cu^+$ 和 $Cu^+ \rightarrow Cu^0$。当 Cu(tpa)-GO 膜被还原为 Cu(tpa)-ERGO 后，由于 ERGO 具有较好的电导性，使与 Cu(tpa) 电化学响应相对应的氧化还原峰显著增强（曲线 c)。

3.3.7 Cu(tpa)-ERGO 的电催化性能

为了开发 Cu(tpa)-ERGO 复合材料的潜在应用价值，本实验以两种重要药物 ACOP 和 DA 作为目标分子模型，研究其在 Cu(tpa)-ERGO/GCE 上的电化学行为。图 3-24 展示了 0.1 mmol/L ACOP 和 0.1 mmol/L DA 在 0～

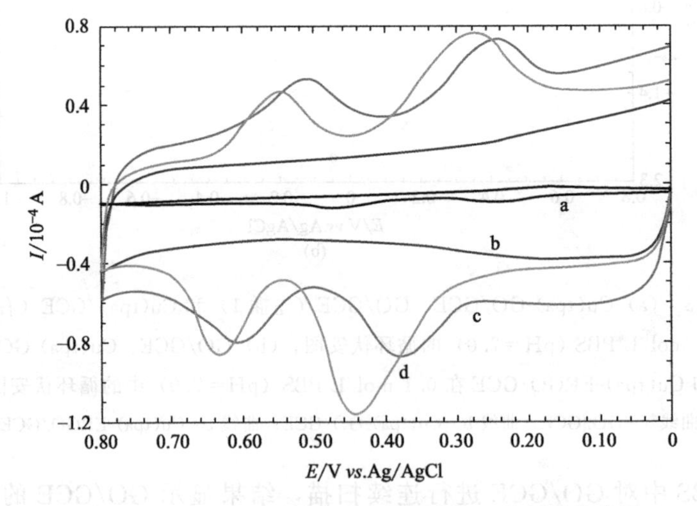

图 3-24 ACOP 和 DA 混合液在不同电极上的循环伏安图

a—Cu(tpa)-GO/GCE；b—Cu(tpa)-ERGO/GCE 在 PBS 空白液中循环伏安对照曲线；c—ERGO/GCE；d—Cu(tpa)-ERGO/GCE

+0.8 V 电位范围内的各种电极上的 CVs 响应。在 Cu(tpa)-GO/GCE（曲线 a）中检测到两对小而不对称的氧化还原峰，对应于 ACOP（高电位）和 DA（低电位）的电子转移。然而，当使用电还原电极 [Cu(tpa)-ERGO/GCE] 测定时，ACOP 和 DA 的氧化还原峰急剧增加（曲线 d），其峰的对称性增加，说明其氧化还原过程的可逆性增加了。而在相同的电位范围内，Cu(tpa)-ERGO/GCE 在不含 ACOP 和 DA 的 PBS 中发现并没有氧化还原峰出现（曲线 b）。由此可见，Cu(tpa)-ERGO 复合材料对 ACOP 和 DA 具有显著的电催化作用。作为对照，实验研究了 ACOP 和 DA 在 ERGO/GCE 下的电化学，结果如图 3-24 中的曲线 c 所示，可观察到两对清晰的氧化还原峰，但所有峰的强度明显小于 Cu(tpa)-ERGO/GCE。这说明复合膜中 Cu(tpa) 材料组分对提高 ACOP 和 DA 的电化学响应有积极的作用，这种积极作用可能是由于电活性 Cu(tpa) 具有优异的多孔结构和良好的电子转移介导功能。

3.3.8 多巴胺和对乙酰氨基酚的电化学参数

图 3-25(a) 显示了 ACOP 和 DA 的 CV 随扫描速率（v）的变化。在 20～400 mV/s 范围内，Cu(tpa)-ERGO/GCE 不同扫速（v）下的峰值电流（I_p）与 v 表现出良好的线性相关 [图 3-25(b)]，表明在 Cu(tpa)-ERGO/GCE 表面 ACOP 和 DA 的电子转移过程受吸附控制影响。此外，根据 Laviron 公式(2-2)、公式(2-3) 和公式(2-4) 计算了修饰电极上 ACOP 和 DA 的电子转移系数 α 和标准电子转移速率常数 k_s 的电化学参数。

通过分析图 3-25 的数据可知，对于 ACOP 和 DA，E_{pa} 和 E_{pc} 都与 v 的对数值（$\log v$）呈线性关系。ACOP 氧化还原峰电位与 v 之间的回归方程分别为 $E_{pa}/V=0.7336+0.1151\log v$（V/s，$r=0.9784$）和 $E_{pc}/V=0.5110-0.03497\log v$（V/s，$r=0.8993$）；DA 氧化还原峰电位与 v 之间的回归方程分别为 $E_{pa}/V=0.5521+0.07393\log v$（V/s，$r=0.9817$）和 $E_{pc}/V=0.2029-0.05354\log v$（V/s，$r=0.9761$）。根据第 2 章公式(2-2) 和公式(2-3)，确定 ACOP 的 α 值为 0.77，n 值为 2.2，DA 的 α 值为 0.58，n 值为 1.9。这些结果表明 DA 和 ACOP 在 Cu(tpa)-ERGO/GCE 修饰电极上都经历了两次电子转移过程，与文献结果一致。此外，根据第 2 章公式(2-4) 计算出 ACOP 和 DA 的 K_s 分别为 1.19 s^{-1} 和 0.49 s^{-1}。

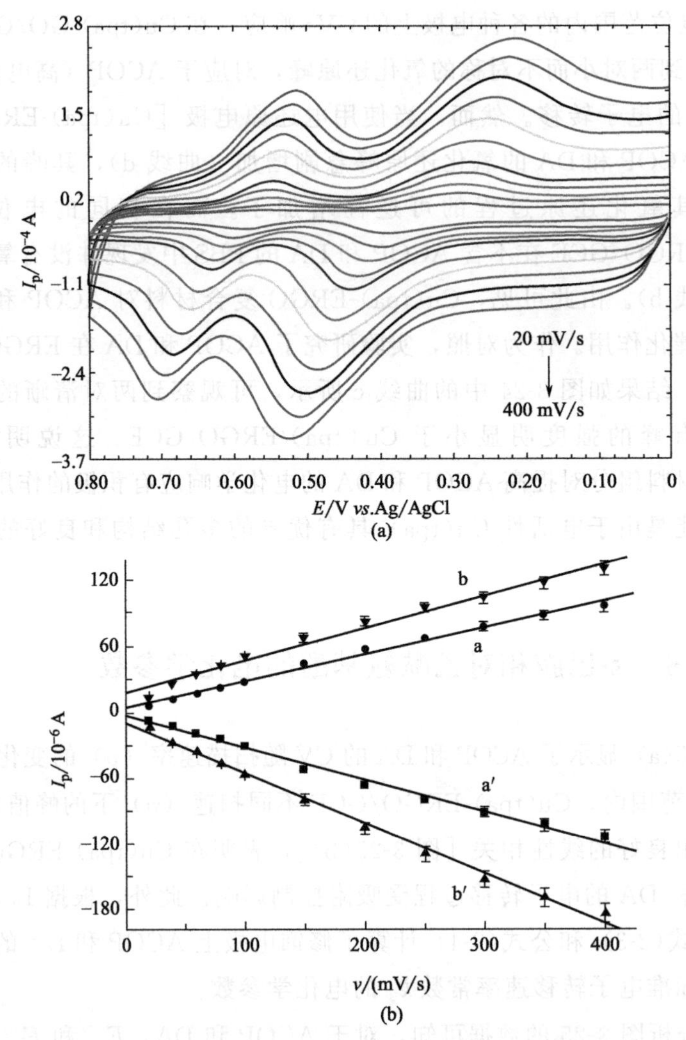

图 3-25 (a) ACOP 和 DA 混合液在 Cu(tpa)-ERGO/GCE 不同扫描速率下的循环伏安图；(b) 峰值电流 (I_p) 随扫描速率 (v) 的关系曲线

3.3.9 多巴胺和对乙酰氨基酚的同时检测

与 CV 相比，DPV 具有更高的灵敏度和分辨率，是一种常用的电化学定量分析方法。因此，在本工作中，利用 DPV 来研究传感器对 ACOP 和 DA 的分析性能。图 3-26(a) 显示在含有 20 μmol/L DA 的 0.1 mol/L PBS (pH=5.0) 中，随着 ACOP 用量的增加传感器的 DPVs 响应结果，可以清楚地看到，ACOP 氧化的高电位峰值随着浓度的增加不断增强，峰值电流

(I_{pa}) 与 ACOP 浓度 (c_{ACOP}) 在 1.0～100 μmol/L 范围内呈良好的线性关系，回归方程为 $I_{pa}/\mu A = -0.2596c_{ACOP}(\mu mol/L) + 0.4352(r = 0.9996)$，根据信噪比 $(S/N) = 3$，可估计出 ACOP 的检测限为 0.36 μmol/L。值得注意的是，在测试的过程中与 DA 的电氧化相对应的较低电位的峰值在整个测试中保持不变，这说明 DA 及其氧化产物并没有不可逆地吸附在 Cu(tpa)-ERGO/GCE 表面而干扰测定。

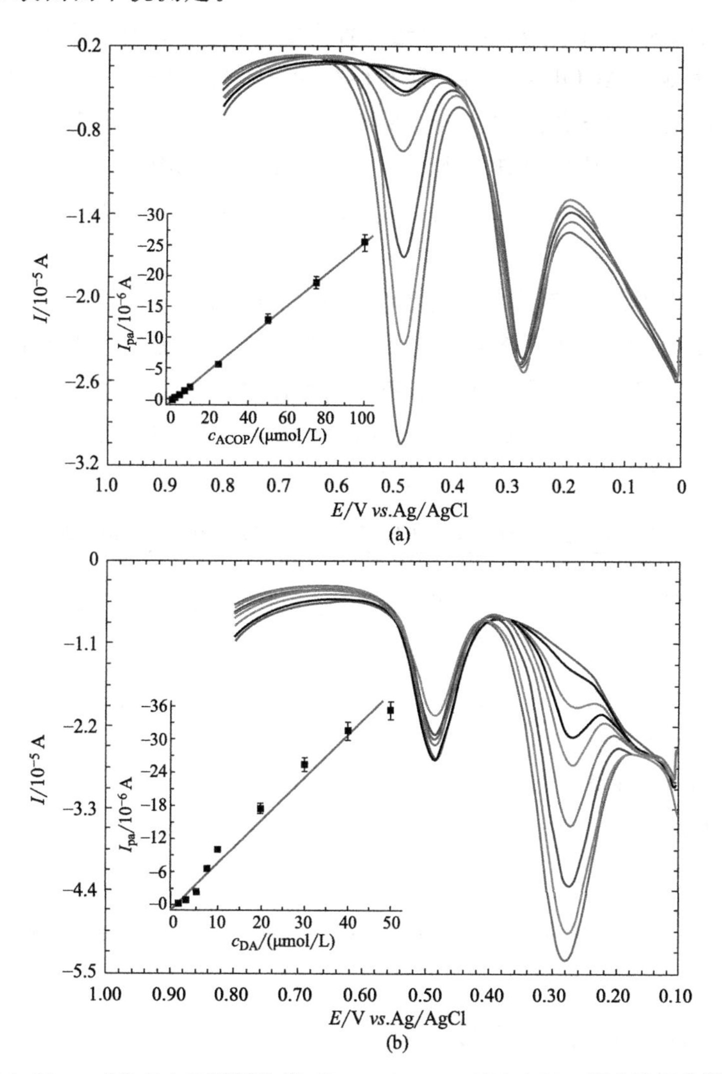

图 3-26 (a) 20 μmol/L DA 和不同浓度 (1.0～100 μmol/L) ACOP 混合液微分脉冲伏安曲线图 [插图：峰值电流 (I_{pa}) 与 ACOP(c_{ACOP}) 浓度关系曲线]；(b) 50 μmol/L ACOP 和不同浓度 (1.0～50 μmol/L) DA 混合液微分脉冲伏安曲线图 [插图：峰值电流 (I_{pa}) 与 DA (c_{DA}) 浓度关系曲线]

同样，在含有50 μmol/L ACOP 的0.1 mol/L PBS（pH=5.0）中，加入不同浓度DA用Cu(tpa)-ERGO/GCE传感检测，也可观察到两个明确的氧化峰［图3-26(b)］。其中，ACOP的DPV峰值几乎保持不变，而DA的氧化峰值随着DA浓度（c_{DA}）的增加不断增加。峰值电流（I_{pa}）与DA浓度（c_{DA}）在1.0～50 μmol/L范围内呈良好的线性关系，其线性回归方程为$I_{pa}/\mu A=-0.7742c_{DA}(\mu mol/L)+0.892(r=0.9932)$，根据$S/N=3$估算出DA的检出限为0.21 μmol/L。上述两种方法表明，Cu(tpa)-ERGO/GCE可以选择性地测定ACOP或DA，且不存在相互干扰，是一种非常适合同时测定两种物质的电化学传感器。表3-3将其他工作与本书编著者团队的分析结果进行比较，通过比较可知，本节提出的Cu(tpa)-ERGO/GCE传感器的性能与其他传感器比较相当或更好，为同时高效测定ACOP和DA开辟了新的途径。

此外，为了评价传感器的重复性，使用制备的Cu(tpa)-ERGO/GCE对25 μmol/L ACOP和DA溶液进行了重复测定，重复测定7次的相对标准偏差（*RSD*）为7.9%，重复性和精密度均可接受。传感器在4 ℃环境下保存2周后，对25 μmol/L ACOP和DA的响应仅比初始响应信号降低了5.47%，表明该传感器具有良好的稳定性。

表3-3 ACOP和DA在不同材料修饰电极上的分析性能比较

修饰材料	测试方法	线性范围/(μmol/L)		检出限/(μmol/L)	
		ACOP	DA	ACOP	DA
GO	DPV	—	1～15	—	0.27
TiO_2-石墨烯	DPV	—	5～200	—	2
功能化多壁碳纳米管	DPV	5～100	—	2.4	—
聚甲基红/TiO_2-石墨烯	DPV	0.25～50	—	0.025	—
热解碳膜	DPV	12～225	18～270	1.4	2.3
f-MWCNTs	DPV	3～300	3～200	0.6	0.8
Cu(tpa)-ERGO	DPV	1～100	1～50	0.36	0.21

3.3.10 抗干扰检测

本实验还研究了传感器对ACOP和DA测定的潜在干扰。在最佳条件下，Cu(tpa)-ERGO/GCE分别测定了在含有25 μmol/L ACOP和DA及不同干扰离子的0.1 mol/L PBS(pH=5.0）中的电化学响应。结果表明，K^+、

Na^+、NH_4^+、Ca^{2+}、Cl^-、SO_4^{2-} 和 PO_4^{3-} 等过量于 ACOP 和 DA 浓度 100 倍的常见无机离子对 ACOP 和 DA 的峰值电流几乎没有影响，电流变化小于 5%；同样，常见的生物干扰物如对苯二酚、葡萄糖、酪氨酸、抗坏血酸和 *L*-半胱氨酸对 ACOP 和 DA 的检测响应也没有较大的干扰（信号变化小于 8%），说明该传感器对 ACOP 和 DA 的检测具有良好的选择性。

3.3.11 血清和尿液实际样品的分析应用

采用标准加入法对实际样品进行分析。为了避免实际样品中复杂基质的干扰，拟合 ACOP 和 DA 的线性范围，只对稀释后的尿液和血清样品进行电化学检测。为确定结果的正确性，在上述稀释样品中加入一定量的 ACOP 和 DA，并在最佳条件下进行测定。结果显示，加标样品的回收率在 98%～101%之间（表 3-4），说明该方法可靠、灵敏，可用于实际样品中 ACOP 和 DA 的测定。

表 3-4 人血清和尿液中 ACOP 和 DA 的测定

分析物		检测值/(μmol/L)	加标量/(μmol/L)	检测量/(μmol/L)	回收率/%	相对标准偏差/%
血清 1	ACOP	—	20	20.3±1.3	101	2.54
	DA	—	20	19.6±1.6	98	1.80
尿液 1	ACOP	1.5±0.5	20	21.2±1.2	99	2.52
	DA	1.2±0.6	20	20.8±1.6	98	1.82
尿液 2	ACOP	1.8±0.5	20	21.3±1.2	98	2.53
	DA	1.0±0.6	20	20.6±1.6	98	1.81

3.3.12 展望

综上所述，实验展示了一种以 GO 为载体制备新型 Cu(tpa) 基复合材料的简便方法。由于 GO 的亲水性使之易于与 Cu(tpa) 发生相互作用，复合材料在水中表现出良好的分散性和稳定性；对 GCE 改性后，通过简单有效的电化学方法将杂化材料中的 GO 转化为 ERGO，使改性膜具有较高的电催化性能；将修饰电极作为传感器模型测定 DA 和 ACOP 时，发现对两种物质的检测均具有高灵敏度和低干扰的效果。再者该传感器在检测血清和尿液中的 ACOP 和 DA 方面有很大的应用前景，也为扩展 MOFs 基复合材料的电化学应用开辟了新的途径。

3.4 基于镍-对苯二甲酸MOF/碳纳米管的无酶葡萄糖传感检测技术

3.4.1 概述

糖尿病是日常生活中常见的一种慢性疾病，也是日益严重的全球性流行疾病。据报道，截至2022年，全球有5亿成年人受到糖尿病的影响，预计到2035年，这一数字将上升到5.92亿[49]。因此，快速实时监测血液中的葡萄糖含量对于糖尿病的临床诊断和治疗至关重要[50,51]。由于葡萄糖氧化酶（GOD）对葡萄糖的氧化具有高度选择性和高效的催化作用，因此基于GOD的电化学生物传感器已经作为一种有效的葡萄糖检测设备被广泛研究和应用[52,53]。然而，因为酶的结构和内在特性很容易受到温度、氧气、pH值、湿度、洗涤剂和有毒化学物质等各种环境因素的影响，这些基于GOD的生物传感器通常缺乏稳定性且重现性低[54-56]。为了解决这些问题，人们致力于开发无酶葡萄糖传感器，这种传感器是通过电极表面直接电催化氧化葡萄糖，电极表面用特殊的功能材料而不是酶来修饰。

镍是一种常见的过渡金属元素，由于其储量丰富、价格低廉、电化学活性突出，已被广泛用作制备高效电催化剂的功能组分，用于检测胰岛素、尿素、H_2O_2等分子[57-60]。但与这些催化底物相比，葡萄糖在镍基材料中受到了更多的关注，这是因为它的氧化还原过程，Ni(Ⅱ)/Ni(Ⅲ)偶联物对葡萄糖转化为葡萄糖内酯具有强烈的催化作用[61,62]。目前，人们已经开发了多种不同形态和组成的镍基材料来提高葡萄糖氧化的电催化性能。例如，Xie等[54]通过直接的生长方法在Ti网上制备三维（3D）Ni_3N纳米片（NS/Ti），并将其用作高效葡萄糖氧化催化剂电极。纳米片结构使得电解质易于扩散并暴露更多的活性位点，为提高电化学性能提供了良好的基础。Ramachandran等[55]合成了Ni-Co双金属纳米线基复合材料，并将其作为葡萄糖氧化的电催化剂，结果表明Ni和Co的协同作用可以大大提高材料的电化学信号以及传感器的灵敏度。然而，这些镍基材料在实际应用中用于葡萄糖的无酶检测仍存在一些不足。例如，因为一些镍材料的非特异性电催化性能，可能同时催化共存的电活性生物物质如多巴胺、抗坏血酸和碳水化合物等，这往往导致传感器较差的抗干扰能力。此外，理论和实验研究表明，葡萄糖氧化过程中的中间体容易吸附在镍材料上，严重损害了传感器的传感性能。再者，由于传统催化剂的本体结构，电催化只能发生在材料的表面，导致活性位点有限，电催化过程的灵敏度较差[62]。因此，开发新的镍基材料以提高其在葡萄糖传感分析中的实际应用，特别是在复杂的真实样品中的应用仍是十分迫切的。

MOFs 可被设计成具有良好电化学性质和电催化活性的电化学功能框架，以扩大其在电化学中的应用[63-65]。例如，Liu 等[63] 报道了第一个使用电活性 MOF(HKUST-1) 作为电化学信号探针进行免疫传感的例子。结果表明，Cu^{2+} 的电化学活性在 HKUST-1 中可以直接检测到，而不需要酸的溶解和预浓缩，这大大简化了检测步骤，缩短了检测时间。最近，Zhang 等[64] 开发了一种基于 Fe(Ⅲ) 基 MOF 的新型痕量重金属离子（Pb^{2+} 和 As^{3+}）电化学传感平台。由于 Fe(Ⅲ) 基 MOF 具有优异的电化学活性、水稳定性和高比表面积，传感器呈现出高灵敏度，优回收率和在检测过程中可接受的再现性等优点。在之前的研究成果中，编者团队开发了几种基于 MOFs 的电化学传感器[65-67]，用于检测从活细胞中释放的 H_2O_2、人血清中的 Pb^{2+} 和环境水样中的二羟基苯异构体。然而，探索合成具有独特结构和性能的新型 MOF 的简便策略，以及拓宽和深化 MOF 基杂化材料在电化学中的应用，仍是一个值得关注的领域。此外，单个 MOFs 的低导电性和化学不稳定性限制了其在电化学传感器中的进一步应用。为了解决这些问题，通过将一些高导电性材料，如石墨烯[68]、纳米金颗粒[69]、活性炭[70] 引入 MOFs 中，合成纳米复合材料，以提高 MOFs 的电化学活性和电导率。

本节通过简单的溶剂热法合成了一种新型的三维（3D）花状镍（Ⅱ)-对苯二甲酸 MOF[Ni(tpa)]，然后将其分散在含有高导电碳材料的单壁碳纳米管（SWCNT）的壳聚糖（CS）溶液中，获得了高电活性和稳定性的材料 Ni(tpa)-SWCNT-CS[图 3-27(a)]。利用 SWCNT 的高比表面积、高电导率和 Ni(tpa) 对葡萄糖氧化的高电催化作用，制备了一种电化学无酶葡萄糖传感器［图 3-27(b)]。电化学研究表明，引入 SWCNTS 可以很好地检测 Ni(Ⅱ)/Ni(Ⅲ)电对的电化学性质，并能显著增强其电化学活性。此外，电催化分析还显示，在抗坏血酸（AA）、多巴胺（DA）和尿酸（UA）等常见生物干扰剂的存在下，所开发的传感器对葡萄糖氧化仍然具有极好的选择性。当所开发的传感器用于 20 个人血清样本的葡萄糖测定时，与自动生化分析仪相比，偏差率为 0～6.7%，相关系数 r 为 0.9940（$n=20$，$P<0.0001$）。

这些结果表明，基于 Ni(tpa)-SWCNT 的生物传感器具有在无酶葡萄糖检测中的实际应用前景。

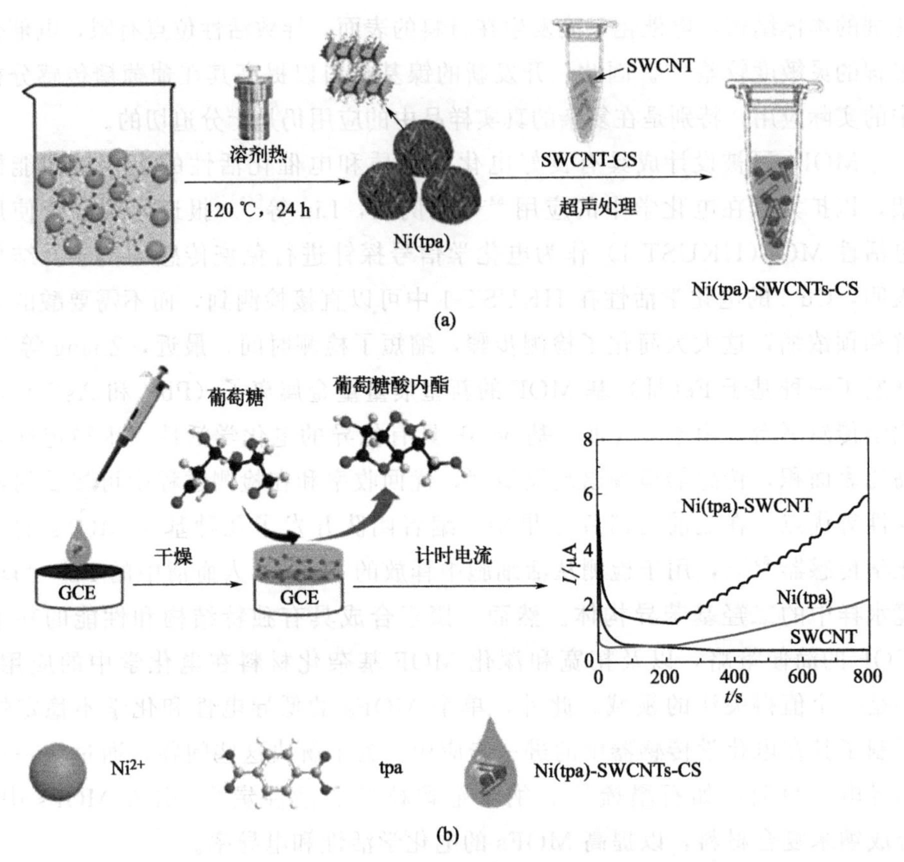

图 3-27　Ni(tpa)-SWCNT-CS 修饰电极的制备和电化学传感应用示意

3.4.2　三维花状镍(Ⅱ)-对苯二甲酸［Ni(tpa)］的合成

以 $NiCl_2 \cdot 6H_2O$ 和 tpa 为原料，DMF 为溶剂，通过简单的溶剂热法合成了 3D 花状 Ni(tpa)。方法步骤为：在剧烈搅拌下，将 tpa(0.16 g，0.96 mmol) 和 $NiCl_2 \cdot 6H_2O$(0.21 g，0.88 mmol) 溶解在 20 mL DMF 中。然后，将混合物转移到 40 mL 内衬为聚四氟乙烯的不锈钢高压釜中，并在 120 ℃下保持 24 h。冷却至室温后，产物分别用乙醇和水洗涤 3 次。最后，将绿色粉末在 100 ℃条件下真空干燥过夜得到产品。

3.4.3 Ni(tpa)-SWCNT 复合物及其修饰电极的制备

将 0.3 mg CS 溶解在 1.0 mL 的 1.0% 醋酸溶液中，然后超声处理 30 min 获得黏性溶液。将 1.0 mg SWCNT 添加到 CS 溶液中，并将混合物进一步超声处理 20 min 获得均匀的分散体。之后，将合成的 50 μL 1.0 g/L Ni(tpa) 水溶液加入 50 μL 的 SWCNT-CS 分散体中并超声处理 30 min 以获得 Ni(tpa)-SWCNT-CS 的均匀分散体。CS 作为 Ni(tpa)-SWCNT 的分散剂和制备修饰电极的成膜剂。

用 1.0 μm、0.3 μm 和 0.5 μm 氧化铝粉对裸 GCE 电极进行机械抛光，然后分别用无水乙醇和蒸馏水冲洗。用 N_2 气吹干后，将 10 μL 的 Ni(tpa)-SWCNT-CS 分散液滴涂在处理后的 GCE 表面上，并在室温下干燥。用水洗涤后，得到 Ni(tpa)-SWCNT-CS 的修饰电极[Ni(tpa)-SWCNT-CS/GCE]。为了进行比较，采用类似方法制备修饰电极 Ni(tpa)-CS/GCE 和 SWCNT-CS/GCE。

3.4.4 Ni(tpa)-SWCNT 复合材料的物理表征

图 3-28(a) 和 (b) 显示了 Ni(tpa) 在不同分辨率下的 SEM 图像。从图 3-28(a) 可以看出，通过溶剂热合成路线获得了许多微孔球，球的直径约为 1.8 μm。图 3-28(a) 中给出的放大 SEM 图像表明微孔球由许多规则的花瓣状片构成，形成分层的 3D 花球形状。从更高分辨率的 SEM 图像 [图 3-28(b)] 看出，花瓣状片层的平均厚度约为 25 nm，相邻纳米片之间的平均距离约为 50 nm。从这些结果本书编著者团队可以判断，合成的具有层次结构的 3D 花球应该具有出色的表面积和活性位点，这对于作为电化学传感材料具有重要价值。Ni(tpa) 的 TEM 图像如图 3-28(c) 所示，颗粒呈微孔球状，尺寸约为 1.8 μm，与 SEM 结果接近。Ni(tpa)-SWCNT 复合材料的 TEM 结果表明微孔球被线状 SWCNT 包围 [图 3-28(d)]，证实了 Ni(tpa)-SWCNT 复合材料的形成。值得注意的是，TEM 中也存在一些小颗粒，这可能是由于在超声处理过程中从 Ni(tpa) 上剥离的纳米片所致。

通过 XRD 分析合成 Ni(tpa) 的结晶信息。结果 [图 3-28(e)] 表明 Ni(tpa) 的所有衍射峰清晰锐利，表明产物的纯度高，结晶性能良好，所有衍射峰与标准 XRD 图（CCDC No：638866，空间群：P-1）具有良好的一致性。$2\theta=9.3°$、$2\theta=11.8°$、$2\theta=23.8°$处的强峰分别与（100）、（010）、（020）晶面匹配良好。从图 3-28(e) 插图所示的模拟晶体结构可以看出，材料是由延伸至 c 轴的平行层状结构构成，每一层都是由 Ni^{2+} 作为八面体配位中心和 tpa 的桥连配体组成的一维链状构型。对于 Ni(tpa)-SWCNT 的复合材料，发现 Ni(tpa) 的所有特征衍射峰都保持不变，表明在掺杂 SWCNT 形成复合材料后，Ni(tpa) 晶相得以保留。此外，在 $2\theta=26°$处观察到一个新的峰，对应于 SWCNT 的（002）面，证实碳纳米材料存在于复合材料中。

实验还对 Ni(tpa) 及其与 SWCNT 的复合材料进行了 FI-IR 光谱表征。如图 3-28(f) 所示，合成的 Ni(tpa) 在 1580 cm^{-1} 和 1380 cm^{-1} 处分别有两个强吸收峰，这归属于 tpa 配体中—COO^- 基团的不对称和对称伸缩振动。两种拉伸模式的分离表明 tpa 配体上的羧基通过双齿模式与 Ni^{2+} 配位。1104 cm^{-1} 和 1018 cm^{-1} 处的谱峰可归属于苯环上 C—H 键的面内弯曲振动。SWCNT 掺入后，观察到 2945 cm^{-1} 和 2857 cm^{-1} 处有新峰，这可以归属于碳管表面 C—H 的伸缩振动。此外，在复合材料的 1658 cm^{-1} 处观察到一个新峰，这属于单壁碳纳米管蜂窝结构的 C═C 伸缩振动。同时，表征结果显示复合材料存在多有 Ni(tpa) 的 FI-IR 光谱峰，表明 SWCNT 的掺入不会干扰 Ni(tpa) 的化学结构。

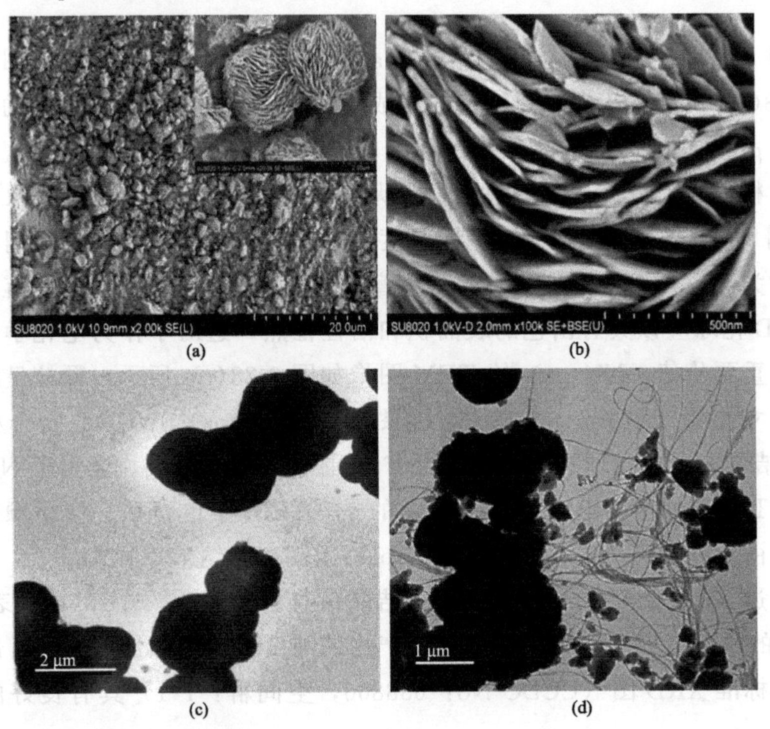

(a) (b)

(c) (d)

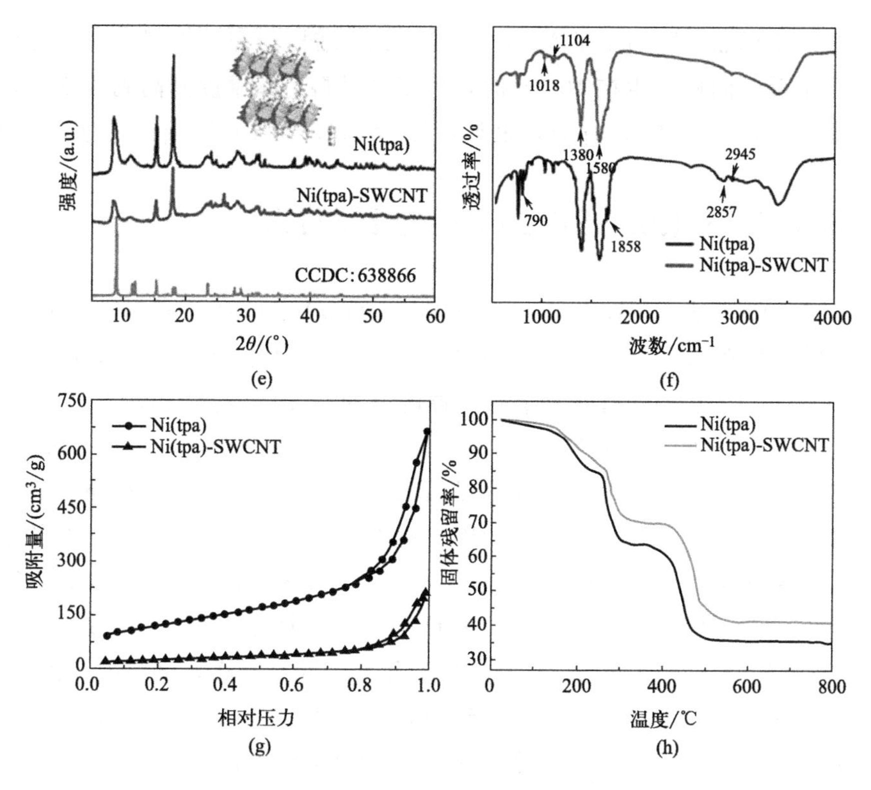

图 3-28　Ni(tpa) 及 Ni(tpa)-SWCNT 的形貌及结构表征

(a)(b) Ni(tpa) 的 SEM 图像；(c) Ni(tpa) 的 TEM 图；(d) Ni(tpa)-SWCNT 的 TEM 图；(e) Ni(tpa) 和 Ni(tpa)-SWCNT 的 XRD 图［插图：Ni(tpa) 模拟晶体结构］；(f) Ni(tpa) 和 Ni(tpa)-SWCNT 的 FT-IR 图；(g) Ni(tpa) 和 Ni(tpa)-SWCNT 的 N_2 吸附-解吸等温线；(h) Ni(tpa) 和 Ni(tpa)-SWCNT 的热重分析曲线

采用 N_2 吸附-解吸实验对合成样品的结构特征进行研究。从图 3-28(g) 所示的等温线结果可以看出，在相对压力约为 1.0 下可以看到典型的Ⅲ型曲线，垂直拖尾，表明该材料为微孔材料。此外，从解吸曲线上，通过 BJH 模型确定 BET 表面积高达 430.76 m^2/g，这可归因于 MOF 独特的花状层次结构。对于 Ni(tpa)-SWCNT 复合材料，在 N_2 吸附-解吸实验中也观察到了Ⅲ型曲线，表明该复合材料也为微孔材料。但 BET 表面积降低到 89.5m^2/g，这可能是由于 SWCNT 堵塞了 Ni(tpa) 中的孔隙引起的。实验还研究了 Ni(tpa) 及其与 SWCNT 复合材料的热稳定性，结果如图 3-28(h) 所示。Ni(tpa) 的重量损失在 100 ℃时开始，这是因为去除了物理吸附的水，然后样品重量在 260 ℃时开始急剧下降，这可能是由于框架中的有机官能团消除所致。当温度升高到 373 ℃时，重量再次急剧下降，此后样品的重量变得稳定，这个过程可归因于样品去除 tpa 配体后导致 Ni(tpa) 结构的完全坍塌。对于复合材料，脱水反应同样发生在 100 ℃时，但复合材料坍塌温度升高到 405 ℃，最终产品的重量高于纯 Ni(tpa)，表明加入 SWCNT 增强了 Ni(tpa) 的热稳定性。

3.4.5 Ni(tpa)-SWCNT 的电化学行为

图 3-29(a) 表示 SWCNT-CS/GCE、Ni(tpa)-CS/GCE 和 Ni(tpa)-SWCNT-CS/GCE 在 0.1 mol/L NaOH 中以 0.1 V/s 为扫速的 CV 响应。发现 SWCNT-CS/GCE 上没有出现氧化还原峰（曲线 *a*），表明 SWCNT-CS 膜无电化学响应。然而，对于 Ni(tpa)-CS/GCE，分别在＋0.457 V 和＋0.338 V 处观察到一对氧化还原峰，表明合成的 Ni(tpa) 材料在测试条件下具有电活性。根据文献，氧化还原过程可归因于碱性溶液中 Ni(Ⅱ)/Ni(Ⅲ)对的电子转移。有趣的是，当 SWCNT 存在于 Ni(tpa)-CS 中时，Ni(tpa)-SWCNT-CS/GCE 的氧化峰电流显著增加，表明 SWCNT 大大增强了 Ni(tpa) 的电化学响应信号。除了氧化还原峰强度的变化外，还发现峰间电势差（ΔE）从 Ni(tpa)-CS/GCE 上的 0.119 V 降低到 Ni(tpa)-SWCNT-CS/GCE 上的 0.103 V，表明高导电性的 SWCNT 提高了 Ni(tpa) 的电化学可逆性。

此外，根据氧化峰和法拉第定律：

$$Q=nFA\Gamma^{*} \tag{3-3}$$

式中，Q 为通过电极进行还原反应的电荷总量；n 为转移的电子数；F 为法拉第常数；A 为 GCE 的几何面积（0.0314 cm^2）；Γ^{*} 为 Ni(tpa)-CS 和 Ni(tpa)-SWCNT-CS 修饰电极上电活性 Ni-MOF 的表面浓度（Γ^{*}，mol/cm^2），分别约为 5.7×10^{-10} mol/cm^2 和 2.2×10^{-8} mol/cm^2。结果证明通过使用 SWCNT 作为电子传输通道，电活性中心扩大了 39 倍。此外，Ni(tpa)-SWCNT-CS/GCE 上的 Γ^{*} 值也比葡萄糖氧化酶在碳纳米管电极上的 Γ^{*} 值大 1～2 个数量级（4.17×10^{-10} mol/cm^2，1.986×10^{-9} mol/cm^2，3.5×10^{-9} mol/cm^2）。这一结果也表明，目前基于 Ni(tpa)-SWCNT 复合材料制备的无酶葡萄糖传感器比有酶葡萄糖氧化生物传感器具有更多的电催化位点，这可能与掺杂 SWCNT 的分层结构 Ni(tpa) 比含有电活性中心的葡萄糖氧化酶更容易与电极进行电子转移有关。

通过改变扫速进一步研究 Ni(tpa)-SWCNT-CS/GCE 的伏安行为，结果如图 3-29(b) 所示。随着扫速从 0.01 V/s 增加到 0.5 V/s，阳极和阴极峰值电流（I_p）都与扫描速率的平方根成正比［图 3-29(b)］，这些结果表明电极表面的电化学动力学受扩散控制影响。此外，随着扫描速率的增加，阳极峰电位（E_{pa}）向正向偏移，而阴极电位（E_{pc}）向负向偏移，这体现了Ni（tpa）材料在激活位点普遍存在的电极表面上的准可逆电化学反应过程。

图3-29(c) 描绘了pH值对Ni(tpa)-SWCNT-CS/GCE电化学行为的影响。结果表明，随着pH从11.5增加到13.2，峰电流显著增加。此外，随着pH值的增加，阳极和阴极峰电位都向更负的电位移动。峰电位（E_p）与pH的关系曲线［图3-29(c)的插图］的斜率为0.086 V/pH，与其他镍配合物的斜率非常接近，表明参与反应的OH^-和电子数量相等。因此，合成的Ni(tpa)-SWCNT-CS薄膜在碱性条件下的反应机理可以推断为以下两个步骤（图3-30）：首先，Ni(tpa)中的NiO_4结构单元在碱性条件下通过与OH^-的配位反应形成—$Ni(OH)_2$；然后形成的—$Ni(OH)_2$进而被电化学氧化为NiOOH。

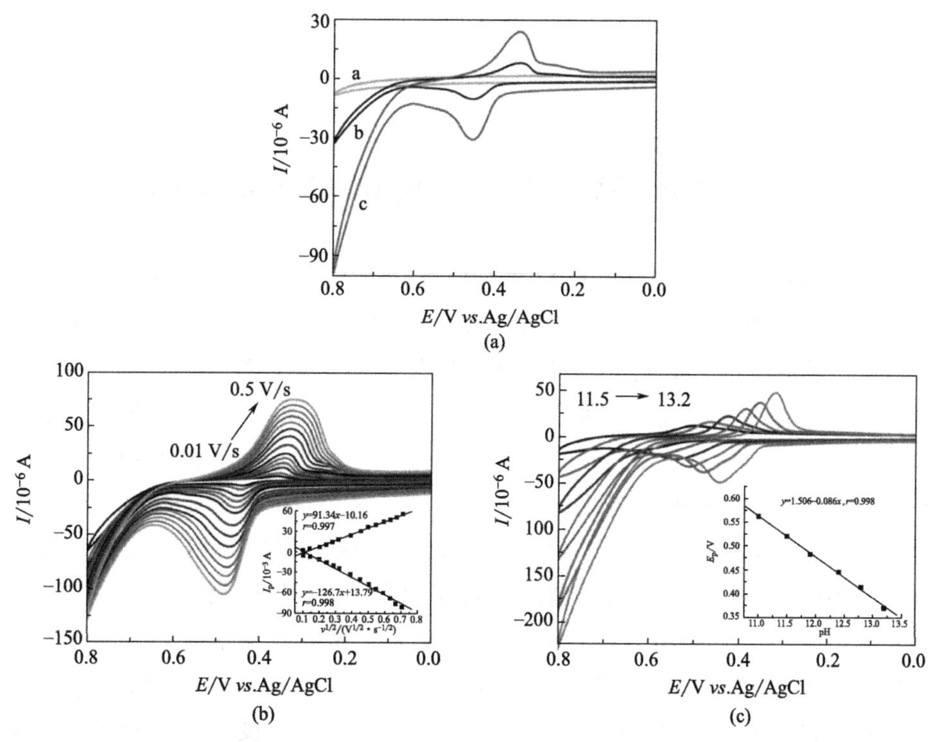

图3-29 (a) SWCNT-CS/GCE、Ni(tpa)-CS/GCE和Ni(tpa)-SWCNT-CS/GCE在0.1 mol/L NaOH中的循环伏安图；(b) Ni(tpa)-SWCNT-CS/GCE在0.1 mol/L NaOH中不同扫速下的循环伏安图［插图：峰电流（I_p）与扫速平方根（$v^{1/2}$）的线性关系］；(c) Ni(tpa)-SWCNT-CS/GCE在不同pH值NaOH溶液中的循环伏安图［插图：电位（E_p）与pH值的关系］

a—SWCNT-CS/GCE；b—Ni(tpa)-CS/GCE；c—Ni(tpa)-SWCNT-CS/GCE

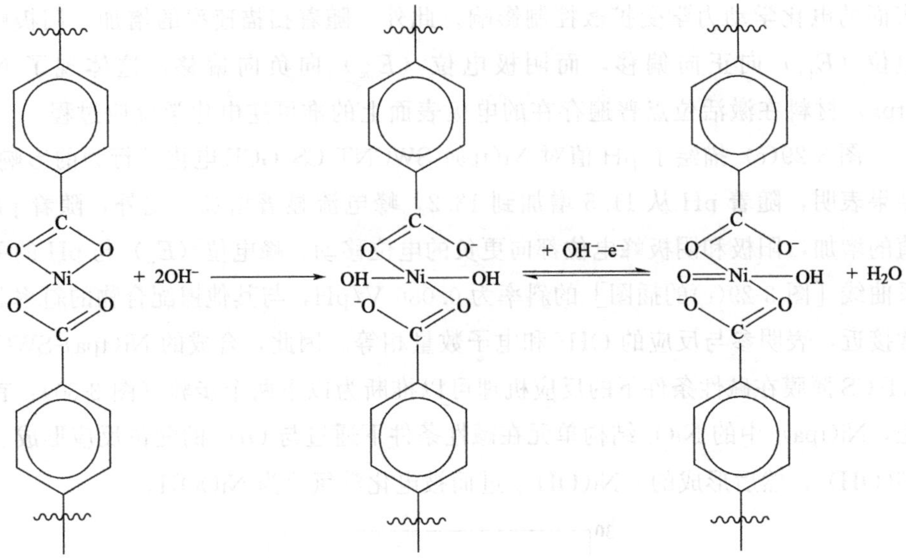

图 3-30 推测的 Ni(tpa)-SWCNT-CS 薄膜在碱性条件下的反应机理

3.4.6 Ni(tpa)-SWCNT 对葡萄糖的电催化氧化性能

镍经常被用作葡萄糖电催化的有效电活性元素。然而，镍基 MOFs 作为葡萄糖传感电催化剂的应用鲜有报道。在本研究中，为了探索合成的 Ni(tpa) 的潜在应用，研究了其对葡萄糖氧化的电催化活性。图 3-31(a)～(c) 显示了在不存在（曲线 a）和存在（曲线 b）3.0 mmol/L 葡萄糖的情况下，不同电极在 0.1 mol/L NaOH 中的 CV。如图所示，加入葡萄糖后，SWCNT-CS/GCE 的伏安曲线变化可忽略不计［图 3-31(a)］，表明因为缺乏电催化活性位点，CS-SWCNT 对葡萄糖不具有电催化作用。相比之下，在 Ni(tpa)-CS/GCE 上，加入葡萄糖后出现了氧化峰的明显增强［图 3-31(b)］，表明 Ni(tpa) 有可能作为酶模拟催化剂氧化葡萄糖。更有趣的是，当使用 Ni(tpa)-SWCNT-CS/GCE 时，在电解液中加入葡萄糖后观察到 Ni(tpa) 的氧化信号进一步显著增加［图 3-31(c)］，并且增强程度正比于葡萄糖的量（图 3-32），这表明 Ni(tpa)-SWCNT 复合材料保留了氧化葡萄糖的电催化作用，同时掺杂的 SWCNT 可以显著改善催化反应的电化学响应。因此可以得出结论，Ni(tpa) 和 SWCNT 对葡萄糖的高性能电催化具有协同作用：Ni(tpa) 通过活性镍（Ⅱ）中心作为葡萄糖电催化氧化的核心成分，并且高导电性单壁碳纳米管极大地增强了电催化电流强度，另外，复合膜中 CS 的存在可以有效提高传感器的生物相容性和稳定性。

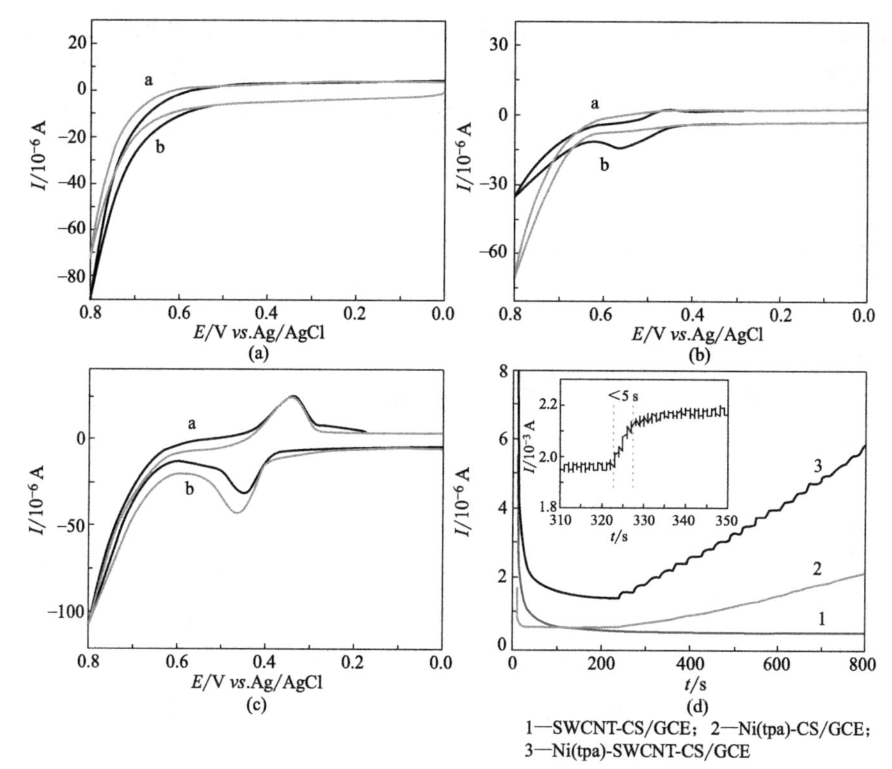

图 3-31 (a) SWCNT-CS/GCE、(b) Ni(tpa)-CS/GCE 和 (c) Ni(tpa)-SWCNT-CS/GCE 在 0.1 mol/L NaOH 中不存在 (a) 和存在 (b) 3.0 mmol/L 葡萄糖的循环伏安图；(d) 不同电极的计时电流响应曲线，SWCNT-CS/GCE、Ni(tpa)-CS/GCE 和 Ni(tpa)-SWCNT-CS/GCE

a—不存在 3.0 mmol/L 葡萄糖；b—存在 3.0 mmol/L 葡萄糖

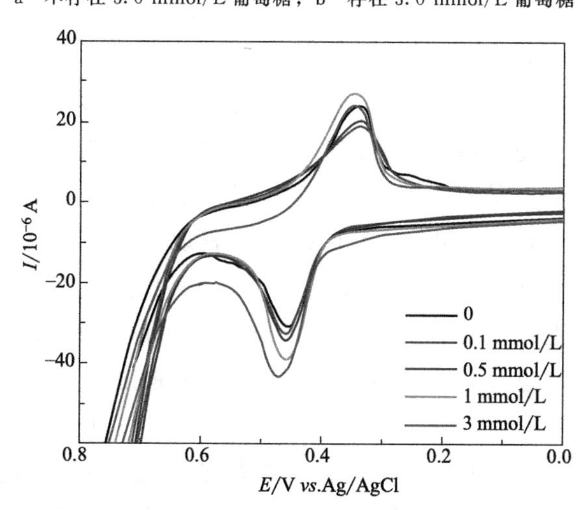

图 3-32 不同浓度葡萄糖的循环伏安曲线

此外，通过改变扫速，研究 Ni(tpa)-SWCNT-CS/GCE 上葡萄糖电催化氧化的动力学机理。结果表明，随着扫速的增加，电催化氧化还原峰也逐渐增强［图 3-33(a)］，氧化峰电流（I_{pa}）与扫描速率的平方根（$v^{1/2}$）呈良好的线性关系［图 3-33(b)］，表明电化学催化过程也是一个扩散控制过程。

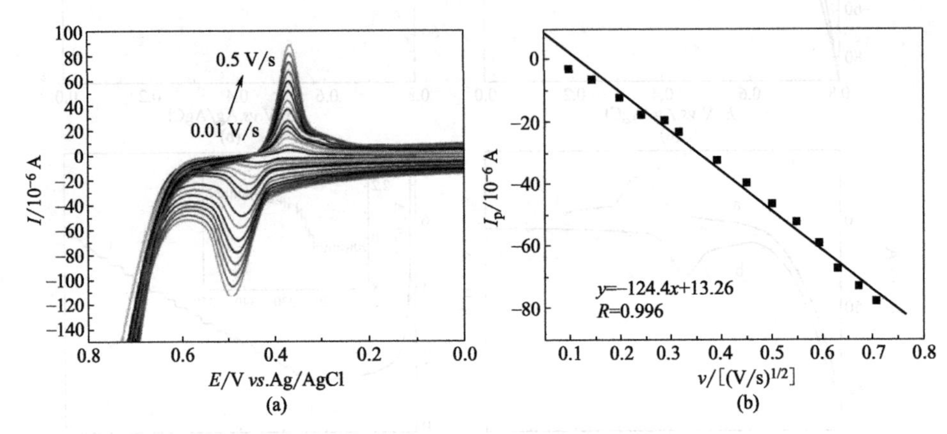

图 3-33 (a) 葡萄糖溶液在不同扫速下的循环伏安图；(b) 氧化峰电流（I_p）与扫描速率平方根（$v^{1/2}$）的关系

为了验证 Ni(tpa)-SWCNT-CS/GCE 相对于 SWCNT-CS/GCE 和 Ni(tpa)-CS/GCE 电极优异的电催化性能，实验记录了连续注射葡萄糖后，三个不同界面电极在 NaOH 电解质中的电流响应情况，图 3-31(d) 为验证结果。从结果可以看出，当向 NaOH 中连续注入葡萄糖时，SWCNT-CS/GCE（曲线 1）没有发生明显的变化，这表明 SWCNT-CS 在葡萄糖的电催化中是无响应信号的。当使用 Ni(tpa)-CS（曲线 2）和 Ni(tpa)-SWCNT-CS（曲线 3）修饰的 GCE 对葡萄糖进行检测时，观察到电流呈明显的阶梯状增加，这表明两种含 Ni(tpa) 的材料均对葡萄糖具有电催化氧化作用。此外，在每次注射葡萄糖时，Ni(tpa)-SWCNT-CS/GCE 表现出比 Ni(tpa)-CS/GCE 更高的电流响应，表明 Ni(tpa)-SWCNT 复合物对葡萄糖具有很强的电催化氧化作用，这是因为电极上的 SWCNT 触发更多的电活性位点的同时也拥有更高的电子转移率。通过计时电流法测定的葡萄糖催化氧化速率常数值（k_{cat}）显示，Ni(tpa)-SWCNT-CS[1.60×10^3 L/(mol·s)]比 Ni(tpa)-CS[0.54×10^3 L/(mol·s)]具有更大的催化速率常数值（图 3-34），这进一步证明了 Ni(tpa)-SWCNT 比 Ni(tpa) 具有更强的电催化氧化作用。

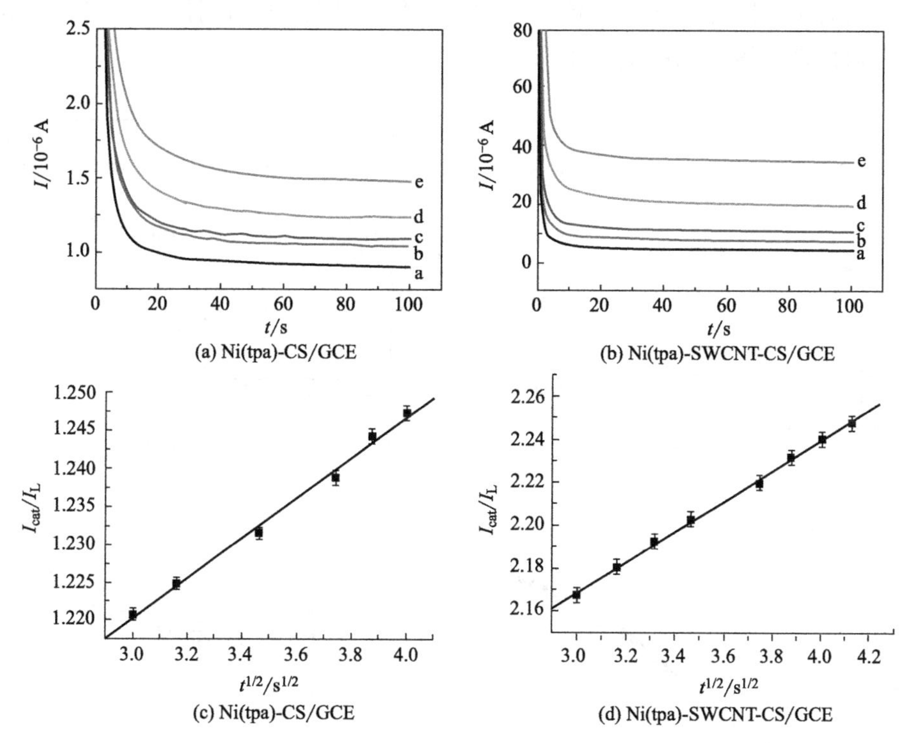

图 3-34　不同浓度葡萄糖（a→e：0→4.0 mmol/L）的计时电流曲线及 I_{cat}/I_L 与 $t^{1/2}$ 的关系曲线

3.4.7　传感器的葡萄糖分析性能

在研究构建的传感器的分析性能之前，通过在 0.3～0.7 V 的范围内改变工作电位来研究工作电位对电极电催化活性的影响。如图 3-35(a) 所示，当工作电位低于 0.45 V（例如 0.30 V 和 0.40 V）时，每次添加葡萄糖时仅观察到非常微小的电流增加。从图 3-31(c) 所示的 CV 结果来看，Ni(tpa)-SWCNT 复合材料的氧化峰出现在 0.48 V。因此，当工作电位设置为低电位值（0.40 V 或 0.35 V）时，Ni(tpa) 发生较弱的氧化反应，无法高效地触发 Ni(tpa) 对葡萄糖的催化反应，导致电流曲线中的催化反应较弱。当工作电位从 0.45 V 进一步增加到 0.55 V 时，发现每次注入葡萄糖后电流响应明显增强，表明在这些工作电位下，Ni(tpa)-SWCNT-CS/GCE 对葡萄糖的氧化具有有效的电催化能力。相比之下，当工作电位设置为 0.55 V 时，注入葡萄糖后电流增强最大，表明电极在该电位下具有最高的催化能力。随后，当工作电位增加到 0.6 V 和 0.7 V 时，电流曲线变得不稳定，电流的阶梯状增加消失了。因此，在之后传感器的分析性能研究中，选择 0.55 V 的电位作为葡萄糖安培检测的最佳工作电位。

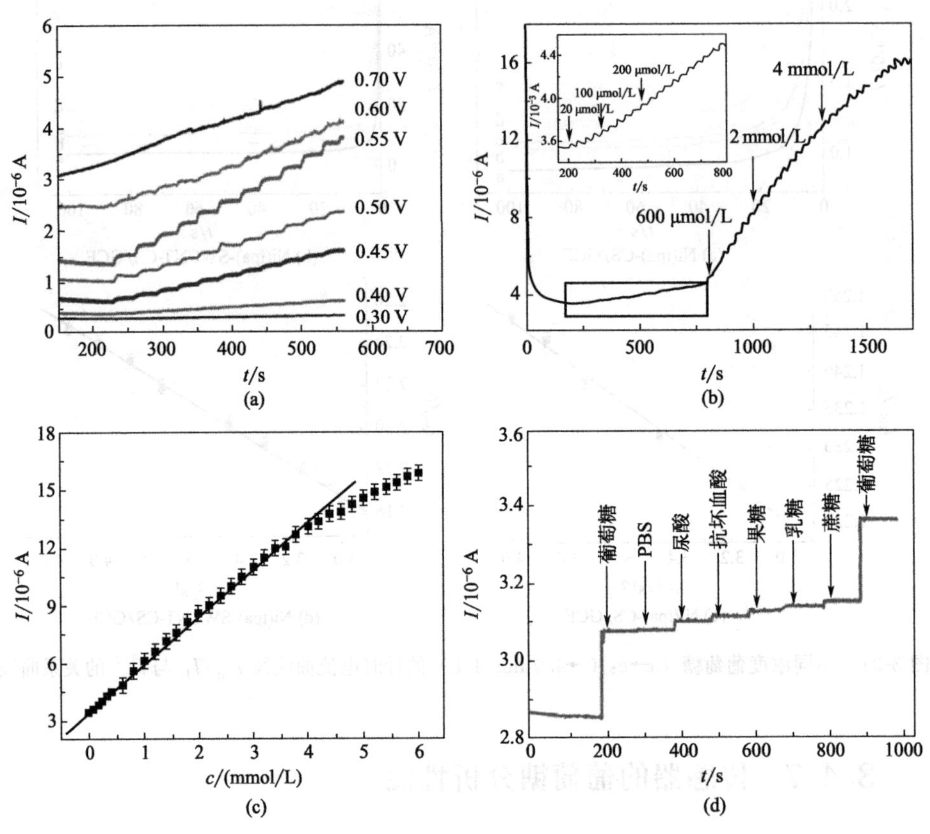

图 3-35 (a) 不同电位下计时电流响应；(b) 不同浓度葡萄糖计时电流响应；(c) 催化电流与葡萄糖浓度 (c) 的关系曲线；(d) 抗干扰实验

在 0.55 V 的最佳工作电位下，通过计时电流法测定 Ni(tpa)-SWCNT 电极对葡萄糖的分析灵敏度。图 3-35(b) 显示了在 0.1 mol/L NaOH 中 Ni(tpa)-SWCNT-CS/GCE 在连续注入 20 μmol/L～5.0 mmol/L 葡萄糖后的典型电流曲线。当将催化电流 (I) 和葡萄糖浓度 (c) 作校准曲线时，发现催化电流与葡萄糖浓度在 20 μmol/L～4.4 mmol/L 范围内呈现良好的线性关系 [图 3-35(c)]，其线性回归方程为：$I(\mu A)=2.44c(mmol/L)+3.54(r=0.999)$，基于 3($S/N$) 的信噪比，可获得 4.6 μmol/L 的检测限。当葡萄糖浓度大于 4.4 mmol/L 时，催化电流的增强趋势变得平缓，这可能是由于在高浓度区域，葡萄糖在电极表面的氧化动力学从低浓度范围的吸附控制过程转变为电催化活性控制过程所致。通过与其他镍基无酶传感器进行比较，新开发的传感器与其他镍基无酶葡萄糖传感器相比具有相当甚至更低的检测限和更宽的线性范围，这可以归结于以下原因：①合成的具有大比表面积的分层花状结构的 Ni(tpa) 促进了葡萄糖分子在传感界面上的吸附；②薄 Ni(tpa) 纳米片与 SWCNT 的结合使纳米复合材料具有丰富的电活性中心[Ni(Ⅱ)/Ni(Ⅲ)]用于催化反应；③高导电性 SWCNT 有效地促进了电催化反应过程中的电子转移动力学和电化学响应强度。

无酶葡萄糖传感器的选择性，主要挑战之一是由共存的内源性生物分子（如抗坏血酸和尿酸）以及其他一些糖类（如果糖、乳糖和蔗糖）氧化引起的干扰信号。为了研究开发的葡萄糖传感器的选择性，记录了连续注射葡萄糖和上述干扰物质后 Ni(tpa)-SWCNT-CS/GCE 的电流曲线，结果如图 3-35(d) 所示。当添加 1.0 mmol/L 葡萄糖后传感器的催化电流增加了 0.20 μA；加入 PBS 空白溶液后，催化电流未见任何变化；当注入抗坏血酸、尿酸、果糖、乳糖和蔗糖后，尽管它们与葡萄糖的浓度比高于真实的人体血液，也仅观察到非常微弱的电流变化。有趣的是，当再次加入 1.0 mmol/L 葡萄糖时，催化电流再次显著增加，增加的电流（0.22 μA）非常接近初始注入葡萄糖时的电流变化。该结果进一步证明干扰物质的存在对葡萄糖的电化学检测没有影响，证实该无酶葡萄糖传感器 [Ni(tpa)-SWCNT-CS/GCE] 具有优异的选择性和抗干扰能力。

通过将未使用的传感器储存在 4 ℃下，每三天对 1.0 mmol/L 葡萄糖进行伏安检测，进一步研究传感器的长期稳定性。发现在 4 ℃下储存 15 天和 30 天后，电流密度分别仅有 6.5%和 11.5%的损失 [图 3-36(a)]，表明开发的传感器具有良好的稳定性。通过五个独立制备的 Ni(tpa)-SWCNT-CS/GCE 测量 1 mmol/L 葡萄糖的响应来研究传感器的再现性。结果显示在图 3-36(b) 中。从五个电极之间实现的催化电流中，获得了 1.9%的相对标准偏

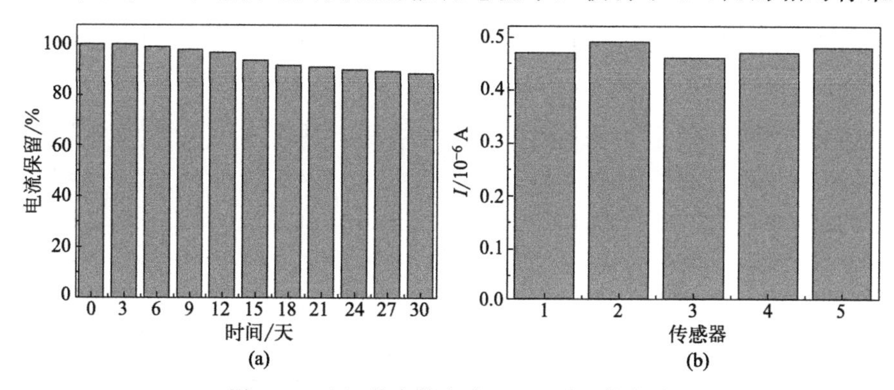

图 3-36 (a) 稳定性实验；(b) 重现性实验

差（RSD），表明制备的传感器具有良好的重现性。

3.4.8 血清样实际样品中葡萄糖含量的检测

为了证明基于 Ni(tpa) 的葡萄糖传感器在实际应用中的可行性，它被用于检测当地医院 20 名志愿者血清样本中的葡萄糖浓度。同时，通过 Hitachi 公司的 HITACHI 7600 全自动生化分析仪测量所有血清样品中的葡萄糖含量，以评估基于 Ni(tpa) 传感器的准确性。如表 3-5 所示，Ni(tpa) 基传感器的结果与全自动生化分析仪的结果吻合良好，偏差率为 0～6.7%。此外，通过线性回归分析，基于 Ni(tpa) 的传感器的结果（y）与全自动生化分析仪的结果（x）相关性很好，$y=1.022x-0.0982$，相关系数 $r=0.9940$，$n=20$，$P<0.0001$（图 3-37）。该结果证实了 Ni(tpa)-SWCNT-CS/GCE 无酶葡萄糖传感器对于检测人血清样品中的血糖是实用、准确和有效的。

表 3-5 Ni(tpa) 传感器与 HITACHI 7600 全自动生化分析仪分析结果比较

编号	葡萄糖浓度/(nmol/L)		偏差率/%
	Ni(tpa)MOF 基传感器检测结果	HITACHI 7600 全自动生化分析仪检测结果	
1	3.9	4.1	4.9
2	4.8	4.7	2.1
3	8.0	8.3	3.6
4	5.3	5.5	3.6
5	5.2	5.2	0
6	4.6	4.4	4.5
7	9.8	10.2	3.9
8	4.1	3.9	5.1
9	6.4	6	6.7
10	5.5	5.6	1.8
11	3.7	3.5	5.7
12	4.8	4.8	0
13	15.1	14.4	4.9
14	5.4	5.7	5.3
15	7.0	7.2	2.8

续表

编号	葡萄糖浓度/(nmol/L)		偏差率/%
	Ni(tpa)MOF 基传感器检测结果	HITACHI 7600 全自动生化分析仪检测结果	
16	6.1	5.8	5.2
17	4.7	4.5	4.4
18	7.2	6.8	5.9
19	5.2	5.4	3.7
20	5.0	5.1	2.0

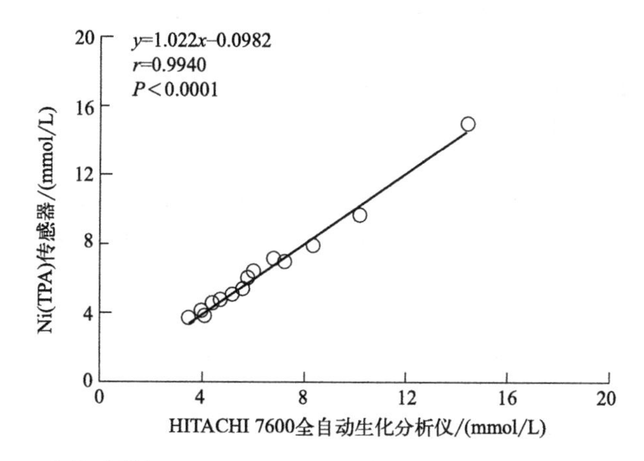

图 3-37 Ni(tpa) 基传感器与 HITACHI 7600 全自动生化分析仪的检测结果线性回归分析

3.4.9 展望

由于 MOFs 独特的结构和氧化还原性质，其在电化学领域受到越来越多的关注。在本节中，通过简单的溶剂热法合成了一种新型 MOF[Ni(tpa)]。表征结果表明，合成的 MOF 具有分层的 3D 花球状。这种形态特征使材料具有大的表面积、丰富的氧化还原活性位点和适合离子稳定性电荷转移的孔径。通过加入 SWCNT 的碳材料来补偿 Ni(tpa) 低导电性和较差的力学性能。结果证明 Ni(tpa) 与 SWCNT 的复合使有效中心增加了 39 倍。电化学传感分析表明 Ni(tpa)/SWCNT 复合材料对葡萄糖具有明显的催化氧化能力，基于此材料所开发的无酶分析传感器，具有宽线性范围、低检测限和优异的抗干扰性能等优点。实际人血清样品的分析结果与全自动生化分析仪的分析结果具有较好的相关性（$r=0.9940$，$n=20$，$P<0.0001$），表明所开发的传感器可作为新一代

无酶电化学传感器，具有很好的葡萄糖临床检测应用前景。

参考文献

[1] Fu L，Zheng Y H，Wang A W，et al. A novel nonenzymatic hydrogen peroxide electrochemical sensor based on SnO_2-reduced graphene oxide nano-composite [J]. Sens Lett，2015，13：81-84.

[2] Cutler R G，Camandola S，Malott K F，et al. The role of uric acid and methyl derivatives in the prevention of age-related neurodegenerative disorders [J]. Curr Top Med Chem，2015，15：2233-2238.

[3] Tomczynska M，Bijak M，Saluk J. Metformin-the drug for the treatment of autoimmune diseases；a new use of a known anti-diabetic drug [J]. Curr Top Med Chem，2016，16：2223-2230.

[4] Ryan T K，Jacky W Y，ZhongáTang B. An AIE-active fluorescence turn-on bioprobe mediated by hydrogen-bonding interaction for highly sensitive detection of hydrogen peroxide and glucose [J]. Chem Commun，2016，52：10076-10079.

[5] Ju J，Chen W. In situ growth of surfactant-free gold nanoparticles on nitrogen-doped graphene quantum dots for electrochemical detection of hydrogen peroxide in biological environments [J]. Anal Chem，2015，87：1903-1910.

[6] Wang L，Ma S H，Yang B，et al. Morphology-controlled synthesis of Ag nanoparticle decorated poly (o-phenylenediamine) using microfluidics and its application for hydrogen peroxide detection [J]. Chem Eng J，2015，268：102-108.

[7] Kanyong P，Rawlinson S，Davis J. A non-enzymatic sensor based on the redox of ferrocene carboxylic acid on ionic liquid film-modified screen-printed graphite electrode for the analysis of hydrogen peroxide residues in milk [J]. J Electroanal Chem，2016，766：147-151.

[8] Akhtar N，El-Safty S A，Khairy M，et al. Fabrication of a highly selective non-enzymatic amperometric sensor for hydrogen peroxide based on nickel foam/cytochrome c modified electrode [J]. Sens. Actuators，B. 2015，207：158-166.

[9] Mihailova I，Gerbreders V，Krasovska M，et al. A non-enzymatic electrochemical hydrogen peroxide sensor based on copper oxide nanostructures [J]. Beilstein J. Nanotechnol. 2022，13 (1)：424-436.

[10] Wang Y L，Wang Z C，Rui Y P，et al. Horseradish peroxidase immobilization on carbon nanodots/CoFe layered double hydroxides：direct electrochemistry and hydrogen peroxide sensing [J]. Biosens Bioelectron，2015，64：57-62.

[11] Xiong L L，Zhang Y Y，Wu S M，et al. Co_3O_4 nanoparticles uniformly dispersed in rational porous carbon nano-boxes for significantly enhanced electrocatalytic detection of H_2O_2 released from living cells [J]. Int J Mol Sci，2022，23 (7)：3799.

[12] Zhang J，He J L，Xu W L，et al. A novel immunosensor for detection of beta-galactoside alpha-2，6-sialyltransferase in serum based on gold nanoparticles loaded on Prussian blue-based hybrid nanocomposite film [J]. Electrochim Acta，2015，156：45-52.

[13] Cinti S，Arduini F，Moscone D，et al. Cholesterol biosensor based on inkjet-printed Prussian blue nanoparticle-modified screen-printed electrodes [J]. Sens Actuators B，2015，221：187-190.

[14] Lai G S，Zhang H L，Yu A M，et al. In situ deposition of Prussian blue on mesoporous carbon nanosphere for sensitive electrochemical immunoassay [J]. Biosens Bioelectron，2015，74：660-665.

[15] Pandey P C, Panday D. Tetrahydrofuran and hydrogen peroxide mediated conversion of potassium hexacyanoferrate into Prussian blue nanoparticles: applicationto hydrogen peroxide sensing [J]. Electrochim Acta, 2016, 190: 758-765.

[16] Sheng Q L, Zhang D, Wu Q, et al. Electrodeposition of Prussian blue nanoparticles on polyaniline coated halloysite nanotubes for nonenzymatic hydrogen peroxide sensing [J]. Anal Methods, 2015, 7: 6896-6903.

[17] Chao L, Wang W, Dai M Z, et al. Step-by-step electro-deposition of a high-performance Prussian blue-gold nanocomposite for H_2O_2 sensing and glucose biosensing [J]. J Electroanal Chem, 2016, 778: 66-73.

[18] Zhu X, Niu X H, Zhao H L, et al. Doping ionic liquid into Prussian blue-multiwalled carbon nanotubes modified screen-printed electrode to enhance the nonenzymatic H_2O_2 sensing performance [J]. Sens Actuators B, 2014, 195: 274-280.

[19] Millward R C, Madden C E, Sutherland I, et al. Directed assembly of multilayers the case of Prussian blue [J]. Chem Commun, 2001, 19: 1994-1995.

[20] Manivannan S, Kang I, Kim K. In situ growth of Prussian blue nanostructures at reduced graphene oxide as a modified platinum electrode for synergistic methanol oxidation [J]. Langmuir, 2016, 32: 1890-1898.

[21] Ojani R, Hamidi P, Raoof J B. Efficient nonenzymatic hydrogen peroxide sensor in acidic media based on Prussian blue nanoparticles-modified poly (o-phenylenediamine) /glassy carbon electrode [J]. Chin Chem Lett, 2016, 27: 481-486.

[22] Pei S, Cheng H M. The reduction of graphene oxide [J]. Carbon, 2012, 50: 3210-3228.

[23] Yang J H, Myoung N, Hong H G. Facile and controllable synthesis of Prussian blue on chitosan-functionalized graphene nanosheets for the electrochemical detection of hydrogen peroxide [J]. Electrochim Acta, 2012, 81: 37-43.

[24] Rhee S G. H_2O_2, a necessary evil for cell signaling [J]. Science, 2006, 312: 1882-1883.

[25] Van de Bittner G C, Dubikovskaya E A, Bertozzi C R, et al. In vivo imaging of hydrogen peroxide production in a murine tumor model with a chemoselective bioluminescent reporter [J]. Proc Natl Acad Sci, U. S. A., 2010, 107: 21316-21321.

[26] Finkel T, Serrano M, Blasco M A. The common biology of cancer and ageing [J]. Nature, 2007, 448: 767-774.

[27] Quan L J, Zhang B, Shi W W, et al. Hydrogen peroxide in plants: a versatile molecule of the reactive oxygen species network [J]. J IntERGO Plant Biol, 2008, 50: 2-18.

[28] Marks P, Radaram B, Levine M, et al. Highly efficient detection of hydrogen peroxide in solution and in the vapor phase via fluorescence quenching [J]. Chem Commun, 2015, 51: 7061-7064.

[29] Lin Z, Xiao Y, Yin Y, et al. Facile synthesis of enzyme-inorganic hybrid nanoflowers and its application as a colorimetric platform for visual detection of hydrogen peroxide and phenol [J]. ACS Appl Mater Interfaces, 2014, 6: 10775-10782.

[30] Carroll V, Michel B W, Blecha J, et al. A boronate-caged [18F] FLT probe for hydrogen peroxide detection using positron emission tomography [J]. J. Am. Chem. Soc. 2014, 136: 14742-14745.

[31] Chen X, Wang Q X, Wang L, et al. Imidazoline derivative templated synthesis of broccoli-like Bi_2S_3

and its electrocatalysis towards the direct electrochemistry of hemoglobin [J]. Biosens Bioelectron, 2015, 66: 216-223.

[32] Wang N, Han Y, Xu Y, et al. Detection of H_2O_2 at the nanomolar level by electrode modified with ultrathin AuCu nanowires [J]. Anal Chem, 2015, 87: 457-463.

[33] Song H, Ma C, You L, et al. Electrochemical hydrogen peroxide sensor based on a glassy carbon electrode modified with nanosheets of copper-doped copper (II) oxide [J]. Microchim Acta, 2015, 182: 1543-1549.

[34] Maji S K, Dutta A K, Biswas P, et al. Nanocrystalline FeS thin film used as an anode in photo-electrochemical solar cell and as hydrogen peroxide [J]. Sens Actuators, B, 2012, 166-167: 726-732.

[35] Sun Y, He K, Zhang Z, et al. Real-time electrochemical detection of hydrogen peroxide secretion in live cells by Pt nanoparticles decorated graphene-carbon nanotube hybrid paper electrode [J]. Biosens Bioelectron, 2015, 68: 358-364.

[36] Liu M, Liu R, Chen W. Graphene wrapped Cu_2O nanocubes: non-enzymatic electrochemical sensors for the detection of glucose and hydrogen peroxide with enhanced stability [J]. Biosens Bioelectron, 2013, 45: 206-212.

[37] Odoh S O, Cramer C J, Truhlar D G, et al. Quantum-chemical characterization of the properties and reactivities of metal-organic frameworks [J]. Chem Rev, 2015, 115: 6051-6111.

[38] Zhan W W, Kuang Q, Zhou J Z, et al. Semiconductor@metal-organic framework core-shell heterostructures: a case of ZnO@ZIF-8 nanorods with selective photoelectrochemical response [J]. J Am Chem Soc, 2013, 135: 1926-1933.

[39] Xu Z D, Yang L Z, Xu C L. Pt@UiO-66 heterostructures for highly selective detection of hydrogen peroxide with an extended linear range [J]. Anal Chem, 2015, 87: 3438-3444.

[40] Murray L J, Dinca M, Long J R. Hydrogen storage in metal organic frameworks [J]. Chem Soc Rev, 2009, 38: 1294-1314.

[41] Lee J, Farha O K, Roberts J, et al. Metal organic framework materials as catalysts [J]. Chem Soc Rev, 2009, 38: 1450-1459.

[42] Liu B, Shioyama H, Jiang H, et al. Metal-organic framework (MOF) as a template for syntheses of nanoporous carbons as electrode materials for supercapacitor [J]. Carbon, 2010, 48: 456-463.

[43] Kitagawa H. Metal-organic frameworks: transported into fuel cells [J]. Nat Chem, 2009, 1: 689-690.

[44] Zhang Y, Bo X, Luhana C, et al. Facile synthesis of a Cu-based MOF confined in macroporous carbon hybrid material with enhanced electrocatalytic ability [J]. Chem Commun, 2013, 49: 6885-6887.

[45] Hosseini H, Ahmar H, Dehghani A, et al. A novel electrochemical sensor based on metal-organic framework for electro-catalytic oxidation of L-cysteine [J]. Biosens Bioelectron, 2013, 42: 426-429.

[46] Dreyer D R, Park S, Bielawski C W, et al. The chemistry of graphene oxide [J]. Chem Soc Rev, 2010, 39: 228-240.

[47] Byon H R, Lee S W, Chen S, et al. Thin films of carbon nanotubes and chemically reduced graphenes for electrochemical micro-capacitors [J]. Carbon, 2011, 49: 457-467.

[48] Haque A M J, Park H, Sung D, et al. An electrochemically reduced graphene oxide based electrochemical immunosensing platform for ultrasensitive antigen detection [J]. Anal Chem, 2012, 84: 1871-1878.

[49] Monami M, Dicembrini I, Nardini C, et al. Glucagon-like peptide-1 receptor agonists and pancreatitis: a meta-analysis of randomized clinical trials [J]. Diabetes Res Clin Pract, 2014, 103: 269-275.

[50] Koschinsky T, Heinemann L. Sensors for glucose monitoring: technical and clinical aspects [J]. Diabetes Metab Res Rev, 2001, 17: 113-123.

[51] Li S, Zhu A, Zhu T, et al. A single biosensor for simultaneous quantification of glucose and pH in a rat brain of diabetic model using both current and potential outputs [J]. Anal Chem, 2017, 89: 6656-6662.

[52] Nantaphol S, Watanabe T, Nomura N, et al. Bimetallic Pt-Au nanocatalysts electrochemically deposited on boron-doped diamond electrodes for nonenzymatic glucose detection [J]. Biosens Bioelectron, 2017, 98: 76-82.

[53] Pakapongpan S, Poo-arporn R P. Self-assembly of glucose oxidase on reduced graphene oxide-magnetic nanoparticles nanocomposite-based direct electro-chemistry for reagentless glucose biosensor [J]. Mater Sci Eng, C, 2017, 76: 398-405.

[54] Xie F, Liu T, Xie L, et al. Metallic nickel nitride nanosheet: an efficient catalyst electrode for sensitive and selective non-enzymatic glucose sensing [J]. Sens Actuators, B, 2018, 255: 2794-2799.

[55] Ramachandran K, Raj kumar T, Justice Babu K, et al. Ni-Co bimetal nanowires filled multiwalled carbon nanotubes for the highly sensitive and selective non-enzymatic glucose sensor applications [J]. Sci Rep, 2016, 6: 36583.

[56] Zhong S L, Zhuang J, Yang D P, et al. Eggshell membrane-templated synthesis of 3D hierarchical porous Au networks for electrochemical nonenzymatic glucose sensor [J]. Biosens Bioelectron, 2017, 96: 26-32.

[57] Salimi A, Noorbakhash A, Sharifi E, et al. Highly sensitive sensor for pi-comolar detection of insulin at physiological pH, using GC electrode modified with guanine and electrodeposited nickel oxide nanoparticles [J]. Biosens Bioelectron, 2008, 24: 792-798.

[58] Babu K J, Senthilkumar N, Kim A R, et al. Freestanding and binder free PVdF-HFP/Ni-Co nanofiber membrane as a versatile platform for the electro-catalytic oxidation and non-enzymatic detection of urea [J]. Sens Actuators, B, 2017, 241: 541-551.

[59] Senthilkumar N, Kumar G G, Manthiram A. 3D hierarchical core-shell nanos-tructured arrays on carbon fibers as catalysts for direct urea fuel cells [J]. Adv Energy Mater, 2017, 8: 1702207.

[60] Xiong X, You C, Cao X N, et al. Ni_2P nanosheets array as a novel electrochemical catalyst electrode for non-enzymatic H_2O_2 sensing [J]. Electrochim Acta, 2017, 253: 517-521.

[61] Sivasakthi P, Ramesh Bapu G N K, Chandrasekaran M. Pulse electrodeposited nickel-indium tin oxide nanocomposite as an electrocatalyst for non-enzymatic glucose sensing [J]. Mater Sci Eng, C, 2016, 58: 782-789.

[62] Mayorga-Martinez C C, Guix M, Madrid R E, et al. Bimetallic nanowires as electrocatalysts for non-enzymatic real-time impedancimetric detection of glucose [J]. Chem Commun, 2012, 48: 1686-1688.

[63] Liu Y, Chen H, Zhao Y, et al. Quantification and stability studies on the flavonoids of Radix hedysari [J]. J Agric Food Chem, 2006, 54: 6634-6639.

[64] Zhang Z, Ji H, Song Y, et al. Fe(Ⅲ)-based metal-organic framework-derived core-shell nanostructure: sensitive electrochemical platform for high trace determination of heavy metal ions [J]. Biosens Bioelectron, 2017, 94: 358-364.

[65] Wang Q X, Gao F, Ni J C, et al. Facile construction of a highly sensitive DNA biosensor by in-situ assembly of electro-active tags on hairpin-structured probe fragment [J]. Sci Rep, 2016, 6: 1-10.

[66] Cai F X, Wang Q H, Chen X Q, et al. Selective binding of Pb^{2+} with manganese-terephthalic acid MOF/SWCNTs: theoretical modeling, experimental study and electroanalytical application [J]. Biosens Bioelectron, 2017, 98: 310-316.

[67] Yang W, Lu W, Chen H, et al. Fabrication of highly sensitive and stable hydroxylamine electrochemical sensor based on gold nanoparticles and metal-metalloporphyrin framework modified electrode [J]. ACS Appl Mater Interfaces, 2016, 8: 18173-18181.

[68] Li Z, Li C, Ge X, et al. Reduced graphene oxide wrapped MOFs-derived cobalt-doped porous carbon polyhedrons as sulfur immobilizers as cathodes for high performance lithium sulfur batteries [J]. Nano Energy, 2016, 23: 15-26.

[69] Yang Y Z, Wang Q X, Qiu W W, et al. Covalent immobilization of $Cu_3(btc)_2$ at chitosan-electroreduced graphene oxide hybrid film and its application for simultaneous detection of dihydroxybenzene isomers [J]. J Phys Chem, C, 2016, 120: 9794-9803.

[70] Fleker O, Borenstein A, Lavi R, et al. Preparation and properties of metal organic framework/activated carbon composite materials [J]. Langmuir, 2016, 32: 4935-4944.

第4章

MOFs基核酸杂交/免疫传感检测技术

4.1 UiO-66作为信号分子载体的核酸适配体电化学传感器

4.1.1 概述

赭曲霉毒素A(OTA)是由多种赭曲霉和疣状青霉产生的一种真菌毒素，广泛存在于小麦、玉米、咖啡、啤酒、坚果等多种食品中[1,2]。病理学研究表明，OTA具有肝毒性、肾毒性和致癌性，严重危害人类健康，联合国癌症组织将其归类为2B致癌物。因此，一种快速、灵敏的OTA检测方法的建立具有重要的意义。通常，OTA常用的分析方法有质谱法（MS）[3]、高效液相色谱法（HPLC）[4] 和酶联免疫吸附法（ELISA）[5] 等，然而，这些传统的检测方法往往需要昂贵的仪器且预处理复杂，操作耗时[6,7]。

适体是一种人工核苷酸序列，对其特定靶标具有高度亲和力。在适体与电化学分析技术的结合中，电化学适配体传感器具有高选择性、高灵敏度和易操作性的特点，因此在过去十年中受到广泛关注[8-11]。在典型的电化学适配体传感器中，适配体固定在电极表面后，核酸适体与靶标分子之间的生物识别作用将产生可读电化学信号的变化以实现检测的目的[12,13]。遗憾的是，经典的电化学核酸适配体传感器存在一些缺陷，例如，适配体通常是单点标记的电活性分子，如亚甲基蓝（MB）[14,15] 和二茂铁（Fc）[16,17] 等，往往导致有限的信号输出和较低的灵敏度。尽管有研究表明微流控电化学传感器能实现适配体传感器的可重用性，但是由于适配体与靶标之间的强亲和力作用，大部分常规电化学适配体传感器仍较难实现可重复使用性[18-20]。因此，一种提高适配体传感器的灵敏度、可重复使用性和可供实际应用的新策略的开发仍然是一个巨大的挑战。

锆基MOF(UiO-66)是一种三维多孔纳米材料，其高的比表面积、丰富的金属活性中心和易修饰等特质使之成为高性能生物传感器开发中的优异传感材料候选者。由于其可形成强的Zr—O—P配位键，表现出对磷酸基团（$—PO_4^{3-}$）的高度亲和力，使其对含磷生物分子具有高度选择性和有效积累的能力[21]。基于这一特征，Wang等[22] 在UiO-66纳米颗粒表面嫁接了$—PO_4^{3-}$末端修饰的DNA链，用于检测细胞内毒素。此外，利用MB包裹的 Zr-MOF 中的 Zr^{4+} 与外显体外的磷酸基团之间的配位，Sun 等[23] 开发了一种免标记电化学生物传感器用于灵敏检测胶质母细胞瘤衍生外显体。

受上述研究的启发，基于 UiO-66 纳米颗粒中 Zr^{4+} 与—PO_4^{3-} 末端修饰的 DNA 链之间直接的和特异性配位作用，提出一种新颖、灵敏和可重复使用的 OTA 电化学适体传感器构建策略。在该策略中，OTA 的特异性探针链（OBA）通过与支撑互补序列杂交固定在电极表面，再通过 Zr—O—P 配位作用将 UiO-66 原位接枝到 OBA 的末端。随后，再次通过 Zr—O—P 配位作用将大量带有末端修饰—PO_4^{3-} 的 MB 信号链组装在 UiO-66 表面，构建出具有优异电化学响应的生物传感界面。当 OTA 与 OBA 竞争性结合时，OBA 从传感器表面剥离，导致带有 MB 信号标记的 UiO-66 脱落，从而有效降低电化学信号。由于适体传感器是基于辅助 DNA 序列竞争结合策略设计的，因此在完成 OTA 分析后，生物传感界面可以很容易地重建，实现传感器的可重用性。构建的适配体传感器成功应用于葡萄酒样品中 OTA 的分析，显示了其在食品安全监测方面的巨大潜力。

4.1.2 UiO-66 纳米颗粒的合成

如文献所述方法，UiO-66 是通过简单的溶剂热法稍加修改合成的，合成过程如下：将 $ZrCl_4$（233.0 mg，1.0 mmol）和 H_2BDC（166.1 mg，1.0 mmol）溶解在 15.0 mL N,N-二甲基甲酰胺（DMF）中，然后将混合物转移到 30 mL 小瓶中，并添加 7.0 mL 甲酸，超声处理获得均匀溶液，置于 120 ℃油浴中加热 24 h 后，冷却至室温，抽滤，得到白色沉淀物。沉淀物用 DMF 和丙酮洗涤数次，室温真空干燥 1 h 后转移至 100 mL CH_2Cl_2 溶液中搅拌 24 h，以去除 UiO-66 孔中残留的 DMF。最后，制得的产物通过过滤法收集并用 CH_2Cl_2 洗涤数次后，80 ℃下真空干燥 1 h，得到最终产物 UiO-66，其分子式为[$Zr_6O_4(OH)_4(BDC)_6$]。

4.1.3 电化学生物传感界面的构建

在构建生物传感界面之前，使用 1.0 μm、0.3 μm 和 0.05 μm 氧化铝粉末对金电极（AuE）表面仔细抛光，并在超纯水、超纯水和乙醇的混合物（$V_{H_2O}:V_{CH_3CH_2OH}=1:1$）和超纯水中分别超声清洗 5 min。清洁后的 AuE 在 Piranha 刻蚀液（$V_{30\%H_2O_2}:V_{98\%H_2SO_4}=7:3$）中活化 20 min，在 0.5 mol/L

H_2SO_4 中以 0.1 V/s 的扫速从 −0.2～1.6 V 进行扫描至曲线稳定后，用超纯水洗净并用氮气吹干，备用。

随后，将处理后的 AuE 浸入含有 1.0 μmol/L 适配体探针链互补序列（TSS）溶液中 24 h，TSS 通过 Au—S 化学键的强键合作用固定在清洗后的 AuE 表面，从而得到 TSS 修饰的 AuE（TSS/AuE），然后将 TSS/AuE 在 10 mmol/L 6-巯基-1-己醇（MCH）中培养 3 h 以封闭电极的未修饰区域，所得电极被称为 TSS/MCH/AuE；之后，将 TSS/MCH/AuE 浸泡在 42 ℃的 1.0 mmol/L OBA 溶液中进行 TSS 与 OBA 的杂交作用，孵育 30 min 后，获得 OBA-TSS/MCH/AuE 的杂交电极；紧接着将 OBA-TSS/MCH/AuE 浸入均匀的 UiO-66 悬浮液（5.0 g/L）中，温和振荡 2.5 h，UiO-66 通过与 OBA 末端上的 5′-PO_4^{3-} 的强配位作用组装到电极表面上，将得到的 UiO-66/OBA-TSS/MCH/AuE 浸入含有 1 μmol/L 5′-PO_4^{3-} 和 3′-MB 双末端标记 DNA 链（DLS）溶液中过夜，浸泡过程中缓慢滴加 NaCl 溶液至 0.5 mol/L 以减少已固定 DLS 对溶液中 DLS 的静电排斥，提高 DLS 在 UiO-66 上的负载密度；再用 PBS 和超纯水淋洗电极，得到预期传感界面 DLS/UiO-66/OBA-TSS/MCH/AuE。

4.1.4 电化学传感检测

将 DLS/UiO-66/OBA-TSS/MCH/AuE 浸泡在 37 ℃的 OTA 溶液中温和振荡下进行杂交培育，实现适体传感器对 OTA 的传感作用。培育反应进行 20 min 后，用 Tris 缓冲液冲洗电极，用循环伏安法（CV）和方波伏安法（SWV）在 100 mmol/L PBS 缓冲液中对杂交反应后的电极进行电化学性能测试。在含有 100 mmol/L KCl 的 1.0 mmol/L $[Fe(CN)_6]^{3-/4-}$ 溶液中，通过 CV 和电化学阻抗谱（EIS）对适体传感器的制备过程进行电化学表征。CV 扫描范围为 −0.2～+0.6 V，扫描速度为 0.1 V/s。在 +0.197 V 的电位下，在 0.01～10^5 Hz 的频率范围内，以 5 mV 的电压幅度进行 EIS 测试。

4.1.5 适配体传感器的设计理念和传感机制

灵敏、可重复使用的电化学适配体传感器在许多领域有着重要的应用，而 OTA 是一种高度致癌性和致畸性的食品污染物，基于 Zr^{4+} 和—PO_4^{3-}（图 4-1）之间的特殊配位作用，本书编者团队开发了一种新型的 OTA 适配体传感器。该传感器首先通过 Au—S 键将 TSS 化学固定在 AuE 表面，再将

OBA与TSS部分杂交，使其末端PO_4^{3-}暴露在AuE表面，UiO-66则可通过Zr^{4+}和—PO_4^{3-}之间特定且强的配位作用直接组装在AuE上，无需任何交联剂；DLS同样也可通过配位作用锚定在UiO-66表面上。由于多孔的UiO-66具有大比表面积和丰富的Zr^{4+}活性中心，5′-PO_4^{3-}和3′-MB双末端标记的DLS将尽可能多地紧密锚定在UiO-66上，从而产生明显增强的电化学信号。当溶液中存在OTA时，OTA将与电极表面上的OBA产生竞争性结合，导致UiO-66从电极表面脱离，氧化还原信号减少，可将此电化学信号的显著变化用于OTA定量分析。与此同时，电极表面上的TSS保持完整，并可与新的OBA重新杂交以再生适配体传感器，并可多次循环重复用于OTA的检测。Zr^{4+}和—PO_4^{3-}之间特殊的强配位作用使UiO-66能够作为信号放大平台，且辅助链的使用使该适配体传感器具有可重用性，避免了复杂的组装操作。

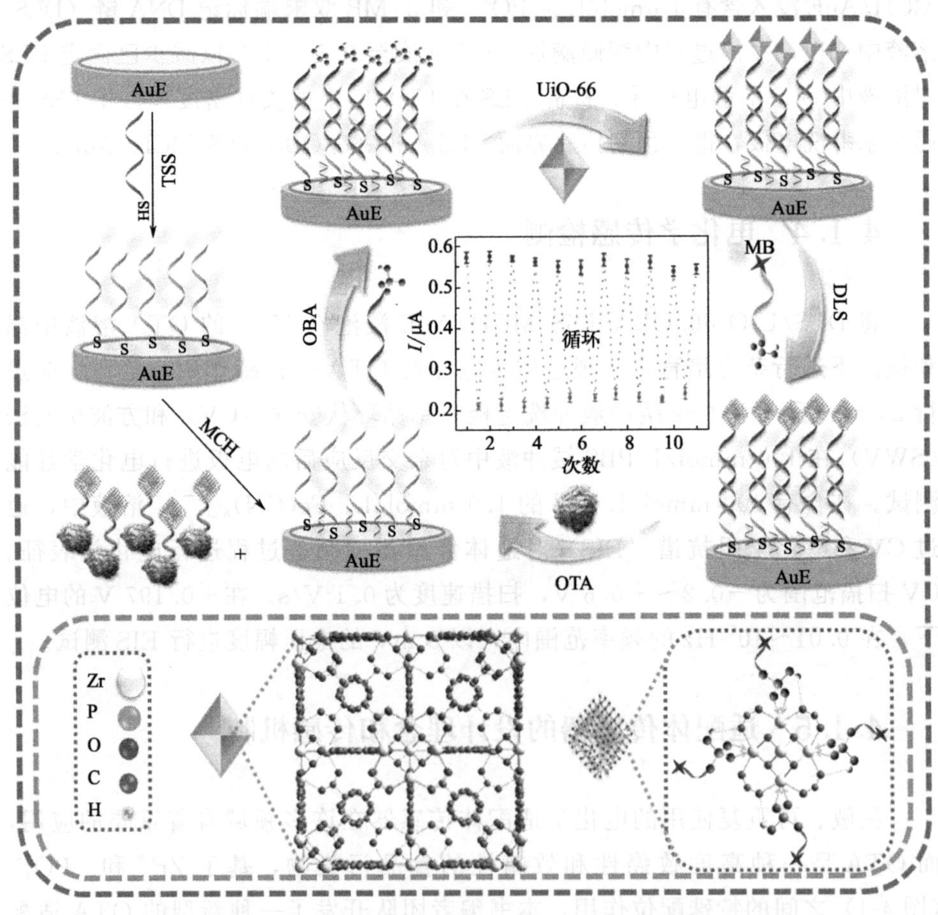

图4-1　UiO-66基可重复使用赭曲霉毒素A(OTA)适配体传感器的构建及其传感示意

4.1.6 UiO-66的物性表征

图 4-2(a) 显示了合成的 UiO-66 纳米颗粒的典型 XRD 图谱，图中可见所有衍射峰与文献中报道的拟合 UiO-66 标准图谱相吻合，表明 UiO-66 成功合成。图 4-2(b) 显示了在 77 K 下通过 N_2 吸附等温线对样品的比表面积进行表征的结果，该样品的 N_2 吸附等温线为典型的 Ⅰ 型曲线，说明样品中存在微孔。根据孔径分布曲线和晶体结构 [图 4-2(b)的插图]，用 Barrett-Joyner-Halenda 方法解析等温线的吸脱附曲线可估算出样品中的四面体笼状孔径大约为 0.72 nm，八面体笼状孔洞为 1.27 nm，与文献报道结果相一致；根据 Brunner-Emmet-Teller（BET）方法可计算出材料的比表面积为 975.01 m^2/g，表明制备的 UiO-66 具有高比表面积。

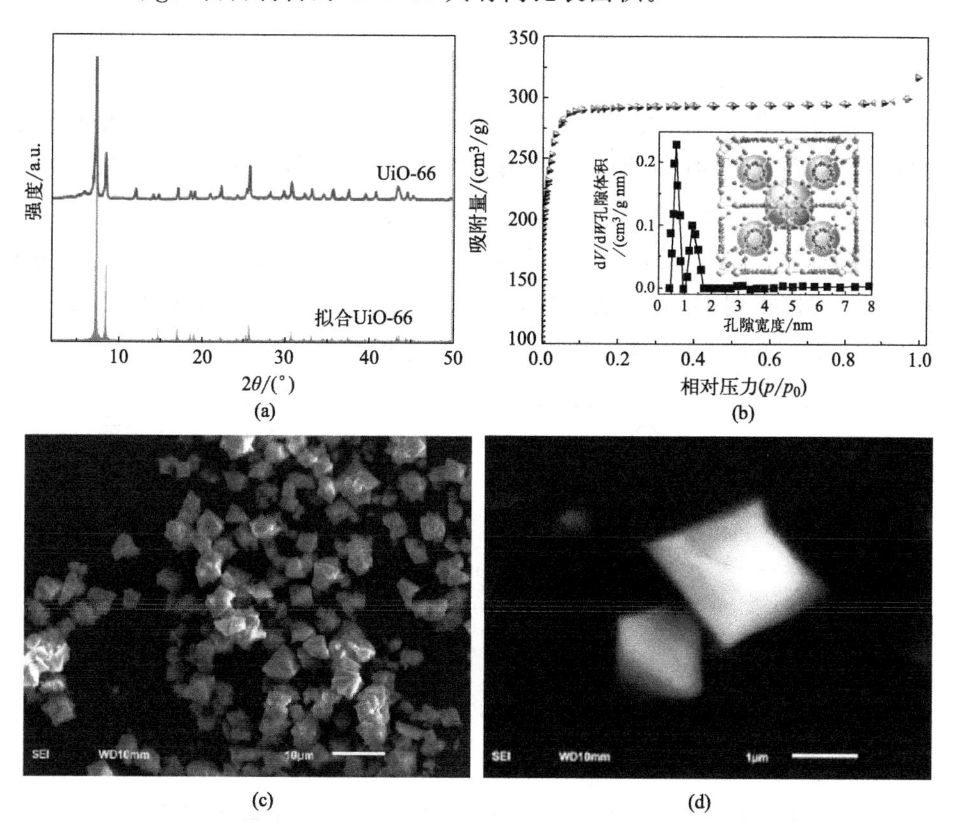

图 4-2 UiO-66 纳米颗粒的结构及物性表征

(a) UiO-66 纳米颗粒的 XRD 图；(b) N_2 吸附-解吸等温线（插图：孔径分布和晶体结构）；(c)(d) UiO-66 不同分辨率的 SEM 图

UiO-66 的形貌特征通过扫描电镜（SEM）加以表征，结果如图 4-2(c) 和图 4-2(d) 所示。从图 4-2(c) 中，可观察到合成的 UiO-66 颗粒为大小均一的八面体构型，从高分辨率 SEM 图像［图 4-2(d)］可以观察到该八面体构型的 UiO-66 颗粒边缘清晰和表面光滑，表明合成材料具有良好的结晶度和高纯度。

4.1.7 传感器制备过程的电化学表征

图 4-3(a) 显示了不同步骤下修饰电极的 CV 曲线。裸 AuE 有一对可逆的氧化还原峰（曲线 a），表明 $[Fe(CN)_6]^{3-/4-}$ 在 AuE 表面有良好的电子转移过程；用 TSS 修饰 AuE 后，由于 TSS 磷酸骨架的负电排斥性，$[Fe(CN)_6]^{3-/4-}$ 的氧化还原峰电流显著降低，氧化还原电位差明显增大（曲线 b），表明 TSS 已被固定在 AuE 上；用 MCH 封闭 TSS/AuE 表面暴露位点后，$[Fe(CN)_6]^{3-/4-}$ 的峰值电流进一步降低（曲线 c）。当 OBA 的适配体与电极表面的 TSS 杂交时，$[Fe(CN)_6]^{3-/4-}$ 的氧化还原峰电流继续降低，氧化还原电位差持续增加（曲线 d），这可归因于双链 DNA 的形成导致电极表面静电排斥和空间位阻的同时增加。当通过配位键合作用将 UiO-66 组装在 OBA 的 $5'$-PO_4^{3-} 端时，电流响应再次显著降低，这是由于 UiO-66 的不良导电性进一步阻碍了 $[Fe(CN)_6]^{3-/4-}$ 在传感器表面的电子转移（曲线 e）。当 DLS 通过配位键嫁接到 UiO-66 表面时，可以观察到最低的电流信号和最大的氧化还原电位，说明 DLS 信号链成功锚定在电极表面。

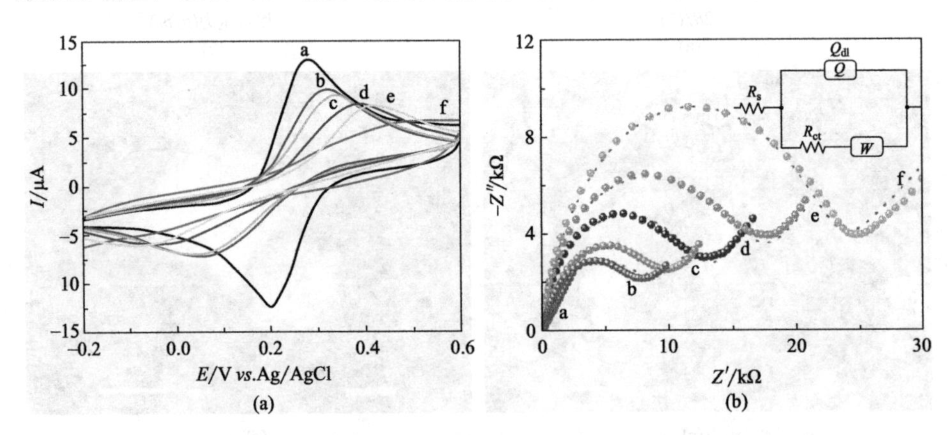

图 4-3 $[Fe(CN)_6]^{3-/4-}$ 溶液在不同电极上的循环伏安（a）和电化学阻抗表征（b）

a—裸 AuE；b—TSS/AuE；c—TSS/MCH/AuE；d—OBA-TSS/MCH/AuE；
e—UiO-66/OBA-TSS/MCH/AuE；f—DLS/UiO-66/OBA-TSS/MCH/AuE

此外，传感界面构建过程也通过 EIS 进行了表征，获得的 Nyquist 谱图如图 4-3(b) 所示。利用等效电路模型拟合阻抗结果［图 4-3(b)，插图］，其中 R_s 是溶液电阻，Q_{dl} 是双层电容，R_{ct} 代表电极/电解质界面处的电荷转移电阻，W 是电极表面传质产生的 Warburg 阻抗。拟合结果（点线）表明，等效电路模型与实际实验数据（虚线）一致，表 4-1 列出了等效电路模型中相关函数值。其中，裸 AuE 的阻抗图谱几乎成一条直线（曲线 a），说明 $[Fe(CN)_6]^{3-/4-}$ 在裸 AuE 上的电化学响应主要受扩散过程控制。将 TSS 固定在 AuE 上后，阻抗半径出现明显增加，其 R_{ct} 值为 7.9 kΩ（曲线 b），这是由于 DNA 和 $[Fe(CN)_6]^{3-/4-}$ 之间的静电排斥作用，电极表面的电子转移受到阻碍；然后，使用 MCH 钝化 TSS/AuE，封闭 AuE 表面上未被 TSS 占用部分，R_{ct} 值提高到 9.9 kΩ（曲线 c）；当 TSS 与部分互补适配体序列 OBA 杂交时，R_{ct} 值显著增加至 12.2 kΩ（曲线 d），证实 $[Fe(CN)_6]^{3-/4-}$ 与双链 DNA 之间的动力学屏障效应进一步增强。之后，通过配位键将 UiO-66 组装到带有磷酸端的 OBA 上，由于 UiO-66 的导电性差，EIS 响应进一步增加到 16.3 kΩ。最后，用 MB 标记的信号序列 DLS 修饰 UiO-66 表面，大量带负电荷的磷酸骨架与 $[Fe(CN)_6]^{3-/4-}$ 之间的静电排斥大大阻碍了电子转移，导致 R_{ct} 值急剧增加至 24.7 kΩ。所有实验结果都表明，传感界面成功完成层层组装。

表 4-1　通过拟合不同修饰电极的实验结果获得的等效电路函数值

电极	R_s /kΩ · cm²	Q_{dl} /μF · cm²	n	R_{ct} /kΩ · cm²	W /mΩ · cm²
AuE	0.011	0.003	1.000	0.15	0.128
TSS/AuE	0.136	2.278	0.800	7.9	0.136
TSS/MCH/AuE	0.131	2.260	0.800	9.9	0.322
OBA-TSS/MCH/AuE	0.115	1.084	0.868	12.2	0.360
UiO-66/OBA-TSS/MCH/AuE	0.087	1.030	0.866	16.3	0.361
DLS/UiO-66/OBA-TSS/MCH/AuE	0.183	0.914	0.800	24.7	0.144

4.1.8　UiO-66 基适配体传感器用于赭曲霉毒素 A（OTA）检测的可行性研究

构建完成的适配体传感器的氧化还原活性通过 CV 电化学扫描进行探讨。图 4-4(a) 显示了在 100 mmol/L PBS（pH＝6.86）中扫描速率为 0.10 V/s 的不同修饰电极的 CV 响应。从结果可以看出，UiO-66/OBA-TSS/MCH/AuE

没有明显的氧化还原峰（曲线 a），表明 UiO-66/OBA-TSS 的修饰层在 PBS 中没有电化学活性。UiO-66 修饰电极在 DLS 溶液中孵育后，清晰地观察到一对明确的氧化还原峰，其电位为－0.228 V 和－0.271 V，很好地对应于 MB 在 PBS 中的氧化还原反应特征峰（曲线 b），表明通过 5′-PO_4^{3-} 和 Zr^{4+} 之间的配位作用，含 MB 的信号序列 DLS 成功地拴系在 UiO-66 表面。作为比较，不使用 UiO-66 作为信号放大平台，仅用带有 5′-MB 标记的 OTA 适配体（MOBA）用于杂交反应，电化学测试表明，在杂化电极上仅观察到一对微弱的氧化还原峰（曲线 c）。因此，从信号差异可以得出结论，UiO-66 中特定的 5′-PO_4^{3-} 和 Zr^{4+} 化学键合作用可有效放大适配体传感器的分析信号。

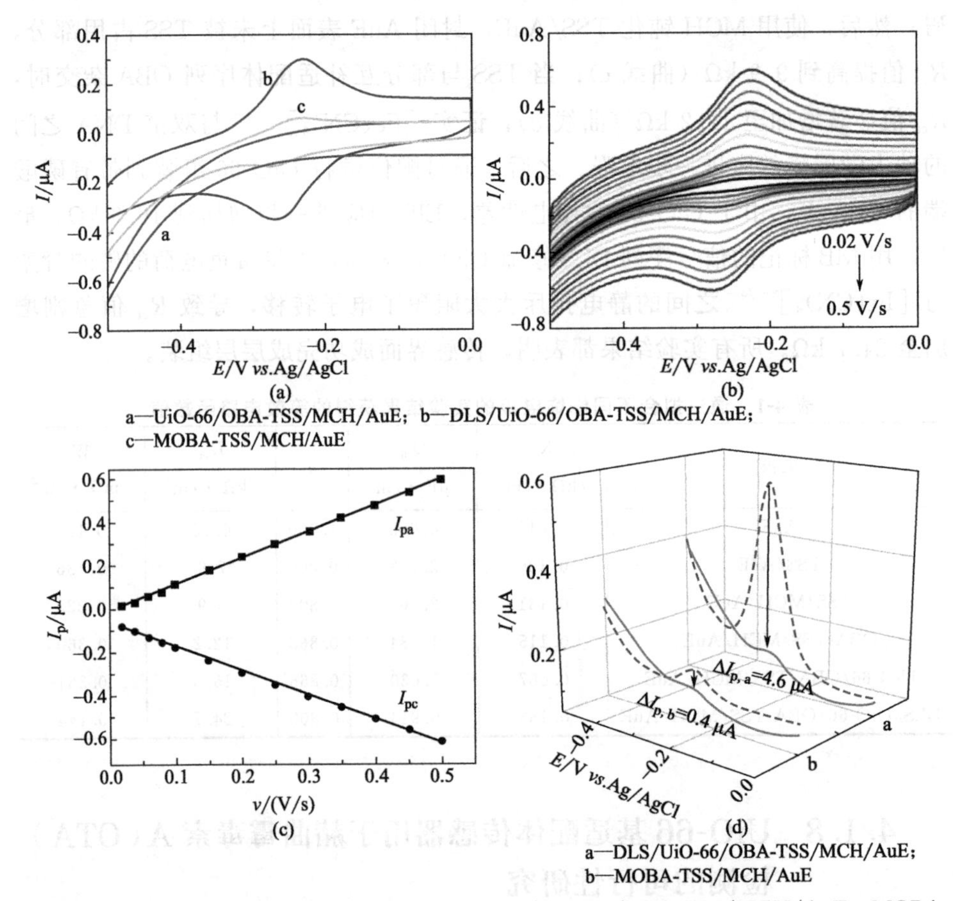

图 4-4 （a）UiO-66/OBA-TSS/MCH/AuE、DLS/UiO-66/OBA-TSS/MCH/AuE、MOBA-TSS/MCH/AuE 在 100 mmol/L PBS（pH＝6.86）溶液中的循环伏安图；（b）DLS/UiO-66/OBA-TSS/MCH/AuE 在不同扫描速率下的循环伏安图；（c）峰电流（I_{pa}）与扫描速率 v 的线性关系曲线；（d）DLS/UiO-66/OBA-TSS/MCH/AuE 和 MOBA-TSS/MCH/AuE 在不存在（虚线）和存在（实线）2.0 μmol/L OTA 的方波伏安扫描图

为了证明这一结论，电极上附着的信号链的数量通过 MB 的电化学信号进行计算。根据修饰电极在 PBS 溶液中的 CV 曲线［图 4-4(a) 中的曲线 b］，推算出 DLS/UiO-66/PTBA-TSS/MCH/AuE 上 MB 的电荷量（Q）为 2.5×10^{-7} C，再根据 $N=Q/neN_A$（其中：$n=2$，参与 MB 电极反应的电子数；$e=1.6\times10^{-19}$ C，一个电子的电荷量；$N_A=6.02\times10^{23}\ mol^{-1}$，阿伏伽德罗常数；$N$，MB 的摩尔质量）计算出电极表面上 MB 的摩尔质量约为 1.3×10^{-12} mol，即传感器表面上的信号链的摩尔质量。作为对照，当直接使用 MB 修饰的适配体而不使用 UiO-66 作为信号放大平台时［图 4-4(a) 中的曲线 c］，电极表面的信号分子摩尔量为 1.1×10^{-13} mol，仅为以 UiO-66 为信号放大平台构建的适配体传感器的 1/12。

此外，使用仅含 3′-MB 但不含 $5'$-PO_4^{3-} 的单标记序列（SLS）作为对照试剂进行了对照实验。结果（图 4-5）表明，SLS 结合电极（曲线 b）的电化学响应比 DLS 结合电极（曲线 a）弱得多，这间接证明 UiO-66 更倾向于与 DNA 末端修饰-PO_4^{3-} 而不是磷酸盐骨架相互作用，其原因可以解释为末端结合的空间位阻较小，有助于加载更多的信号序列。

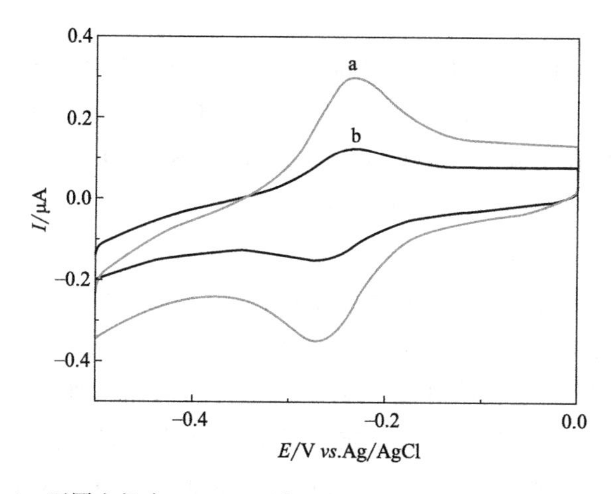

图 4-5 不同电极在 100 mmol/L PBS（pH=6.86）中循环伏安图

a—DLS/UiO-66/OBA-TSS/MCH/AuE；b—SLS/UiO-66/OBA-TSS/MCH/AuE

通过在不同扫描速率（v）下 CV 的响应情况探讨制备的适配体传感器界面电化学反应的动力学机理。图 4-4(b) 显示 DLS/UiO-66/OBA-TSS/MCH/AuE 在 100 mmol/L PBS（pH=6.86）中的 CV 曲线，扫描速率（v）范围为 0.02～0.5 V/s，随着扫描速率的增加，修饰电极的氧化还原峰逐渐增强，氧化还原峰值电流（I_p）与扫描速率（v）呈现良好的线性关系

[图 4-4(c)]，其线性回归方程分别为 $I_{pa}(\mu A) = -0.012 + 1.223v(V/s)$ ($R^2 = 0.999$) 和 $I_{pc}(\mu A) = -0.067 - 1.117v(V/s)$ ($R^2 = 0.999$)，说明适配体传感器的电化学反应过程是一个吸附控制过程。

为了探讨利用 UiO-66 作为信号放大平台是否会影响 OBA 对目标 OTA 的识别反应，实验利用 SWV 研究了构建的适配体传感器与 OTA 反应前后的电化学响应变化，结果如图 4-4(d) 中的曲线 a 所示，传感器与 2.0 μmol/L OTA 相互作用后，其氧化峰（实线）比原始电极（虚线）的氧化峰降低了 4.6 μA（变化量约为原始峰值的 74.0%），表明开发的适配体传感器结合目标分子 OTA 后信号发生显著变化。相比之下，MOBA 杂交适配体传感器与相同浓度 OTA 相互作用后，反应前后氧化峰值仅降低 0.4 μA（变化量约为未反应氧化峰值的 21.9%）[图 4-4(d) 中的曲线 b]。因此，通过对比实验可以得出结论，基于 UiO-66 作为信号放大平台的适配体传感器不仅传承了适配体优异的目标识别能力，而且大大提高了传感器分析信号强度。

4.1.9 实验条件的优化

为了获得最佳的分析性能，实验对 UiO-66 在 OBA-TSS/MCH/AuE 表面修饰的浓度和时间，以及 DLS 在 UiO-66/OBA-TSS/MCH/AuE 表面组装的浓度和时间等实验条件进行了优化。在 DLS/UiO-66/OBA-TSS/MCH/AuE 适配体传感器的构建过程中，SWV 氧化峰值（I_{pa}）与 UiO-66 (c_{UiO-66}) 修饰浓度之间的关系如图 4-6(a) 所示，从图中可观察到，随着 UiO-66 浓度从 0.2 g/L 增加到 10 g/L，I_{pa} 值不断增大，表明传感器的信号放大效应随着 UiO-66 修饰量的增加而增大，但相较于固定化浓度为 5 g/L 时，当 UiO-66 的固定化浓度增大到 10 g/L 时，I_{pa} 值变化不大；因此，浓度为 5 g/L 的 UiO-66 分散液被确定为最佳反应基底溶液。UiO-66 在适配体传感器表面上最佳键合时间（T_{UiO-66}）的优化通过将 OBA-TSS/MCH/AuE 浸入 5 g/L UiO-66 中，时间优化范围为 0.5～3 h，实验结果表明，当键合时间为 2.5 h 时，制备的适配体传感器上的 SWV 峰值电流（I_{pa}）达到稳定[图 4-6(b)]，电极上的结合 UiO-66 达到饱和。

此外，DLS 在 UiO-66/OBA-TSS/MCH/AuE 表面的组装浓度（c_{DLS}）和时间（T_{DLS}）也是获得高可读性信号的重要参数。图 4-6(c) 显示了 c_{DLS} 对传感器信号强度的影响，显然，随着 c_{DLS} 从 2 μmol/L 增加到 10 μmol/L，电化学响应逐渐增强，在 c_{DLS} 为 12 μmol/L 时信号趋于稳定，因此选择

10 μmol/L 作为组装反应的最佳 DLS 浓度。在保持培育液最佳浓度的条件下，图 4-6（d）显示了 UiO-66/OBA-TSS/MCH/AuE 的 SWV 峰值电流（I_p）与孵育时间（T_{DLS}）之间的关系，可以看出，随着 DLS 在 UiO-66/OBA-TSS/MCH/AuE 表面结合时间的延长，电化学信号逐渐增加，并且在孵育时间为 10 h 时达到最高电流信号。因此，在后续的实验中，均采用 UiO-66/OBA-TSS/MCH/AuE 在 10 μmol/L DLS 中孵育 10 h 来进行 DLS 固定。

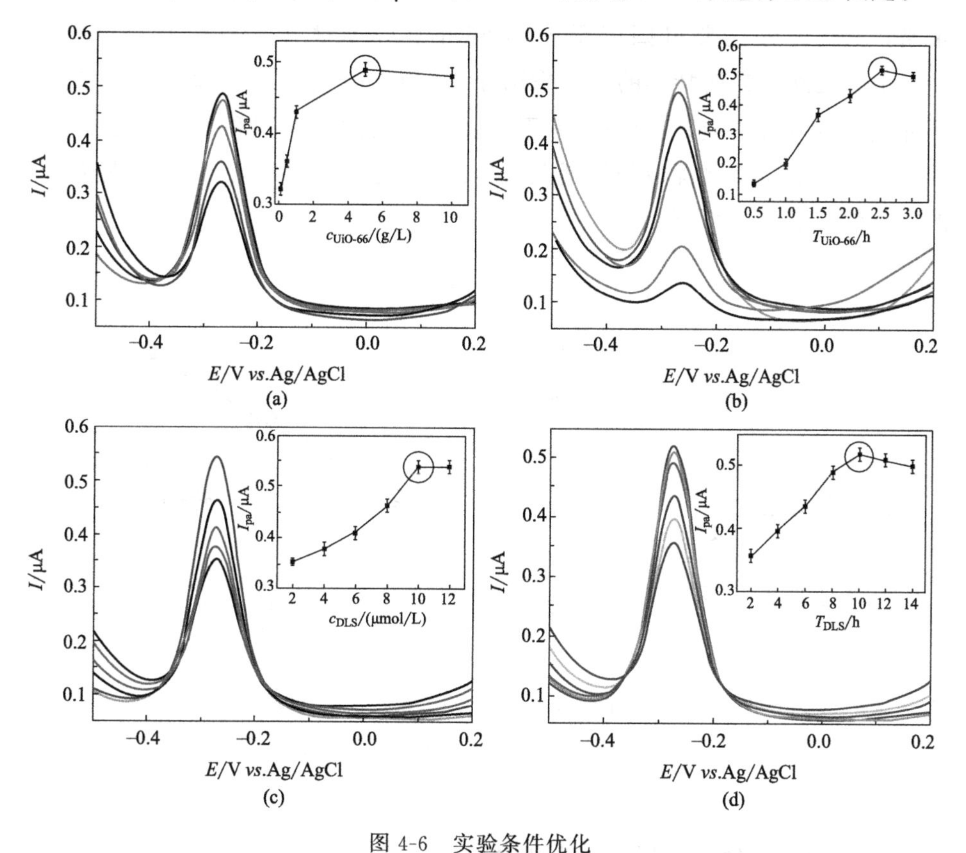

图 4-6 实验条件优化

（a）UiO-66 浓度；（b）UiO-66 键合时间；（c）DLS 的浓度；（d）DLS 孵育时间

4.1.10 传感器的分析检测性能

在最佳实验条件下，DLS/UiO-66/OBA-TSS/MCH/AuE 与不同浓度的 OTA 结合考察传感器的定量分析性能。图 4-7(a) 显示了传感器在与不同浓度的 OTA 相互作用时的 SWV 曲线，图中 MB 的特征氧化峰随 OTA 浓度的增加而逐渐下降，表明溶液中 OTA 与 OBA 发生了相互作用，导致连接着

DLS/UiO-66 的电活性部分的 OBA 从传感器表面剥离，并且剥离量随着 OTA 浓度的增大不断增多。结果反映在浓度范围为 0.1 fmol/L～2.0 μmol/L 区间，SWV 测量值的下降值（ΔI_p）与 OTA 浓度的对数（$\lg c_{OTA}$）呈良好的线性关系［图 4-7(b)］，其线性回归方程为 $\Delta I_p(\mu A)=0.377+0.0181\lg c_{OTA}(mol/L)$，相关系数 $R^2=0.992$，检测限为 0.079 fmol/L(3δ)。通过比较，本书编著者团队发现本实验基于 UiO-66 的生物传感器的分析性能优于先前文献报道的策略，其优越性主要可归因于 UiO-66 的信号放大平台：①在—PO_4^{3-} 和 Zr^{4+} 中心之间的强而特异的配位作用导致 UiO-66 在—PO_4^{3-} 修饰的 OTA 适配体上实现有效组装；②UiO-66 平台具有较大的表面积和丰富的 Zr^{4+} 活性位点，可以通过直接配位作用捕获大量的电活性信号探针，从而增强所开发的适配体传感器的可读信号。

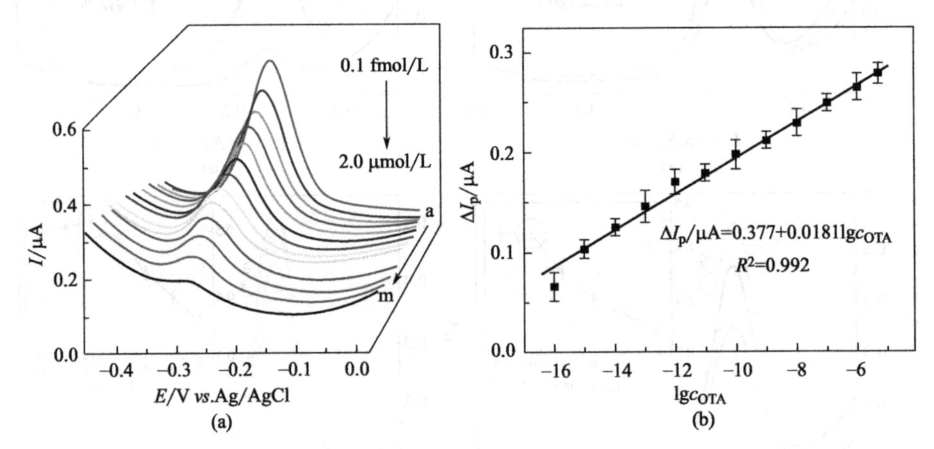

图 4-7 (a) 传感器与不同浓度 OTA 反应后的方波伏安曲线；
(b) 峰电流差（ΔI_p）与 OTA 浓度对数（$\lg c_{OTA}$）的线性关系

4.1.11 传感器的再生性能

在传统的适配体传感器中，目标分析物是通过与直接固定在电极表面的适配体特异性结合来实现分析检测的，这给适配体传感器的再生带来了困难，而选择基于辅助链的竞争性结合策略可以很容易地克服这一缺陷。在该策略中，带有 DLS/UiO-66 电活性信号标记的适配体链通过与固定在电极表面的支撑链杂交作用连接到电极上，以实现分析后再生的潜在可能。为了探索该策略的可行性，将制备的适配体传感器与 2.0 μmol/L OTA 进行反应，然后，用 Tris 缓冲液和超纯水清洗电极数次，以去除电极表面的非特异性吸附的 OTA

和剥离的信号标记；再将传感器与OBA、UiO-66、DLS重新组装，并再次用于检测OTA。图4-8(a)显示了该传感器在11个循环中与2.0 μmol/L OTA（实线）相互作用之前（虚线）和之后的SWV响应，结果表明，再生后的传感器仍然保持了良好地检测目标物的能力。图4-8(b)显示了11次循环构建的传感器与2.0 μmol/L OTA结合前（黑点）后（灰点）的峰值电流（I_p），其相互作用前后SWV响应的相对标准偏差（*RSD*）分别为1.25%和1.77%，表明采用该构建策略的传感器具有良好的可重用性。同时，本书编著者团队也观察到在循环构建的过程中，传感器结合OTA前的峰值电流随着循环次数的增加呈略微上升趋势，而结合OTA后峰值电流只有轻微变化，产生这种现象的原因可能是：经过多次再生处理后，电极的状况出现轻微变化，例如OBA-OTA复合物无法从电极上完全脱落，或者OTA在电极表面发生非特异性吸附，导致在下一循环的分析中，生物传感器对OTA的识别能力略微受到抑制。因此，几个循环制备后，传感器信号变化的程度不如初始制备的传感器界面。

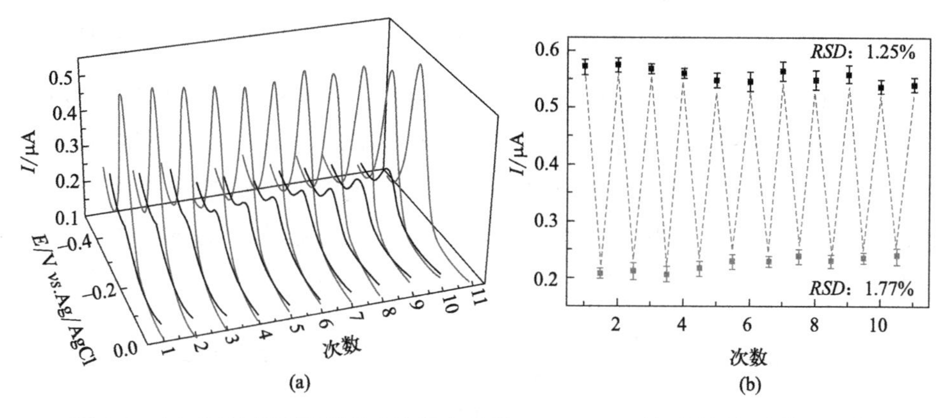

图4-8 (a) OTA循环检测的方波伏安曲线；(b) OTA循环检测的峰值电流值

4.1.12 传感器的特异性和葡萄酒实际样品分析

特异性是评价传感器实际应用性能的重要指标之一。为了研究该传感器的特异性，实验使用100 nmol/L赭曲霉毒素B(OTB)、黄曲霉毒素B1(AFB1)和玉米赤霉烯酮（ZEN）作为对照样品进行比较。图4-9(a)显示了传感器特异性测试结果的条形图，每个样品平行测量三次。研究发现，传感器与对照样品相互作用后，只有微弱的电流变化（ΔI_p），这与传感器与10 nmol/L OTA相互作用时的结果明显不同。此外，当传感器浸入浓度为10 nmol/L OTA和

100 nmol/L 其他三种对照干扰物质的混合溶液中时，得到的 ΔI_p 也与单独和 OTA 结合时的 ΔI_p 接近，这表明传感器对 OTA 具有高选择性。

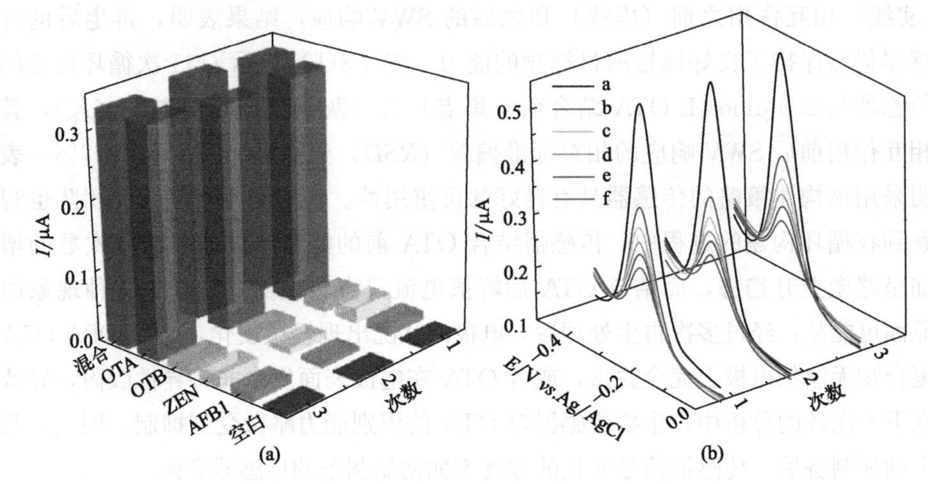

图 4-9 (a) 传感器特异性实验；(b) 红酒样品中 OTA 加标方波伏安曲线

a—0 μmol/L；b—10 μmol/L；c—100μmol/L；d—1μmol/L；e—10 μmol/L；f—100 μmol/L

为了证明该传感器在实际样品中的适用性，采用标准加入法将该传感器应用于红葡萄酒样品中 OTA 的测定。结果表明，在红葡萄酒样品中，随着 OTA 浓度从 10 pmol/L 增加到 100 nmol/L，电流响应不断降低［图 4-9(b)］，其回收率在 98.5%～103.7%之间，三个平行试验结果的相对标准偏差(*RSD*) 小于 4.4%（表 4-2)，这意味着该传感器可用于实际样品的安全评估。

表 4-2 使用开发的传感器用标准加入法测定红酒样品中的 OTA①

红酒样品	加标量	检测值	回收率/%	相对标准偏差/%
1	10 pmol/L	10.4 pmol/L	104	1.95
2	100 pmol/L	97.3 pmol/L	97.3	3.42
3	1.0nmol/L	1.02nmol/L	102	3.09
4	10.0nmol/L	9.89nmol/L	98.9	4.74
5	100nmol/L	95.8nmol/L	95.8	4.40

① 三次测量的平均值。

4.1.13 展望

利用原位配位组装的 UiO-66 作为信号放大平台，提出一种新颖、灵敏、可重复使用的电化学适配体传感策略。该策略以 OTA 为检测模型研究了传感器的分析性能。结果表明基于 UiO-66 的适配体传感器不仅继承了适配体化学优异的目标识别能力，而且大大提高了传感器的分析信号强度，具有宽检测范围、低检测限和优异特异性的特点。此外，由于传感器基于辅助链竞争结合策略的设计，因此具有出色的可重用性。该传感器也成功地应用于红葡萄酒样品中 OTA 的测定，在食品安全监测方面显示了良好的前景。综上所述，基于 Zr^{4+}-PO_4^{3-} 的强特异性作用以及 UiO-66 具有丰富活性位点和大比表面积的优势，该策略可用于构建新颖、优异的分析性能和可重复使用的适配体生物传感器，并有望应用于多种生物分子的检测。

4.2 基于杂交反应对普鲁士蓝信号抑制的 miRNA-122 传感检测技术

4.2.1 概述

MicroRNA-122（miRNA-122）是一种肝细胞特异性寡核苷酸，占肝脏总 miRNA 的 70%，在维持肝脏稳态和判断肝癌是否发生发挥重要作用，可将其作为一种新的诊断肝脏疾病和毒性的生物标志物[24-26]。最近，病理研究表明，miRNA-122 水平的下调可能导致肝肿瘤的转移和恶化，而恢复的 microRNA-122 表达水平可以延迟肝癌细胞（HCC）的增长和转移，甚至降低 HCC 的血管生成活性[27,28]。因此，快速、灵敏地监测 miRNA-122 水平对于 HCC 的早期诊断具有相当重要的意义。

电化学方法具有成本低、易于小型化、响应快和灵敏度高等优点，相较其他分析方法更适合生物标志物的即时检测[29-32]。在传统的电化学 DNA 杂交生物传感器中，信号来源主要分为两类：①外部电化学指示剂，如 $Ru[(NH_3)_5L][L=$3-(2-菲-9-乙烯基)-吡啶$]$[33] 和铜（Ⅱ）-吡啶甲酸螯合物[34]，可区分 DNA/DNA 或 DNA/RNA 等未杂交单链探针和杂交双链探针结构；②连接在探针末端的电活性分子，如亚甲基蓝（MB）[35] 和二茂铁（Fc）[36]，通过杂交反应改变探针 DNA 构型后呈现不同的信号强度。虽然这两种方法都是有效的，但电活性探针序列制作过程复杂，外部标记合成繁琐，限制了它们的应用。在此背景下，本实验基于杂交反应诱导的离子屏障效应及其对普鲁士蓝（PB）电化学信号的影响，制备了一种免标记且灵敏的电化学 miRNA 生物传感器（图 4-10）。

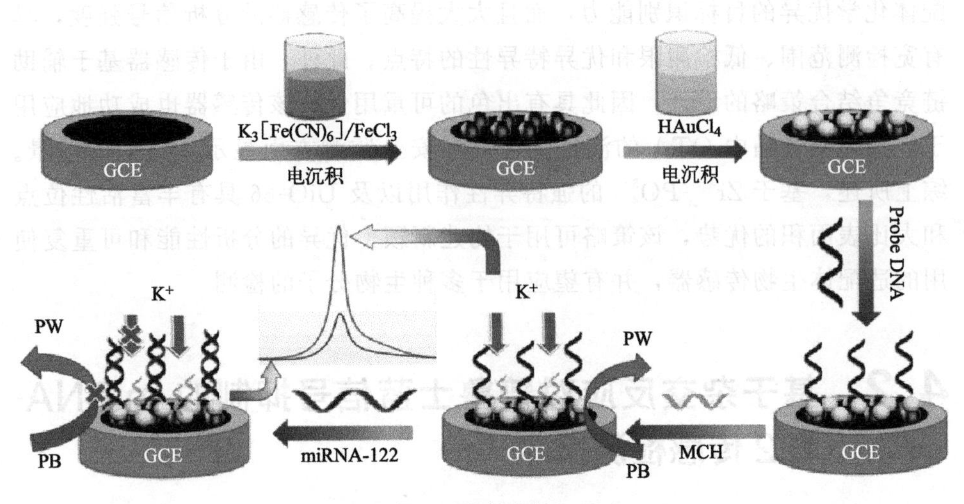

图 4-10 基于离子屏障效应的 miRNA-122 PB
基生物传感器制备和工作原理示意

为了实现这一设计，实验选择金纳米粒子（AuNP）与普鲁士蓝（PB）纳米复合材料作为传感材料，AuNP 是巯基-DNA 探针常用的固定化基质，同时它的导电特性能有效增强传感器信号；而 PB 是一种容易获得的材料，具有很好的电活性，有趣的是，它的电化学行为严格依赖于一定浓度的阳离子，如 K^+、Rb^+和 NH_4^+ 等[37]。首先通过两步电沉积工艺制备了 AuNP/PB 修饰玻碳电极（GCE），以 KNO_3 作为支撑电解液时，本体溶液中的 K^+ 自由扩散到电极表面，通过离子交换过程参与 PB 的氧化还原，产生强烈的氧化还原信号；在本工作中选择比含 Rb^+ 和 NH_4^+ 的溶液更常见和易得的 KNO_3 作为支持电解质提供阳离子。然后将巯基-DNA 探针通过 Au—S 键自组装化学方法固定在 AuNP/PB 修饰电极上，并与靶标 miRNA 杂交在电极表面形成 DNA/RNA 杂交层，这一过程不可避免地改变电极表面的状态并由于离子屏障效应阻止 K^+ 从本体溶液向电极表面自由扩散，从而抑制 K^+ 在电极上参与 PB 的氧化还原反应，降低固定有 PB 的电极的电化学信号。这种利用离子屏障效应的策略，无需使用外部标记和复杂的信号标记即可方便地监测靶标分子 miRNA。

4.2.2 纳米金-普鲁士蓝(AuNPs/PB)修饰电极的电化学制备

将裸 GCE 依次用 1.0 μm、0.3 μm、0.05 μm 的 Al_2O_3 粉末抛光处理

后，分别用乙醇、超纯水各超声处理 5 min，最后将电极表面用 N_2 吹干，备用。PB/GCE 的制备过程是参考文献中的电沉积方法，简单过程如下：将裸 GCE 浸没在 5 mmol/L $K_3[Fe(CN)_6]$、$FeCl_3 \cdot 6H_2O$ 和 0.1 mol/L KCl 组成的混合溶液中，通过循环伏安法（CV）循环扫描进行 15 个循环在裸 GCE 上电沉积 PB 膜，扫描电位区间：0～+1.0 V，扫描速度：50 mV/s。用超纯水小心淋洗电极，得到 PB/GCE。

将上述得到的 PB/GCE 置于 1 mmol/L $HAuCl_4$ 溶液中，采用循环伏安法（CV）循环扫描 30 圈进行纳米金在 PB/GCE 上的电沉积，扫描电位区间：在−0.5～0 V，扫描速度：100 mV/s。用超纯水小心淋洗电极，得到纳米金-普鲁士蓝修饰电极（AuNPs/PB/GCE）。

4.2.3 DNA 电化学传感界面的制备

将上述得到的 AuNPs/PB/GCE 浸泡在含 1 μmol/L 的探针 DNA 的 IB 溶液中，放置在 4 ℃冰箱中储存 6 h，获得 DNA/AuNPs/PB/GCE，然后浸泡 1 mmol/L MCH 溶液 2 h 以封闭多余的纳米金上的活性位点。最终获得 MCH/DNA/AuNPs/PB/GCE。

4.2.4 传感界面的物性表征

采用扫描电子显微镜（SEM）对两步电沉积法在 GCE 上生长的 PB 和 AuNP 进行表征。在 GCE 上电合成 PB 后，可以观察到一些不规则的纳米颗粒［图 4-11(a)］，这一特性与文献报道的电合成 PB 相似，颗粒的平均尺寸为 145 nm±15 nm［图 4-11(a) 的插图］。当电极在 $HAuCl_4$ 溶液中进一步电化学扫描时，PB/GCE 上的初始形成的颗粒消失了，取而代之是大量较小且均匀的纳米颗粒［图 4-11(b)］，说明新形成的纳米颗粒均匀地覆盖在 PB 上，电化学实验表明新形成的纳米颗粒具有良好的电导率，这是 AuNPs 的典型特征。在元素分布表征中，AuNP/PB 的所有组成元素，包括 Fe，C，N，Au 都可以清楚地在图 4-11(c) 被观察到，这一结果说明 AuNP/PB 已在电极表面成功生长。

利用衰减全反射-傅里叶变换红外光谱（ATR-FTIR）对在 GCE 上电化学制备得到的 AuNP/PB 复合材料进行了表征，结果如图 4-11(d) 所示。PB/GCE 在测试范围内表现出几个特征吸收带，其中 2086 cm^{-1} 波段的峰归

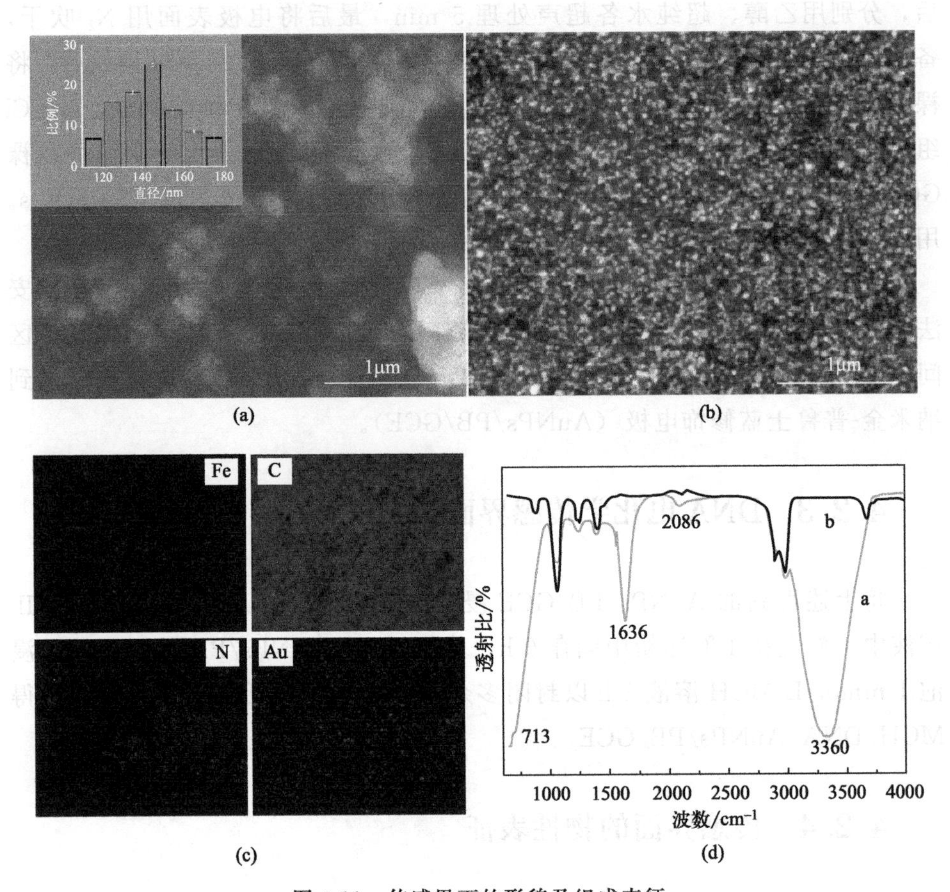

图 4-11　传感界面的形貌及组成表征

(a) PB/GCE 的 SEM 图；(b) AuNP/PB/GCE 的 SEM 图；(c) AuNP/PB 的元素分布图；

(d) PB/GCE 和 AuNP/PB/GCE 的 ATR-FTIR 光谱图

a—PB/GCE；b—AuNP/PB/GCE

因于 PB 的 Fe(Ⅱ)-CN-Fe(Ⅲ) 结构中 C≡N 的伸缩振动，713 cm^{-1} 处有一个小的肩峰，这是 Fe—C 伸缩振动引起的，1636 cm^{-1} 和 3360 cm^{-1} 处的强吸收带分别为—OH 和 H—O—H 的伸缩振动和弯曲振动，表明 PB 层上的间隙水分子和 Fe^{3+} 是以配位作用结合形成高自旋配合物。PB/GCE 在 $HAuCl_4$ 溶液中电沉积后，PB 和配位水分子的典型特征峰全部消失，说明 PB 已被新沉积的 AuNPs 包覆。

生物传感器的构建过程利用原子力显微镜（AFM）进行考察，相应的 PB/GCE、AuNP/PB/GCE、DNA/AuNP/PB/GCE 和 MCH/DNA/AuNP/PB/GCE 的俯视、三维（3D）和横截面图像显示在图 4-12 中。从图中可见，

PB/GCE 的俯视图可以观察到均匀的小颗粒，而其三维图像呈现出针状图像，最大峰相对高度（H）和平均粗糙度（R_a）分别为 1.72 nm 和 0.607 nm。经过 AuNP 修饰后，电极表面变得更加粗糙，H 值（5.78 nm）和 R_a 值（1.5 nm）明显增大。探针 DNA 在 AuNP/PB/GCE 表面固定后，H 和 R_a 值分别增加到 7.26 nm 和 2.33 nm，表明一维的 DNA 链已经组装在电极表面。此外，探针 DNA 未占据的 Au 位点被 MCH 分子填充后，H 和 R_a 值略有下降，分别为 7.22 nm 和 2.09 nm。

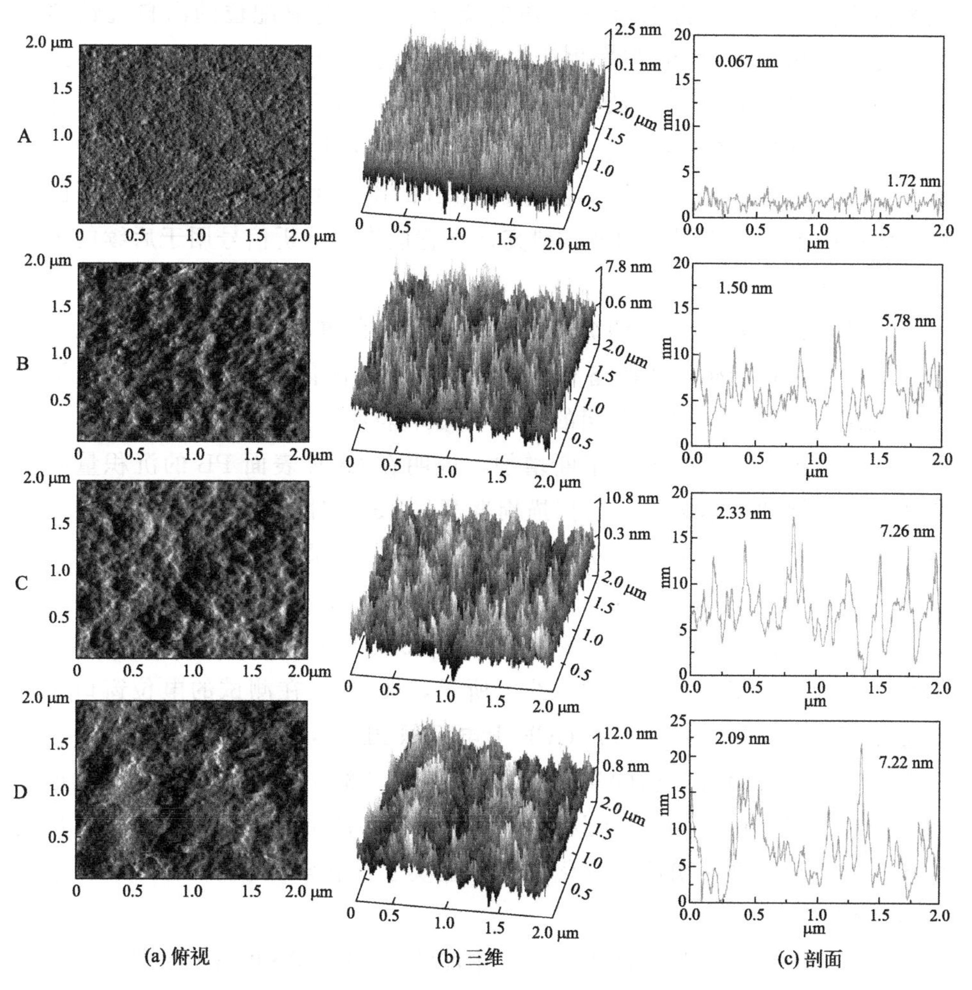

图 4-12　不同电极的俯视、三维和剖面 AFM 图

A—PB/GCE；B—AuNP/PB/GCE；C—DNA/AuNP/PB/GCE；D—MCH/DNA/AuNP/PB/GCE

4.2.5 PB修饰电极的电化学行为

本实验采用循环伏安法（CV）电化学沉积PB并研究其电化学行为。图4-13(a) 为在包含5 mmol/L $K_3[Fe(CN)_6]$ 和5 mmol/L $FeCl_3$ 的0.1 mol/L KCl电解液中裸GCE的连续CV曲线。如图所示，可观察到一对尖锐的可逆氧化还原峰和一对准可逆氧化还原峰，根据文献报道，前者出现在较低的电势范围内，式电势为0.18 V，该电位对应的是与氮配位的高自旋铁离子的氧化还原信号，即PB与普鲁士白（PW）之间的电子交换；而在0.97 V高电位处的是与碳配位的低自旋铁离子的氧化还原信号，即PB与柏林绿（BG）之间的电子交换信号。两对氧化还原峰强度均随着扫描次数的增加而增强，表明电化学沉积过程中电极表面PB的不断生长。由于低电位下的氧化过程的峰值电流更强，因此本研究选择它们作为分析信号用于后续的电化学传感应用。

另外，为了获得最佳的分析性能，即PB在电极上拥有最大电化学信号，实验对生物传感器的制备和测试条件进行了优化。实验研究了PB沉积的氧化还原峰电流与扫描周期的关系。结果表明，随着扫描循环次数（n）的增加，电极的还原峰电流不断增加，说明在GCE表面PB的沉积量随着扫描次数的增加逐渐增加。当扫描周期超过15次时，峰值电流没有进一步增加，说明PB在GCE上的沉积已达到饱和状态［图4-13(a)］。因此，选择15个循环的CV扫描作为在GCE上沉积PB最佳沉积循环。

此外，通过CV进一步研究GCE在0.8 mol/L KNO_3 中逐步修饰后的电化学行为。如图4-13(b) 中曲线a所示，裸GCE在测试的电位窗口中没有显示任何法拉第信号，而在GCE上电沉积PB后，在0.22 V和0.25 V处分别出现一对尖锐且对称的氧化还原峰［图4-13(b) 中曲线b］，氧化还原峰电位差接近0 mV，很好地说明了吸附在电极表面的电活性物质具有快速电子转移过程。这对明显的氧化还原峰证实了电化学沉积法在GCE上形成了电活性PB。

在AuNP/PB/GCE［图4-13(b) 中曲线c］上，PB的氧化还原峰较PB/GCE有所降低。这可能是由于PB的电活性部位被AuNP覆盖，抑制了PB与电解液中 K^+ 的接触。此外，在AuNP/PB/GCE（$\Delta E_p=27$ mV）上，氧化还原峰的峰电位差值比PB/GCE（$\Delta E_p=34$ mV）小，表明修饰AuNP后可以改善电极的电子转移动力学。

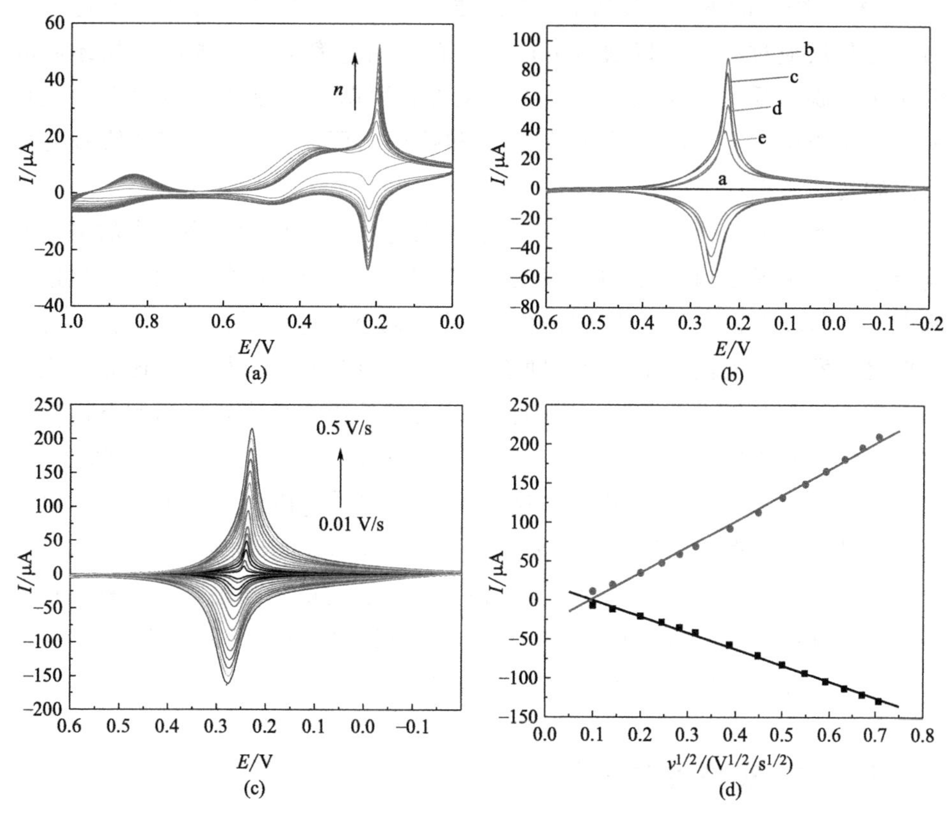

图 4-13 (a) PB电沉积过程循环伏安图；(b) GCE、PB/GCE、AuNP/PB/GCE、DNA/AuNP/PB/GCE和MCH/DNA/AuNP/PB/GCE在0.8 mol/L KNO_3 中的循环伏安图；(c) AuNP/PB/GCE不同扫速循环伏安图；(d) 值电流（I_p）与扫描速率的平方根（$v^{1/2}$）的关系曲线

a—GCE；b—PB/GCE；c—AuNP/PB/GCE；d—DNA/AuNP/PB/GCE；e—MCH/DNA/AuNP/PB/GCE

在AuNP/PB/GCE上进一步修饰DNA和MCH，PB的氧化还原峰电流相应降低［图4-13(b) 中曲线d和e］。这些变化表明，在AuNP/PB上加载DNA和MCH分子抑制了 K^+ 在电极表面的扩散，从而抑制了PB的电化学活性。

本实验还研究了扫描速率（v）对AuNP/PB/GCE电化学响应的影响。结果表明，修饰电极的氧化还原峰在所有扫描速率下都保持良好的对称性［图4-13(c)］，表明电极表面的氧化还原过程具有良好的可逆性。此外，氧化还原峰值电流（I_p）与扫描速率的平方根（$v^{1/2}$）呈线性相关［图4-13(d)］，表明电极表面的电化学行为是一个扩散控制过程。此电化学行为可以解释为PB相对缓慢的K^+扩散和K^+快速插入到PB的主体中的独特电化学行为。这种反应过程也可以通过电极在所有扫描速率下的清晰的氧化还原峰分布来反映。受这一结果启发，本书编著者团队发现基于电极表面的微环境变化会影响K^+在PB晶格中的扩散和插层，可以建立基于PB信号变化的生物传感策略。

实验考察了AuNPs/PB/GCE在不同浓度的KNO_3检测底液中的电化学响应信号，从图4-14(a)、(b)发现随着KNO_3溶液浓度的增大，氧化还原峰电流不断增大，并且氧化还原峰电位差值减小，这是因为普鲁士蓝与普鲁士白之间发生了氧化还原反应。随着K^+浓度的增加，参与氧化还原反应的三价铁离子增多，化学反应速率加快，氧化还原可逆性变好，因此电流信号增大。根据能斯特方程$E=E^{\ominus}+(0.0592/n)\ln([Fe^{3+}]/[Fe^{2+}])$，随着$K^+$浓度的增加，参与反应的$Fe^{3+}$浓度增大，$[Fe^{3+}]/[Fe^{2+}]$数值变大，电位正向移动，因此氧化还原峰电位差值减小。当KNO_3浓度为0.8 mol/L时，可以看出氧化还原峰信号基本不变，说明反应已达饱和状态，并且氧化还原峰电位差远小于60 mV，说明了普鲁士蓝有极好的氧化还原可逆性。因此，选择0.8 mol/L KNO_3溶液为实验的检测底液。

4.2.6 实验条件优化

实验通过将AuNP/PB/GCE在含有1.0 μmol/L探针DNA溶液中浸泡不同时间后的信号变化优化探针DNA在电极上的组装时间，结果如图4-14(c)和(d)所示，图中差分脉冲伏安图(DPV)响应信号随着浸泡时间的延长而减小，6 h后峰值基本保持不变，说明探针DNA在电极表面的修饰量达到饱和。因此，探针DNA固定的最佳时间为6 h。随后，实验通过改变生物传感器在1.0 nmol/L目标miRNA-122中的孵育时间，考察生物传感器与目标miRNA-122的最佳杂交时间。结果表明，随着杂交时间的延长，生物传感器的DPV信号逐渐减小，杂交时间为60 min时信号达到最小[图4-14(e)和(f)]。因此，传感器检测miRNA-122的最佳杂交时间为60 min。

4.2.7 miRNA-122杂交分析性能

本实验所开发的生物传感器通过与不同浓度的miRNA-122杂交来评估其分析灵敏度。图4-15(a)为在0～1.0 nmol/L范围内，生物传感器与不同

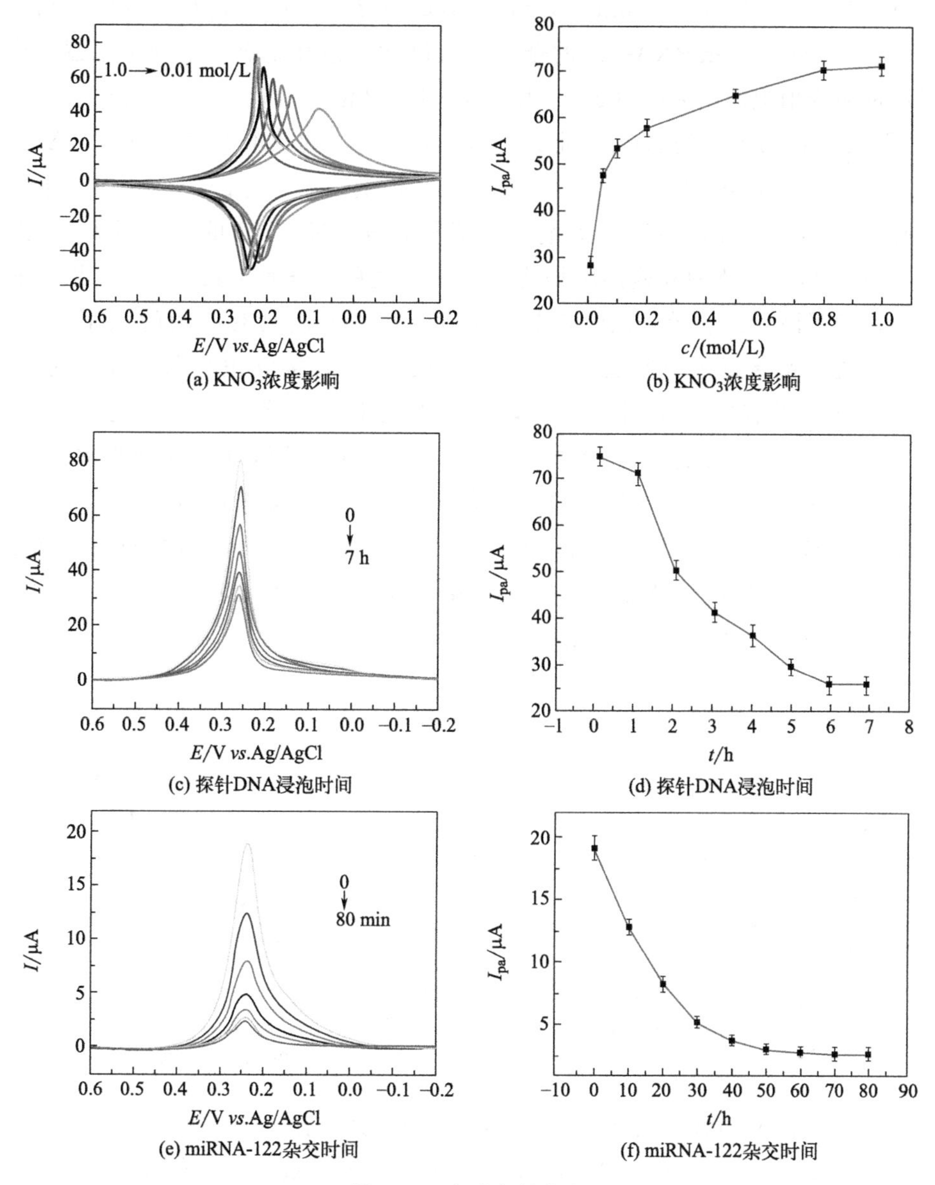

图 4-14 实验条件优化

浓度 miRNA 反应后相应的 DPVs。实验结果表明，miRNA-122 浓度从 0.1 fmol/L 增加到 1.0 nmol/L 时，电极表面 PB 的 DPV 信号逐步降低，表明电极表面形成了越来越多的杂交双螺旋结构，阻碍了 K^+ 的接近，抑制了 PB 与 PW 之间的电化学转化。这也证明了探针 DNA 与靶 miRNA-122 的杂交反应可以简单地通过 PB 在电极表面诱发的电化学信号变化来体现。当靶标 miRNA 浓度大于 1.0 nmol/L 时，PB 的电化学响应变化几乎可以忽略不计，说明 DNA 与 miRNA-122 的杂交反应已达到饱和状态。生物传感器杂交反应前后峰值电流的差异（ΔI_p）和 miRNA-122 浓度的负对数（$-\lg c_{\text{miRNA-122}}$）（范围从 0.1 fmol/L 到 1.0 nmol/L）［图 4-15(b)］的校准方程为 $\Delta I_p(\mu A)=2.0\lg[c_{\text{miRNA-122}}(\text{mol/L})]-32.82$，$R=0.99$，呈现出良好的线性关系，根据信噪比（$S/N$）=3，估算出该生物传感器对 miRNA-122 的检出限为 0.021 fmol/L，其线性范围和检出限均优于此前报道的 miRNA-122 分析结果（表 4-3），表明该传感器在 miRNA-122 的灵敏检测方面具有广阔的应用前景。该传感器的高灵敏度可归因于以下几个原因：①直接沉积在电极表面的 PB 具有优异的固有电化学活性，这有助于体现生物传感器的高电化学响应；②PB 修饰的电极表面上 K^+ 参与电化学反应对电极的微环境变化非常敏感，使得生物传感器的杂交灵敏度显著提高。此外，与之前报道的基于滚环扩增（RCA）、核酸酶辅助目标再循环和纳米材料标记的生物传感器相比，基于 K^+ 扩散依赖的生物传感器具有制作简单、成本低的优点，这使得该生物传感器具有可用于实际检测 miRNA 的潜力。

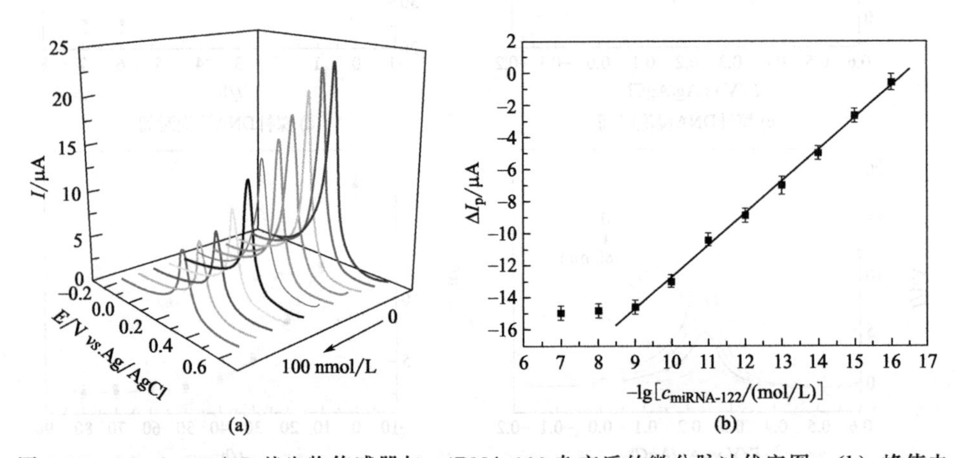

图 4-15 (a) AuNP/PB 基生物传感器与 miRNA-122 杂交后的微分脉冲伏安图；(b) 峰值电流差（ΔI_p）与 miRNA-122 浓度的负对数（$-\lg c_{\text{miRNA-122}}$）的关系曲线

表 4-3 比较不同传感技术对 miRNA-122 的分析性能

传感材料	方法	线性范围	检出限
聚乙烯亚胺/Zr^{4+}	纳米流体技术	100 amol/L～1.0 pmol/L	97.2 amol/L
—	荧光法	5.0 nmol/L～1.0 μmol/L	5 nmol/L
—	荧光法	500 pmol/L～50 nmol/L	72 pmol/L
CdTe 量子点	共振光散色光谱	160 pmol/L～4.8 nmol/L	9.4 pmol/L

续表

传感材料	方法	线性范围	检出限
银纳米簇	荧光法	150 pmol/L～12 nmol/L	84 pmol/L
聚多巴胺球	化学发光	80 pmol/L～100 nmol/L	49.6 pmol/L
中空银纳米球	表面增强拉曼散射	10 fmol/L～100 nmol/L	240 fmol/L
—	共振光散色光谱	200 pmol/L～10 nmol/L	98 pmol/L
AuNP/PB	伏安法	0.1 fmol/L～1.0 nmol/L	0.021 fmol/L

4.2.8 传感器选择性、重现性

通过对比生物传感器与 1.0 nmol/L miRNA-122、1.0 nmol/L miRNA-29、1.0 nmol/L miRNA-21 和三种 miRNA 混合物分别反应后的信号响应变化，考察传感器的特异性，DPV 结果及其柱状图分别显示在图 4-16(a) 和图 4-16(b) 中。图中可以观察到，生物传感器与对照 miRNA（miRNA-21 和 miRNA-29）相互作用后，峰值强度没有明显变化，说明在电极表面没有发生杂交反应；而在与 miRNA-122 杂交的电极上，峰值电流显著降低，说明电极表面的杂交反应阻碍 K^+ 接近电活性 PB 材料从而引起信号降低。将生物传感器与 miRNA-122、miRNA-21 和 miRNA-29 混合溶液杂交，电极的峰值电流也降低了，且与纯 miRNA-122 杂交电极的峰值电流非常接近，说明该生物传感器可以选择性地识别复杂溶液中的靶标 miRNA，进一步验证了生物传感器的高特异性。

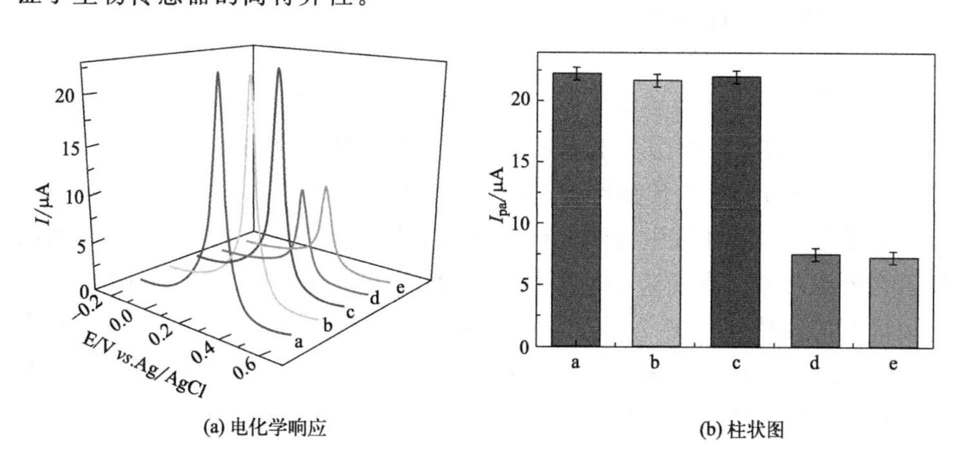

(a) 电化学响应

(b) 柱状图

图 4-16 特异性实验电化学响应及柱状图

a—空白；b—miRNA-29；c—miRNA-21；d—1.0 nmol/L miRNA-122；e—miRNA 混合液

将制备的生物传感器储存在冰箱（4 ℃）中，每隔两天测量其电化学信号，以研究其稳定性。结果表明，在储存 10 天后，制备的生物传感器的伏安信号仍保持 90.4%，表明 AuNP/PB 复合基生物传感器在低温储存时具有可接受的稳定性［图 4-17(a)］，其原因可能为无机传感材料 AuNP/PB 具有良好的化学稳定性和探针 DNA 通过 Au—S 键在电极表面牢固组装。此外，实验平行构建了 5 个传感器用于检测 1.0 nmol/L 的 miRNA-122，其相对标准偏差为 5.6%［图 4-17(b)］，表明所建立的方法对 miRNA 的检测具有良好的重现性。

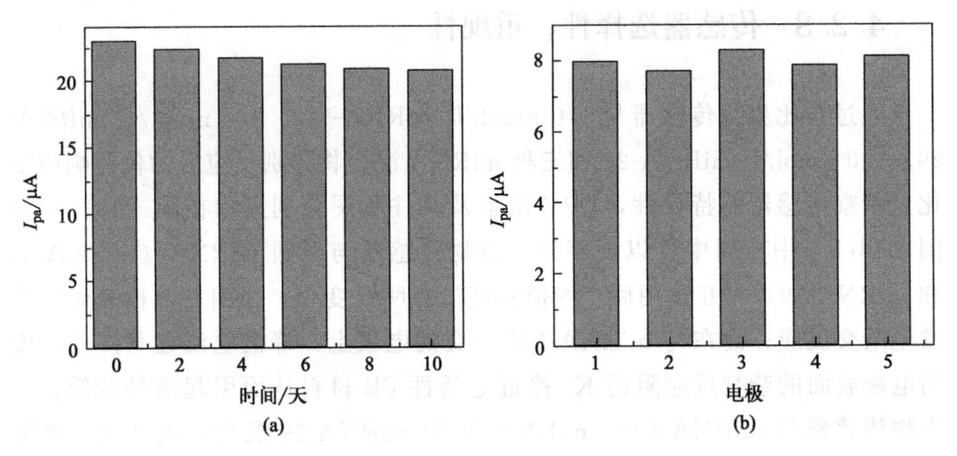

图 4-17 (a) 传感器的稳定性实验数据；(b) miRNA-122 检测重现性实验数据

4.2.9 血清实际样品分析

为了进一步评估传感器对复杂生物样品的分析性能，采用稀释 10%的人血清作为 miRNA-21 实际样分析模型的基底。在优化的实验条件下，应用基于 AuNP/PB 的生物传感器检测添加不同浓度 miRNA-122 的人血清样品时，信号与空白缓冲液中得到的信号相比有轻微的变化（图 4-18），这表明该生物传感器可以在复杂环境中很好地捕捉目标 miRNA-122。miRNA-122 添加浓度的回收率分别为 108%（0.01 nmol/L）、98%（0.1 nmol/L）和 107%（1.0 nmol/L）（表 4-4），表明了所开发的生物传感器在复杂生物样品中检测 miRNA-21 的巨大潜力。

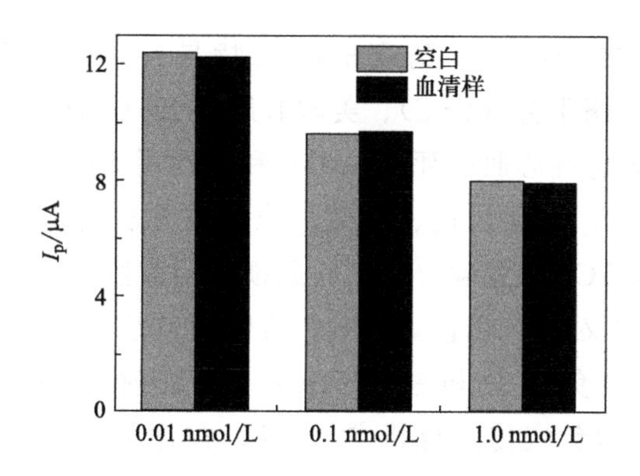

图 4-18 空白液和血清样品中标准加入实验数据

表 4-4 使用该生物传感器测定血清样品中的 miRNA-122

血清样本	加标量/(nmol/L)	检测量/(nmol/L)	回收率/%
1	0.0100	0.0108	108
2	0.100	0.0980	98.0
3	1.00	1.07	107

4.2.10 展望

综上所述，基于 PB 电沉积的 K^+ 依赖电化学反应原理，本实验提出了一种免标记、灵敏的 HCC-特异性 miRNA-122 电化学生物传感器。探针 DNA 与靶标 miRNA 杂交后，形成的双螺旋结构通过离子势垒效应阻止本体溶液中 K^+ 向电极表面的靠近，导致 PB 的电化学响应降低。由于 PB 的高电活性及其对 K^+ 的依赖性，使得所开发的生物传感器具有超高的灵敏度。此外，依赖 K^+ 扩散的 miRNA-122 生物传感器与以往报道的 miRNA 生物传感器相比，具有制作简单、成本低的优点，在实际应用中对 HCC 的早期诊断具有很大的应用前景。

4.3 基于 MIL-101(Fe) 纳米酶性能的肌钙蛋白 I 电化学免疫传感器

4.3.1 概述

心肌肌钙蛋白Ⅰ（Cardiac troponin Ⅰ，cTnⅠ）作为组成心肌肌钙蛋白复合物的亚单元之一，具有高度的心肌特异性，已被美国心脏病学会(ACC)、欧洲心脏病学会（ESC)、美国心脏协会（AHA）和中华医学会心血管病分会确定为急性心肌梗死（AMI）和急性冠状综合征（ACS）诊断的“金标准”[38]。因此，建立快速、灵敏、准确的方法用于人血中 cTnⅠ的检测，对于 AMI 和 ACS 的危险分层、心肌损伤因素监测、心肌损伤预后等都具有重要的临床意义[39]。目前，cTnⅠ的检测方法主要有酶联免疫吸附法(ELISA)[40]、荧光免疫分析法（FIA)[41]、放射性同位素免疫分析法(RIA)[42] 和电化学免疫传感分析[39,43] 等。在这些方法中，电化学免疫传感分析因具有响应快、设备简单、易于微型化等优点而备受关注。但是，目前报道的电化学 cTnⅠ免疫传感器通常依据信号分子或生物酶在 cTnⅠ抗体上的标记实现信号输出，增加了传感器的制备成本。因此，开发免标记电化学免疫传感器用于 cTnⅠ检测将有利于该类传感器制备成本的降低及其在实际应用中的推广。

电化学研究表明，当电极界面的微环境发生变化，并通过溶剂化作用和双电层作用影响电极周围电解质溶液的离子浓度、电荷属性及本体溶液中电活性分子向电极表面扩散的动力学性能时，电极的电化学/电催化反应也会发生相应变化[44,45]。基于此，将具有电催化活性的模拟酶固定在电极表面，进一步嫁接生物传感元件（如抗体）用于与待测目标物（如抗原）发生生物(免疫）反应，在电极表面形成二者复合物，改变电极表面的微环境，进而影响模拟酶的电催化性能，达到对目标抗原的检测。与传统标记型免疫传感分析方法相比，该策略无需生物标记，制备简单，模拟酶直接固定在电极表面，有利于产生更强的催化信号。

MIL-101(Fe) 作为一种经典 MOF，因其具有不饱和的金属位点、大的比表面积和可调的结构组成而具备优异的电化学/电催化能力，在电化学领域展现出了广阔的应用前景[46,47]。MIL-101(Fe) 易于制备且具有稳定的化学结构，将其作为基底材料，其羧酸配体残基可作为活性位点用于生物探针的共价固定，从而用于稳定传感界面的构建。同时，MIL-101(Fe) 优异的过氧化物模拟酶活性能有效地催化 H_2O_2 的还原反应，可用于以 H_2O_2 为底物的电化学传感器的构建。

该实验以 MIL-101(Fe) 作为传感平台，构建基于免疫反应对 MIL-101(Fe) 电催化性能影响的免标记 cTnⅠ电化学传感器（图 4-19)。首先，将具有高导电性的氨基化石墨烯（NH_2-GR）修饰到玻碳电极（GCE）表面，然后，采用共价键合法依次将 MIL-101(Fe) 和 cTnⅠ抗体（anti-cTnⅠ）逐层固定

在 NH_2-GR 修饰玻碳电极表面，完成 cTnⅠ传感识别界面的构建。一方面，NH_2-GR 作为一种高导电二维纳米材料能有效促进传感界面的电子转移动力学，提升 MIL-101(Fe) 电催化响应信号强度；另一方面，其表面修饰的—NH_2 可作为共价耦合功能基团用于 MIL-101(Fe) 在羧基化玻碳电极表面的共价固定，提高传感界面的稳定性。当溶液中含有目标物时，电极表面抗体与溶液中的 cTnⅠ发生特异性结合，形成的抗原抗体复合物改变电极界面的微观环境，抑制了 MIL-101(Fe) 对 H_2O_2 的电催化活性，实现对 cTnⅠ的特异、灵敏检测。该实验为新型 cTnⅠ传感器的构建提供了新的思路。

4.3.2 MIL-101(Fe)的合成

通过简单的溶剂热法合成 MIL-101(Fe)，具体步骤如下：将 0.268 g (0.992 mmol) $FeCl_3 \cdot 6H_2O$ 和 0.082 g(0.492 mmol) H_2BDC 依次加入盛有 8 mL DMF 的烧杯中，搅拌溶解，得到橙黄色澄清溶液，将上述混合液转移至 Teflon 衬里的不锈钢高压釜中，105 ℃反应 20 h 后，自然冷却至室温，将反应液离心分离，所得固体产物用 DMF 和乙醇分别洗涤 3 次，并在 60 ℃条件下真空干燥 12 h，最终得到棕黄色产物 MIL-101(Fe)。

4.3.3 MIL-101(Fe)/氨基化石墨烯修饰电极的制备

为提高修饰电极的稳定性，采用共价键合法将 NH_2-GR 固定在电极表面。首先采用机械打磨法在 0.05 μm Al_2O_3 浆糊上对 GCE 进行抛光后，在乙醇、超纯水中各超声处理 5 min 以除去电极表面的污染物，将处理干净的 GCE 置于氧化性混合液（2.5% $K_2Cr_2O_7$ + 10% HNO_3）并用电化学法在 +1.5 V 下氧化 15 s，活化电极表面，使其表面产生—COOH 等含氧功能基团。将表面羧基化的 GCE 浸于 200 μL 含有 5.0 mmol/L EDC 和 8.0 mmol/L NHS 的 0.1mol/L PBS（pH=7.0）溶液中活化 2 h，自然晾干后用超纯水淋洗干净。取 10 μL 1 g/L NH_2-GR 分散液滴涂在活化后 GCE 表面，自然晾干，得到 NH_2-GR 共价修饰电极。

称取 1 mg MIL-101(Fe) 分散在 1 mL 活化液（5.0 mmol/L EDC + 8.0 mmol/L NHS）中，振荡 5 min，得到棕黄色的 MIL-101(Fe) 分散液。静置 2h 使 MIL-101(Fe) 表面—COOH 充分活化，取 10 μL 活化后的 MIL-101(Fe) 溶液滴涂到 NH_2-GR/GCE 表面，自然晾干，MIL-101(Fe)

与 NH_2-GR 通过共价作用发生反应，用超纯水淋洗除去电极表面未固定的 MIL-101(Fe)，制得 MIL-101(Fe)/NH_2-GR 修饰电极 [MIL-101(Fe)/NH_2-GR/GCE]。

4.3.4 肌钙蛋白传感器的制备

基于蛋白质分子残余氨基与羧基的共价键合反应，将 anti-cTnⅠ共价修饰到 MIL-101(Fe) 表面，构建免疫传感器。实验步骤如下：取 10 μL 含 4 mg/L anti-cTn 的免疫组化 PBS 溶液滴涂到 MIL-101(Fe)/NH_2-GR/GCE 表面，加橡胶帽保护放置冰箱 3 h，取出超纯水淋洗，制得 anti-cTnⅠ修饰电极。最后将修饰电极在 200 μL 1% BSA 溶液中浸泡 2 h，封闭 MIL-101(Fe) 上剩余的活性位点，最终制得 cTnⅠ电化学传感器。

4.3.5 免疫检测及电化学检测

将传感器浸入含不同浓度 cTnⅠ的 0.1 mol/L 免疫组化 PBS (pH=7.4) 溶液中，在室温下反应 50 min，取出用 0.1 mol/L 免疫组化 PBS (pH=7.4) 溶液淋洗，再在含有 5 mmol/L H_2O_2 的 0.1 mol/L PBS (pH=7.0) 溶液进行计时安培检测，应用电位值为 −0.6 V。电极的制备过程以含有 5.0 mmol/L$[Fe(CN)_6]^{3-/4-}$的 0.5 mol/L KCl 为信号探针，采用循环伏安 (CV) 和电化学阻抗 (EIS) 进行表征。CV 电位区间：−0.2～+0.6 V，扫描速率：0.1 V/s；EIS 测试频率：1～10^5 Hz，测试电压：0.245 V (图 4-19)。

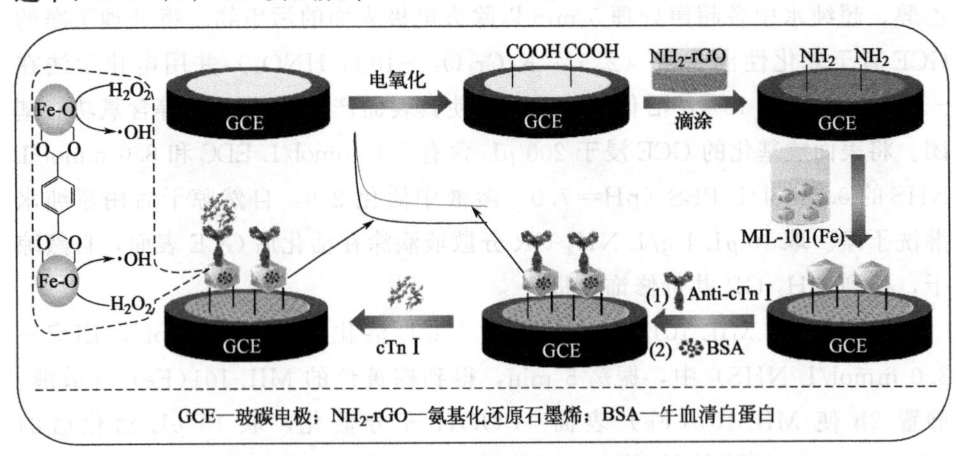

图 4-19 MIL-101(Fe) 基 cTnⅠ免标记电化学传感器构建及分析应用示意

4.3.6 MIL-101(Fe)的物理表征

采用扫描电镜（SEM）、能量色散X射线谱（EDS）、X射线衍射分析（XRD）和傅里叶红外光谱（FT-IR）等方法对材料的形貌和组成进行表征。图4-20(a)为MIL-101(Fe)的SEM表征图，如图所示，MIL-101(Fe)颗粒大小均匀，为形貌规整的正八面体结构，与文献报道的MIL-101(Fe)形貌一致。图4-20(b)为合成的MIL-101(Fe)各元素的EDS，结果表明与MIL-101(Fe)组成对应的Fe、C、O等元素均可在材料表面被检测到。XRD表征结果显示，MIL-101(Fe)所有衍射峰与同类型材料MIL-101(Cr)(CCDC 605510)高度匹配[图4-20(c)]，表明二者具有类似的晶体结构[图4-20(c)插图]。根据晶体结构分析，MIL-101(Fe)在5.2°、6.0°、

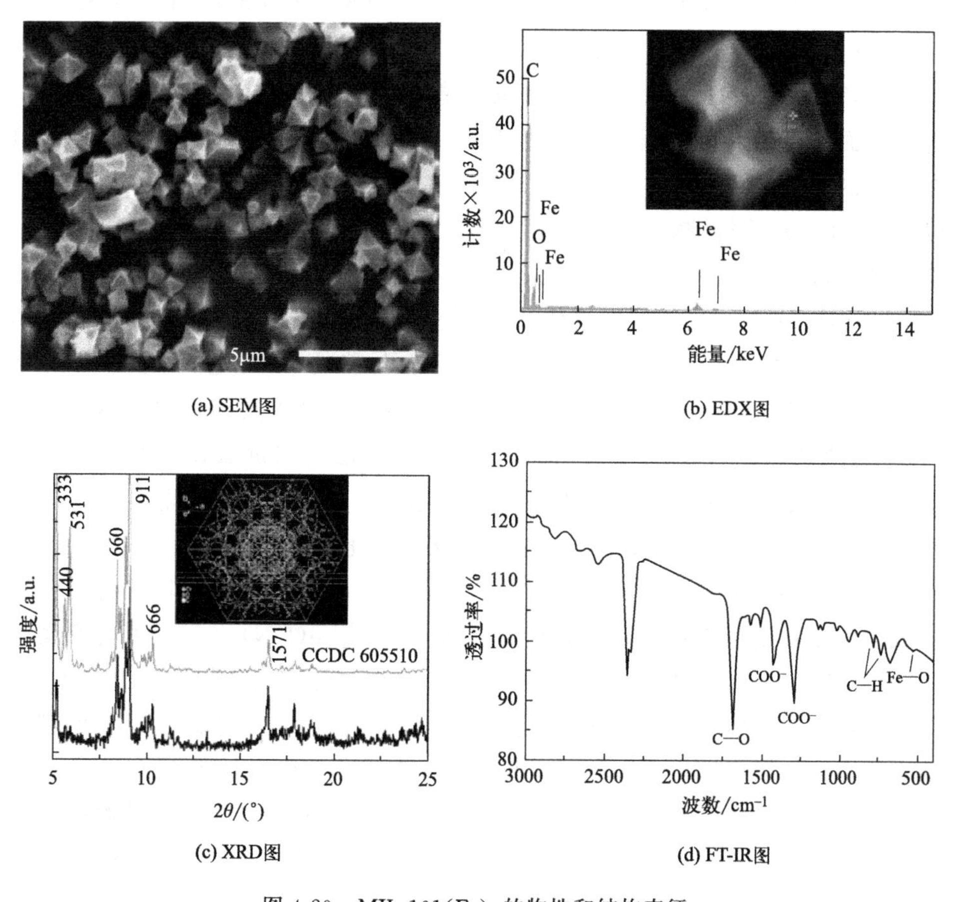

(a) SEM图

(b) EDX图

(c) XRD图

(d) FT-IR图

图4-20 MIL-101(Fe)的物性和结构表征

8.5°、9.1°、10.4°、16.5°处强衍射峰可分别归属于（333）、（531）、（660）、（911）、（666）和（1571）晶面。图 4-20(d) 为 MIL-101(Fe) 的傅里叶红外光谱图。由图可见，在 673 cm^{-1} 有对应于 Fe—O 键的收缩振动峰，证实了金属-有机配位键的存在。图中 734 cm^{-1} 和 783 cm^{-1} 处的吸收峰为苯环上的 C—H 弯曲振动。另外，在 1685 cm^{-1} 和 1424 cm^{-1} 处尖峰，可分别归属于对苯二甲酸配体上—COO^- 的不对称和对称振动，表明产物中对苯二甲酸配体上的 C—O 键在合成过程中未发生断裂。综上表征结果可知，通过溶剂热法制备得到的材料为 MIL-101(Fe)。

4.3.7 传感界面的电化学表征及电催化性能

图 4-21 为传感器逐步构建的循环伏安和电化学阻抗表征结果。由图 4-21(a) 可知，NH_2-GR/GCE（曲线 b）与 GCE（曲线 a）相比，电化学探针 $[Fe(CN)_6]^{3-/4-}$ 的氧化还原峰电流明显增大且峰电位差从 129 mV 减至 75 mV，说明 NH_2-GR 的高电子传导能力有效促进了 $[Fe(CN)_6]^{3-/4-}$ 在电极表面的电子转移过程。该结论与图 4-21(b) 中 NH_2-GR/GCE（曲线 b）在高频区的电子转移阻抗值（R_{ct} = 0.07 kΩ）比 GCE（曲线 a）阻抗值（R_{ct}=0.18 Ω）明显减小的结果相一致。而当将活化的 MIL-101(Fe) 共价键合到 NH_2-GR 电极表面后，$[Fe(CN)_6]^{3-/4-}$ 的氧化还原峰电流显著降低[图 4-21(a)，曲线 c]，同时，电化学阻抗图中 R_{ct} 值增至 0.73 kΩ [图 4-21(b)，曲线 c]，这是因为 MIL-101(Fe) 的弱导电能力及负电荷羧酸根残基（—COO^-）阻碍了 $[Fe(CN)_6]^{3-/4-}$ 在电极表面的电子转移，说明 MIL-101(Fe) 已成功固定在 NH_2-GR/GCE 上。进一步通过共价法在 MIL-101(Fe) 上固定上 anti-cTnⅠ后，修饰电极在 $[Fe(CN)_6]^{3-/4-}$ 中的氧化还原峰进一步减小 [图 4-21(a)，曲线 d]，与之对应的电化学阻抗值也相应增大，R_{ct} 值达到 0.76 kΩ [图 4-21(b)，曲线 d]，表明 anti-cTnⅠ作为非导电大分子已成功固定在电极表面，形成的绝缘层阻挡了 $[Fe(CN)_6]^{3-/4-}$ 在电极表面的电子转移。用 BSA 封闭 MIL-101(Fe) 上多余的活性位点后，$[Fe(CN)_6]^{3-/4-}$ 氧化还原峰电流继续减小 [图 4-21(a)，曲线 e]，R_{ct} 值继续增大，达到 1.13 kΩ [图 4-21(b)，曲线 e]，表明固定到电极表面的 BSA 进一步阻碍了 $[Fe(CN)_6]^{3-/4-}$ 向电极表面的扩散，可以有效防止干扰物质在电极表面的非特异性吸附。传感器与目标 cTnⅠ进行反应后，$[Fe(CN)_6]^{3-/4-}$ 氧化还原峰进一步降低，同时峰电位差增至 279 mV [图 4-21(a)，曲线 f]，

相应的阻抗图上的 R_{ct} 值增至 1.56 kΩ［图 4-21(b)，曲线 f］，表明该传感器能有效识别 cTnⅠ目标分子，并引起电极界面状态的变化。

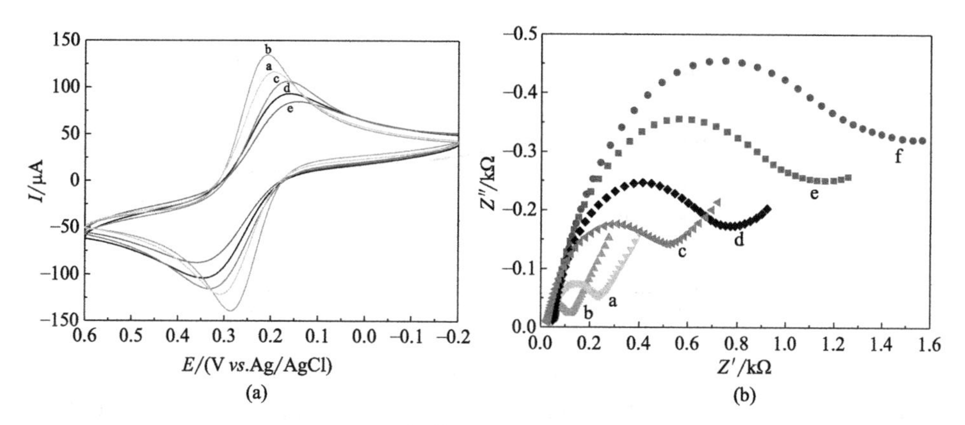

图 4-21　不同电极在 $[Fe(CN)_6]^{3-/4-}$ 中的循环伏安 (a) 和电化学阻抗表征 (b)

a—GCE；b—NH_2-GR/GCE；c—MIL-101(Fe)/NH_2-GR/GCE；d—anti-cTnⅠ/MIL-101(Fe)/NH_2-GR/GCE；e—BSA/anti-cTnⅠ/MIL-101(Fe)/NH_2-GR/GCE；f—cTnⅠ/BSA/anti-cTnⅠ/MIL-101(Fe)/NH_2-GR/GCE

以 H_2O_2 为底物采用计时安培法考察复合传感材料 MIL-101(Fe)/NH_2-GR 的电催化性能及 anti-cTnⅠ的固定对其催化性能的影响，结果如图 4-22 所示，MIL-101(Fe)/NH_2-GR 修饰电极在不含 H_2O_2 的 0.1 mol/L PBS (pH=7.0) 空白溶液中，只有很低的背景电流（曲线 a）；当 PBS 溶液中加入 H_2O_2，稳态催化电流显著增大（曲线 d），表明 MIL-101(Fe)/NH_2-GR 具有过氧化氢模拟酶催化活性。另一方面，实验分别制备了 MIL-101(Fe) 和 NH_2-GR 修饰电极，并考察了它们对 H_2O_2 的催化活性。结果显示，H_2O_2 在 NH_2-GR 修饰电极上没有观察到明显的催化电流（曲线 b），表明 NH_2-GR 不具有模拟酶活性；而 H_2O_2 在 MIL-101(Fe) 修饰电极上稳态电流明显增大（曲线 c），证实 MIL-101(Fe)/NH_2-GR 复合材料的模拟酶催化活性主要来自 MIL-101(Fe)。同时，单一 MIL-101(Fe) 修饰电极的稳态催化电流值小于复合材料，说明 NH_2-GR 的高导电性有助于复合材料催化活性的增强。当 MIL-101(Fe)/NH_2-GR 修饰电极表面固定上 anti-cTnⅠ后，稳态催化电流出现降低（曲线 e），表明电极表面固定的生物大分子 anti-cTnⅠ能有效抑制 MIL-101(Fe) 对 H_2O_2 的催化作用。

本节考察了不同扫描速度对 MIL-101(Fe)/NH_2-GR/GCE 在 5 mmol/L $[Fe(CN)_6]^{3-/4-}$ 溶液中电化学响应的影响。由图 4-23(a) 可知，在扫描速度

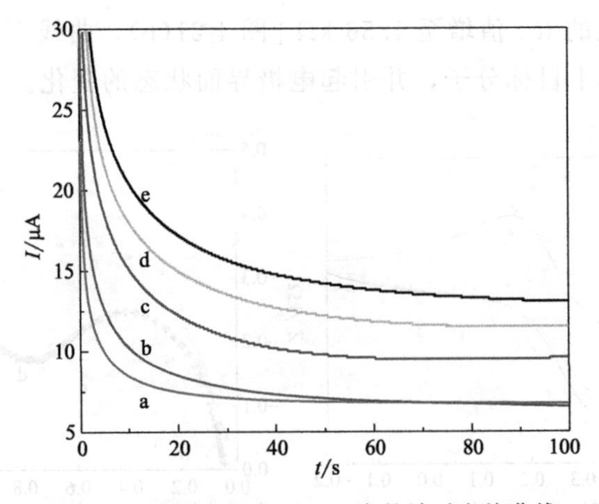

图 4-22　不同电极在 H_2O_2 中的计时安培曲线

a—MIL-101(Fe)/NH_2-GR/GCE，空白 PBS 溶液；b—NH_2-GR/GCE；c—MIL-101(Fe) /GCE；d—MIL-101(Fe)/NH_2-GR/GCE；e—anti-cTn I /MIL-101(Fe)/NH_2-GR/GCE，含 5 mmol/L H_2O_2

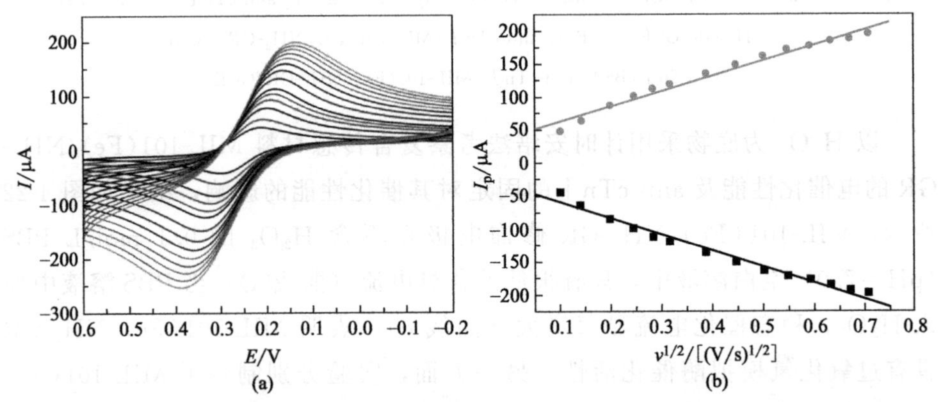

图 4-23　MIL-101(Fe)/NH_2-GR/GCE 在［$Fe(CN)_6$］$^{3-/4-}$ 溶液中不同扫速下的循环伏安曲线和（b）峰电流（I_p）与扫描速度平方根（$v^{1/2}$）的关系曲线

不断增大的过程中，氧化还原峰电流信号也随着不断增大；如图 4-23(b) 所示，氧化还原峰电流信号与 $v^{1/2}$ 呈现出良好的线性关系。其回归方程分别是

$$I_{pa}(\mu A)=-36.11-241.4v^{1/2}[(V/s)^{1/2}],R=0.9910$$

$$I_{pc}(\mu A)=38.75-232.5\ v^{1/2}[(V/s)^{1/2}],R=0.9900$$

说明［$Fe(CN)_6$］$^{3-/4-}$ 在修饰电极表面的电化学行为主要受扩散控制影响。

4.3.8　实验条件优化

为获得传感器的最佳检测性能，实验分别对 NH_2-GR 的修饰量、anticTnⅠ固定时间及传感器与cTnⅠ免疫时间进行优化。图4-24(a)为GCE表面修饰不同体积(V)NH_2-GR分散液(1g/L)后在$[Fe(CN)_6]^{3-/4-}$测得的电子转移阻抗值(R_{et})与V的关系曲线。由图4-24(b)可知，随着NH_2-GR滴涂量的增加，阻抗值R_{et}逐渐降低，当NH_2-GR修饰量达到10 μL，阻抗值达到稳定，说明NH_2-GR对电活性物质在电极表面的电子转移促进能力达到最大，因此NH_2-GR分散液的最佳修饰量确定为10 μL。

将活化后的MIL-101(Fe)/NH_2-GR/GCE浸入4mg/L anti-cTnⅠ溶液中进行抗体固定，通过阻抗法考察anti-cTnⅠ固定时间(t_1)对电极电化学阻抗的影响。结果表明阻抗值R_{et}随着反应时间延长而不断增大；当浸泡时间达到3h，R_{et}达到最大的稳定值[图4-24(c)和(d)]，说明anti-cTnⅠ在MIL-101(Fe)/NH_2-GR/GCE表面的固定达到饱和，因此，本实验选择3 h为anti-cTnⅠ的固定时间。

cTnⅠ与抗体在传感器表面的免疫反应时间(t_2)对阻抗值的影响如图4-24(e)所示。结果显示[图4-24(f)]，随着免疫反应时间的延长，R_{et}阻抗值也逐渐变大，说明电极表面由免疫反应形成的抗原抗体复合物不断增多。当反应时间为50 min时，阻抗值不再发生明显增大，表明anti-cTnⅠ与cTnⅠ在电极表面的免疫反应达到平衡，因此选择50 min作为本实验cTnⅠ的作用时间。

通过计时安培法考察传感器在不同应用电位(E_a)下对H_2O_2催化还原性能的影响，结果显示，当E_a从−0.3 V降至−0.6 V，所得的稳态催化电流值不断升高，之后趋于稳定。因此本实验均采用−0.6 V作为应用电位用于计时安培分析。

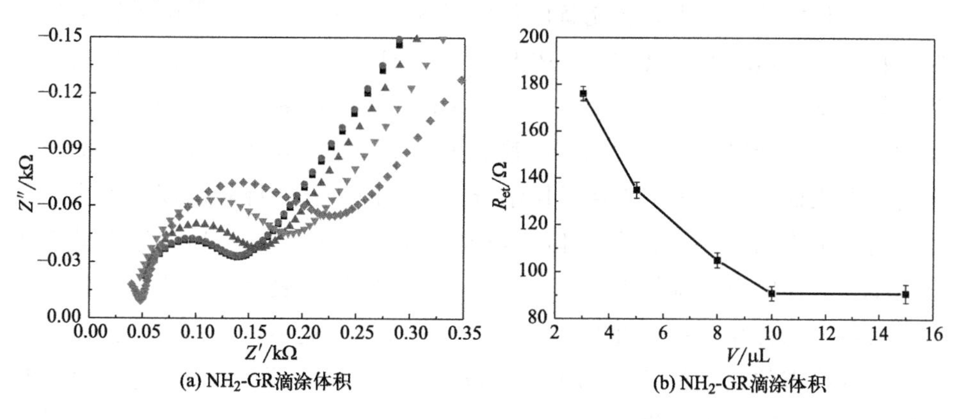

(a) NH_2-GR滴涂体积　(b) NH_2-GR滴涂体积

图4-24

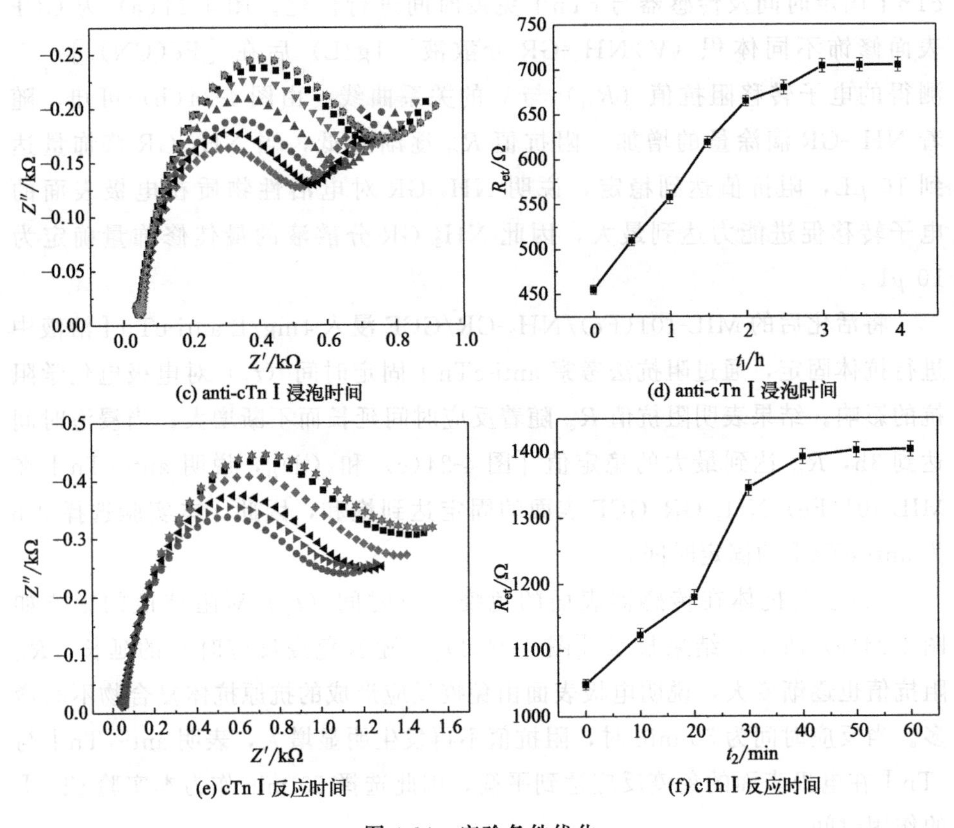

图 4-24　实验条件优化

4.3.9 cTn Ⅰ 的电化学免疫分析性能

在最佳实验条件下，将制备的传感器置于不同浓度 cTn Ⅰ 中进行免疫反应，再在含 5 mmol/L H_2O_2 的 PBS（0.1 mol/L，pH＝7.0）溶液中进行计时安培测试，结果如图 4-25(a) 所示。由图可知，随着目标分子 cTn Ⅰ 浓度的增大，通过计时安培法所测得的稳态催化电流逐渐降低，说明 anti-cTn Ⅰ 在传感器表面与 cTn Ⅰ 发生特异性结合，形成的复合物屏蔽层逐渐增多，屏障层对电极表面微环境的影响相应增大，进而对 MIL-101(Fe) 作为模拟酶催化 H_2O_2 还原的抑制作用逐渐增强。该实验结果也表明通过免疫反应对电极基底纳米酶催化性能的抑制可实现对目标抗原的免标记传感检测。以免疫反应后的稳态催化电流差（ΔI）与 cTn Ⅰ 浓度的负对数（$-\lg c_{\text{cTn I}}$）作图，结果显示在 cTn Ⅰ 浓度为 10 pg/L～0.1 mg/L 范围内，ΔI 与 $-\lg c_{\text{cTn I}}$ 具有良好的线性关系：$\Delta I(\mu A)=0.705\ \lg c_{cTnI}(g/mL)-11.2$，$R=0.995$。根据三倍信噪比（$S/N=3$），计算得到该传感器对 cTnI的检测限为 3.1 pg/L。本实验所构建的基于免疫反应对模拟酶催化作用抑制的电化学传感器具备更高的灵敏度以及更宽的检测范围可归因于如下因素：①MIL-101(Fe) 纳米酶直接固定在电极表面较传统生物探针标记能更有效实现催化信号的放大；②高比表面积、高导电性 NH_2-GR 进一步实现催化电流的增强；③免疫反应引起的传感界面微环境变化能敏感作用于 MIL-101(Fe) 的催化活性变化，从而提高了此传感器高的灵敏度。

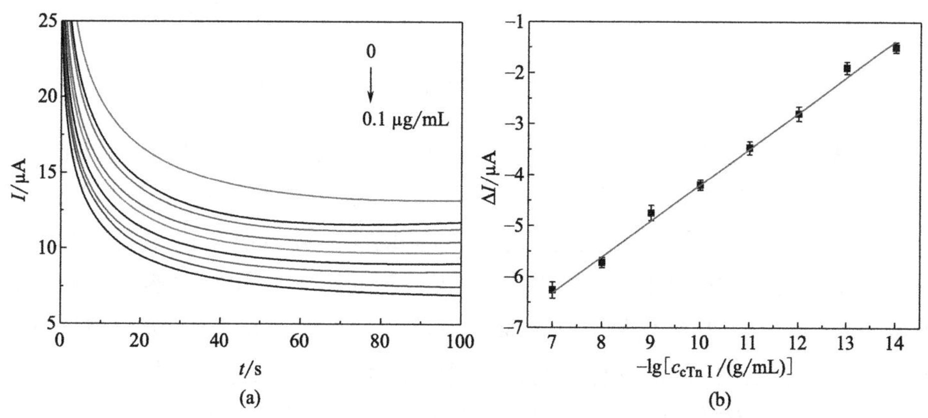

图 4-25 (a) 传感器与不同浓度 cTnⅠ反应的计时电流曲线；
(b) 电流差（ΔI）与浓度的负对数（$-\lg c_{cTnI}$）的线性关系

4.3.10 传感器的选择性、重现性和稳定性

特异性是评价传感器性能的一项重要指标。Hb 是血液中一种常见的生物分子，其含量与真性红细胞增多症、各种贫血症、白血病等疾病相关；而肌红蛋白（Myo）作为一种小分子色素蛋白在肌细胞内具有转运和贮存氧的作用，同时，在心肌受损时，Myo 也会从心肌细胞中弥散出来进入血液循环。因此，本书编著者团队以 Hb 和 Myo 两种潜在的干扰物作为对照分子考察了所构建的传感器对 cTnⅠ检测的特异性［图 4-26(a)］。结果显示，传感器分别对浓度均为 0.1 mg/L 的 Hb、Myo 和 cTnⅠ以及三者混合溶液进行测定时，Hb、Myo 溶液信号与空白液接近，说明传感器对 Hb、Myo 不产生响应，而对 cTnⅠ、混合液的检测响应与空白液相比，信号明显减小，且两者的信号变化基本一致，说明传感器对 cTnⅠ具有良好的选择特异性。

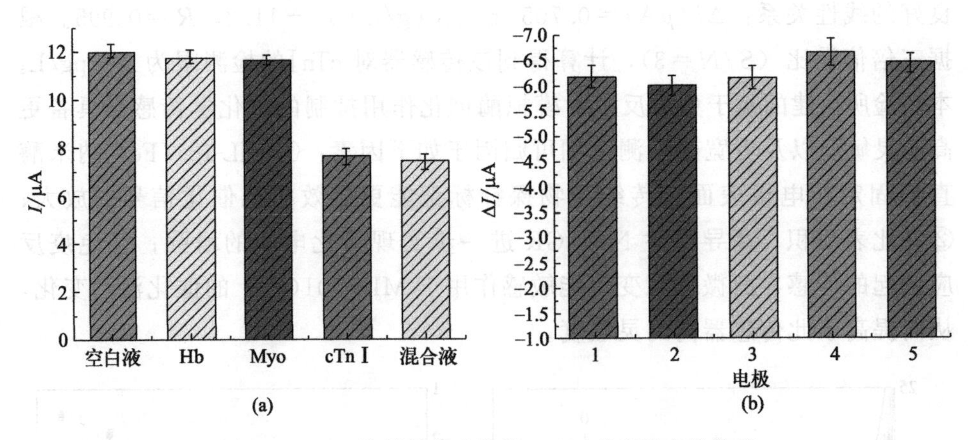

图 4-26 (a) 特异性实验数据；(b) 重现性实验数据

为考察该传感器的重现性［图 4-26(b)］，平行制备 5 支传感器，用于测定浓度为 0.1 mg/L 的 cTnⅠ溶液，检测其信号变化（ΔI）的相对标准偏差（*RSD*）为 4.1%，说明该传感器有良好的重现性。将 BSA/anti-cTnⅠ/MIL-101(Fe)/NH_2-GR/GCE 置于冰箱中保存 10 天，每间隔 2 天在空白溶液中测定计时安培响应信号，最终信号衰减为原有信号的 91.7%，在第 10 天用该传感器对 0.1 mg/L cTnⅠ的溶液进行检测，得到的信号电流带入性能分析得出的线性方程，求得测定浓度为 0.09 mg/L，说明该传感器有良好的稳定性。

4.3.11 实际血清样品中 cTnⅠ的测定

用构建的传感器检测人体血清样品中的 cTnⅠ以验证传感器的实用性。首先，向空白血清样品中加入不同量的 cTnⅠ标准液，然后用传感器进行检测。根据所得催化电流得出 cTnⅠ检测值，最后计算出相应浓度及回收率，结果如表 4-5 所示，分别加入 10 ng/L、1.00 μg/L 和 100 μg/L cTnⅠ时，其相对标准偏差（*RSD*）分别为 5.1%、4.6%和 5.2%（平行检测三次），回收率分别为 97.0%、103.0%和 96.0%，说明该传感器可应用于血清实际样品中肌钙蛋白的监测分析。

表 4-5 对血清样中的 cTnⅠ进行检测

样品(血清)	加标量/(μg/L)	检测值/(μg/L)	回收率/%
1	0.0100	0.00970	97.0
2	1.00	1.03	103
3	100	96.0	96.0

4.3.12 展望

本实验通过水热法合成了八面体 MIL-101(Fe)，将其与 NH_2-GR 通过共价键合法固定在羧基化 GCE 表面，构建一种新型的 cTnⅠ免标记电化学免疫传感器。实验结果表明，基于 NH_2-GR 的高导电性、MIL-101(Fe) 的过氧化氢模拟酶活性和抗原抗体免疫反应对模拟酶催化活性的抑制效应，该传感器对 cTnⅠ表现出优越的分析性能。在最优条件下，传感器能在 10 pg/L～0.1 mg/L 浓度范围内对 cTnⅠ进行高灵敏检测，检测限为 3.1 pg/L。此外，该传感器能对 cTnⅠ进行高特异性识别，并应用于人血清样品中 cTnⅠ的准确分析，为临床上心肌损伤标志物检测提供了新的思路。

4.4 基于柔性铜-反式-1, 4-环己烷二羧酸 MOF 的凝血酶传感器

4.4.1 概述

凝血酶（Thrombin，Thro）是一种丝氨酸蛋白酶，是血液凝固过程中的重要成分，其在血液中的浓度可作为诊断某些疾病的生物标志物，如肺转移、动脉血栓形成和许多由异常凝血引起的疾病[48,49]。基于凝血酶重要的生物学意义，高选择性、高灵敏度的凝血酶生物传感器的开发具有重要的基础研究意义。

适体是一种单链核酸分子，在免疫分析和生物技术中被认为是抗体的有效替代品[50,51]。由于适体与目标分子结合时通过折叠作用实现，二者之间具有较高的结合亲和力。因此，适体可以作为临床诊断、治疗和传感的理想工具[52,53]。自从 15-聚体凝血酶结合适体（TBA）于 1992 年首次提出以来，因其对凝血酶的强亲和力和高选择性引起科学家的极大关注[54]。基于凝血酶适体的一系列生物传感器结合不同的信号输出方法，包括比色法[55]、荧光法[56]、拉曼散射法[57] 等，得到了广泛的研究。但传统方法设备成本高，检测过程繁琐，其应用受到了较大程度的限制，电化学适体传感器具有快速、低成本、便携和简单处理等固有优势，而基于凝血酶适体的电化学传感器平台的构建可以有效克服上述不利因素[58,59]。此外，合适电极材料的选择

和合理传感平台的设计也是制备高性能生物传感器的重要因素。例如，本团队已经制备的具有核壳结构的 SnO_2-C/聚酪氨酸的复合膜[60]，利用阻抗“信号关闭”平台，用于灵敏筛选转基因大豆；还有 Chen 等[61] 提出了一种基于血红素/G-四链 DNA 酶和 Cu_2O-Au 纳米复合物共催化的信号放大策略。

过去二十年中，MOF 的研究发展迅速，科学家们合成了大量不同结构的 MOFs，并应用于气体分离、能量储存和转换以及电化学传感等领域[62,63]。但是传统的 MOFs 通常表现出稳定性差的缺点，最常见的是，当客体溶剂被去除时，MOFs 框架往往容易发生坍塌。1997 年，Kitagawa[64] 课题组首次报道了一种骨架结构可以反向变形的 MOFs，这种柔性 MOFs 的发现打破了 MOFs 骨架刚性不可转变的传统观念。这一发现引起了全世界化学家的注意，这种类型的 MOF 也被视为第三代功能性 MOF[65]。与刚性 MOFs 相比，柔性 MOFs 中的疏水基团和柱层结构可以有效地避免由于水分子取代有机配体与金属配合而导致的骨架坍塌。因此，柔性 MOF 具有更高的热稳定性和机械稳定性，并且在去除客体溶剂（如水分子）后，孔结构得以保持[66,67]。铜-反式-1,4-环己烷二羧酸［$Cu_2(CHDC)_2$］是柱层柔性 MOFs 的典型代表之一，其二聚体桨轮 $Cu_2(COO)_4$ 中心的刚性和—CHDC 连接剂的弹性使框架具有出色的稳定性，并在去除溶剂后保持良好的孔隙率[68]。此外，—CHDC 基团的疏水性也可增强其在潮湿环境中的骨架稳定性。

基于此，本书编者团队提出了一种基于 $Cu_2(CHDC)_2$ 的无标记凝血酶检测方法。该适体传感器的构建首先采用温和水热法合成柔性 $Cu_2(CHDC)_2$，并将其涂覆在玻碳电极（GCE）表面，MOFs 的 Cu^{2+} 信号可以作为信号分子直接检测，无需额外修饰电活性分子进而简化构建步骤；然后在 $Cu_2(CHDC)_2$ 表面电沉积具有信号放大和固定生物探针双重功能的金纳米粒子（AuNPs），凝血酶适体链（TBA）通过 Au-S 键固定在 AuNPs 表面形成识别层。因此，该传感器利用 TBA 作识别探针，$Cu_2(CHDC)_2$ 用作电化学指示剂，通过监测电极上 $Cu_2(CHDC)_2$ 电化学响应的变化，实现凝血酶的高灵敏度、高特异性检测（图 4-27）。该凝血酶生物传感器线性范围宽，检测限超低（0.01 fmol/L，$S/N=3$），特异性好，也成功应用于实际人血清中凝血酶的检测，说明其在临床诊断中具有潜在的应用价值。

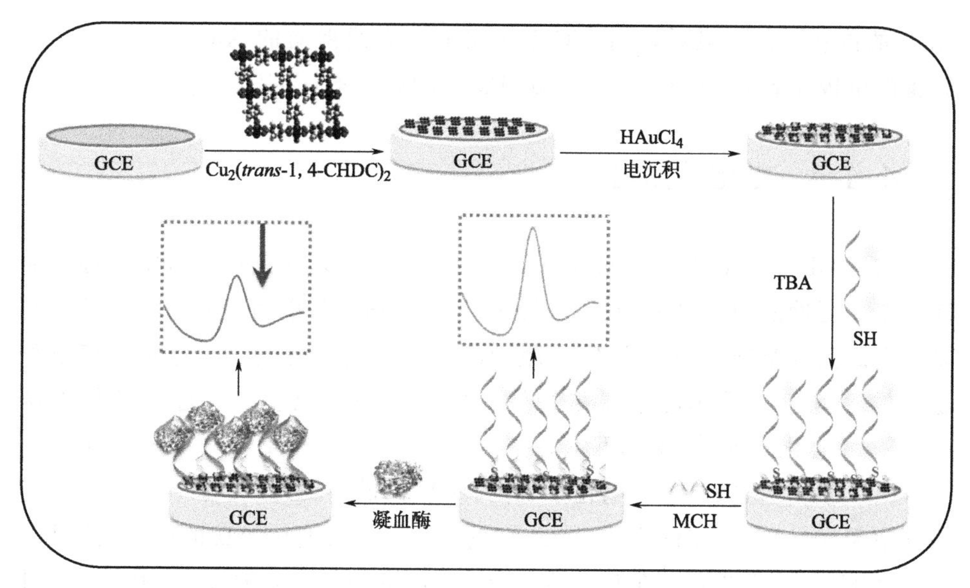

图 4-27 基于 $Cu_2(CHDC)_2$ 的电化学凝血酶生物传感器的构建和应用示意

4.4.2 铜-反式-1,4-环己烷二羧酸 MOF 的合成

铜-反式-1,4-环己烷二羧酸 MOF[$Cu_2(CHDC)_2$] 合成路线如下：将 240.6 mg(1.0 mmol)$Cu(NO_3)_2 \cdot 3H_2O$ 和 172.2 mg(1.0 mmol) 反式-1,4-环己烷二甲酸（H_2CHDC）溶解在 30 mL *N*,*N*-二甲基甲酰胺（DMF）中，将混合均匀的溶液转移到圆底烧瓶中，130 ℃回流 24 h，冷却至室温后，所得蓝色沉淀物即 $Cu_2(CHDC)_2$ 的产物用 DMF 和丙酮洗涤数次后，80 ℃真空干燥过夜。

4.4.3 铜-反式-1,4-环己烷二羧酸 MOF 基传感界面的构建

在传感界面构建之前，用氧化铝粉末对裸电极（GCE）进行机械抛光，然后，将 10 μL 0.1 g/L 超声分散均匀的 $Cu_2(CHDC)_2$ 悬浮液涂覆到清洁的 GCE 表面，在室温下干燥，得到修饰电极 $Cu_2(CHDC)_2$/GCE。在电位范围为−0.5～0 V，扫描速率为 100 mV/s 的条件下，$Cu_2(CHDC)_2$/GCE 在 0.5 mmol/L $HAuCl_4$ 溶液中进行 30 次电化学扫描，得到 AuNPs 修饰电极［AuNPs/$Cu_2(CHDC)_2$/GCE］。随后，将电极在 37 ℃下浸泡在含有 1 μmol/L TBA 缓冲溶液中 1h，通过 Au-S 键固定探针 DNA，形成 TBA/AuNPs/$Cu_2(CHDC)_2$/

GCE 的传感平台。最后，用 MCH 封闭电极表面裸露的 AuNPs 活性位点，制备的电极命名为 MCH/TBA/AuNPs/$Cu_2(CHDC)_2$/GCE。

4.4.4 电化学测量

将 MCH/TBA/AuNPs/$Cu_2(CHDC)_2$/GCE 浸入含有预期浓度目标凝血酶的杂交缓冲液中，在 37 ℃下轻轻摇动 30 min，考察制备的适体传感器与靶分子之间的杂交反应，用 PBS 缓冲液和水淋洗后得到杂交电极。该过程也同样适用于该适体传感器与其他对照蛋白质的反应。通过循环伏安法(CV) 和电化学阻抗谱 (EIS) 在含有 0.1 mol/L KCl 的 1.0 mmol/L $[Fe(CN)_6]^{3-/4-}$ 溶液中进行电化学表征。CV 扫描范围为－0.2～＋0.6 V，扫描速率为 0.10 V/s，EIS 在＋0.227 V 的电位、0.01～10^5 Hz 的频率范围和 5 mV 的电压幅度下进行。在 PBS 缓冲液 (pH＝6.86) 中，通过 CV 和微分脉冲伏安法 (DPV) 获得传感器的电化学行为及其对凝血酶检测的识别信号响应。

4.4.5 $Cu_2(CHDC)_2$ 的物性表征

图 4-28(a) 显示了合成的 $Cu_2(CHDC)_2$ 的 XRD 图谱。从结果来看，所有衍射峰对应于文献中报道的三斜结构 $Cu_2(CHDC)_2$ 的图谱 (CCDC 编号：26992)，表明 $Cu_2(CHDC)_2$ 的成功合成。根据 XRD 结果，其拟合晶体结构如图 4-28(a) 的插图所示。图 4-28(b) 显示了样品在 77 K 下的 N_2 吸附-脱附等温线，该等温线为典型的Ⅰ型曲线，表明样品中存在微孔结构。根据相应的孔径分布曲线 [图 4-28(b)，插图]，说明样品含有高均匀性的 3.24 nm 孔径，再根据 Brunner-Emmet-Teller (BET) 规则，计算出产物的比表面积为 237.36 m^2/g，这表明 $Cu_2(CHDC)_2$ 具有较高比表面积。

通过扫描电镜 (SEM) 考察 $Cu_2(CHDC)_2$ 的形貌，结果如图 4-28(c) 和图 4-28(d) 所示。从 SEM 图像可以观察到合成的 $Cu_2(CHDC)_2$ 呈花状结构，高分辨率 SEM 图像进一步表明，$Cu_2(CHDC)_2$ 纳米花由大量的纳米团簇组成。这种纳米团簇组装结构有助于提高材料的比表面积。透射电镜(TEM) 进一步揭示了材料的细节，结果如图 4-28(e) 所示。从图中可以看出，材料呈现半透明状态，证实了其片状特性，高倍透射电镜 (HRTEM) 图像显示出材料明显的晶格条纹，晶格间距约为 0.212 nm [图 4-28(f)]，可归属于 $Cu_2(CHDC)_2$ 的 (1-40) 晶面。

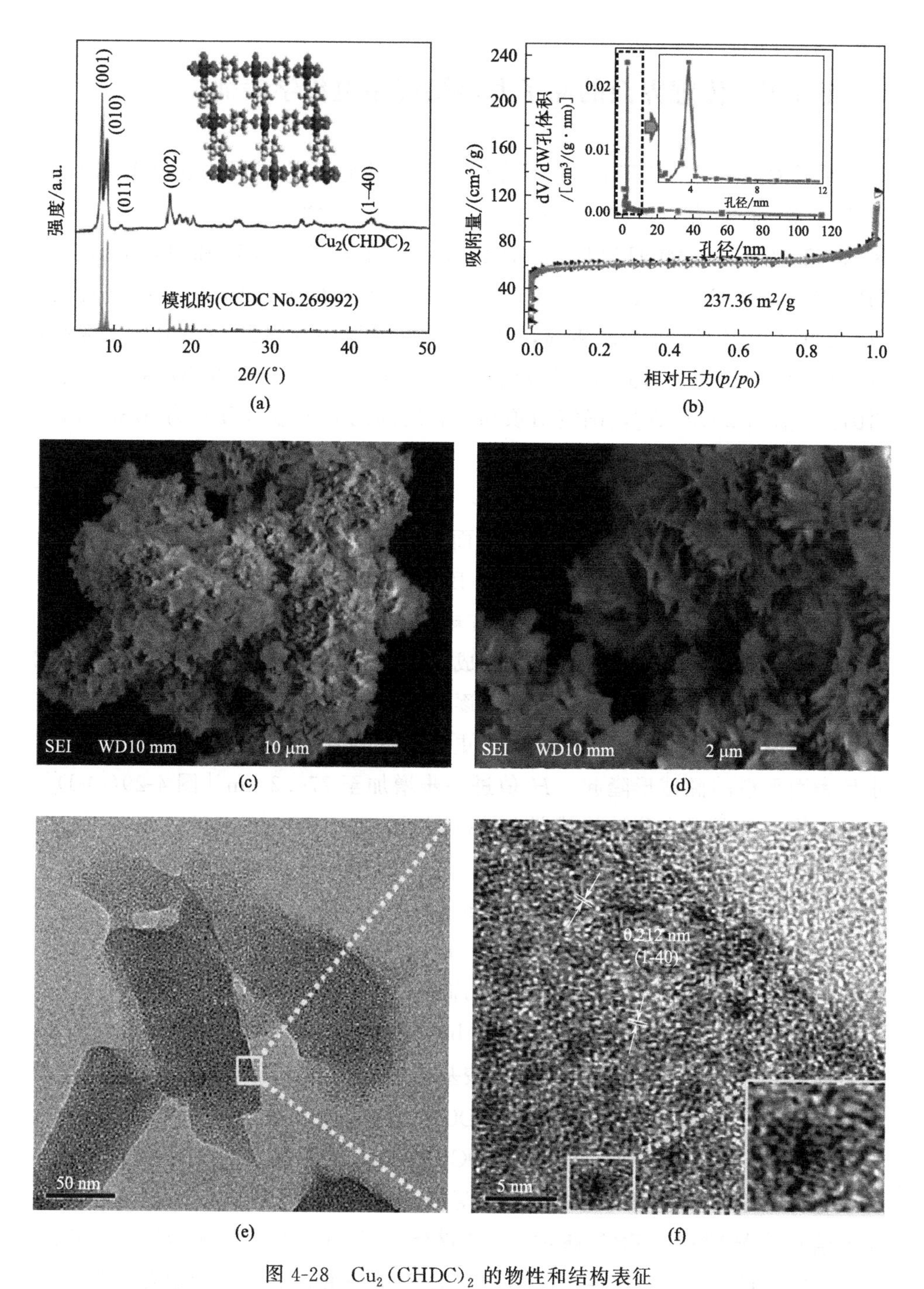

图 4-28 $Cu_2(CHDC)_2$ 的物性和结构表征

(a) $Cu_2(CHDC)_2$ 的 XRD 图谱（插图：晶体结构）；(b) N_2 吸附-脱附等温线（插图：孔径分布曲线）；(c) 和 (d) SEM 图；(e) 透射电镜图；(f) 高倍透射电镜图（插图：晶格条纹放大图）

4.4.6 传感界面的原子力显微镜和电化学表征

原子力显微镜（AFM）技术验证了适体传感器的层层构建及其对凝血酶的有效捕获结果。图 4-29 显示了 $Cu_2(CHDC)_2$/GCE、AuNPs/$Cu_2(CHDC)_2$/GCE、MCH/TBA/AuNPs/$Cu_2(CHDC)_2$/GCE 和 Thro/MCH/TBA/AuNPs/ $Cu_2(CHDC)_2$/GCE 的三维图像，从图 4-29(a)-A 可以看出，$Cu_2(CHDC)_2$/GCE 的表面粗糙，并且从 3D 图像中观察到一些山丘状隆起，表明 $Cu_2(CHDC)_2$ 修饰在电极表面。根据俯视图像［图 4-29(b)-A］和剖面图图像［图 4-29(c)-A］，确定山顶和山谷之间的高度差（H）为 573.9 nm；电沉积 AuNP 后，电极表面相较 $Cu_2(CHDC)_2$/GCE 表面变得光滑，并且“小山”的体积变小［图 4-29(a)-B］，这可能是由于在 $Cu_2(CHDC)_2$/GCE 上沉积小尺寸 AuNP 后增加了电极表面均匀性的结果。该结果也通过俯视图［图 4-29(b)-B］和剖面图［图 4-29(c)-B］中观察到较小的 H 值（537.1 nm）得以验证。当 TBA 链和 MCH 组装在电极上时，峰值显著增加，H 值增加到 718.5 nm，表明一维链状 TBA 已成功接枝到 AuNPs/$Cu_2(CHDC)_2$/GCE 上［图 4-29(c)-C］，这些变化表明，逐层组装策略构建传感器是可行的。传感器与凝血酶杂交后，电极表面发生更加明显的变化，电极表面出现了大尺寸且表面平滑的椭球形隆起，H 值进一步增加至 776.2 nm［图 4-29(c)-D］，表明生物大分子凝血酶被传感器有效捕获。

图 4-30(a) 显示了使用 $[Fe(CN)_6]^{3-/4-}$ 作为电活性探针在 −0.2 V～+0.6 V 的电位范围内不同修饰电极的 CV 信号响应。裸 GCE 上可观察到一对可逆的氧化还原峰（曲线 a），表明 $[Fe(CN)_6]^{3-/4-}$ 在裸 GCE 表面可实现良好的电子转移过程；然而，当 GCE 修饰上 $Cu_2(CHDC)_2$ 时，$[Fe(CN)_6]^{3-/4-}$ 的氧化还原峰电流显著降低（曲线 b），这可以用两个原因解释：① $Cu_2(CHDC)_2$ 上带有负电荷的未配位的羧基基团阻碍了 $[Fe(CN)_6]^{3-/4-}$ 向电极表面扩散；②导电性较差的 $Cu_2(CHDC)_2$ 薄膜抑制了 $[Fe(CN)_6]^{3-/4-}$ 的电子转移；当 AuNPs 沉积在 $Cu_2(CHDC)_2$/GCE 表面时，AuNPs 的高导电性有效地促进了电极表面的电子转移，导致 $[Fe(CN)_6]^{3-/4-}$（曲线 c）的氧化还原信号明显增加。TBA 通过 Au-S 键组装到 AuNPs/$Cu_2(CHDC)_2$/GCE 上后，$[Fe(CN)_6]^{3-/4-}$ 的氧化还原峰电流再次降低，氧化还原电位差明显增大（曲线 d），这可以用 TBA 带负电的磷酸盐骨架与 $[Fe(CN)_6]^{3-/4-}$ 之间的静电排斥作用来解释。MCH 锚定到电极表面后，$[Fe(CN)_6]^{3-/4-}$ 的氧化还

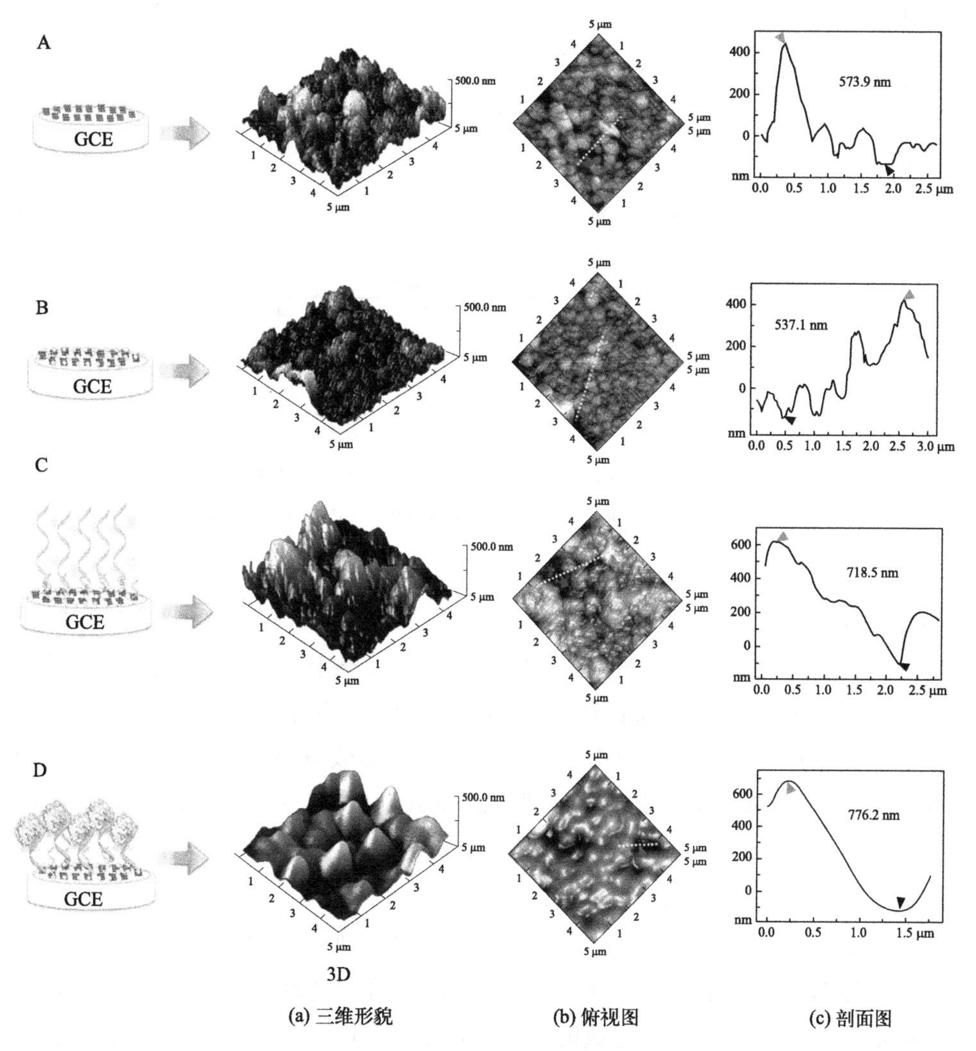

图 4-29　不同电极的三维形貌、俯视和剖面 AFM 图

A—$Cu_2(CHDC)_2$/GCE；B—AuNPs/$Cu_2(CHDC)_2$/GCE；C—MCH/TBA/AuNPs/$Cu_2(CHDC)_2$/GCE；D—Thro/MCH/TBA/AuNPs/ $Cu_2(CHDC)_2$/GCE

原信号进一步降低，表明电极表面剩余的活性位点已成功被封闭（曲线 e）。最后，将制备的适体传感器浸入含有凝血酶的溶液中，杂交后传感器上的峰值电流信号进一步降低（曲线 f），表明生物传感器表面的 TBA 链成功捕获了溶液中的凝血酶，覆盖在传感器表面的凝血酶生物大分子进一步阻碍 $[Fe(CN)_6]^{3-/4-}$ 的信号探针在电极表面的扩散。

此外，通过 EIS 研究了传感界面的组装过程，得到如图 4-30(b) 所示的

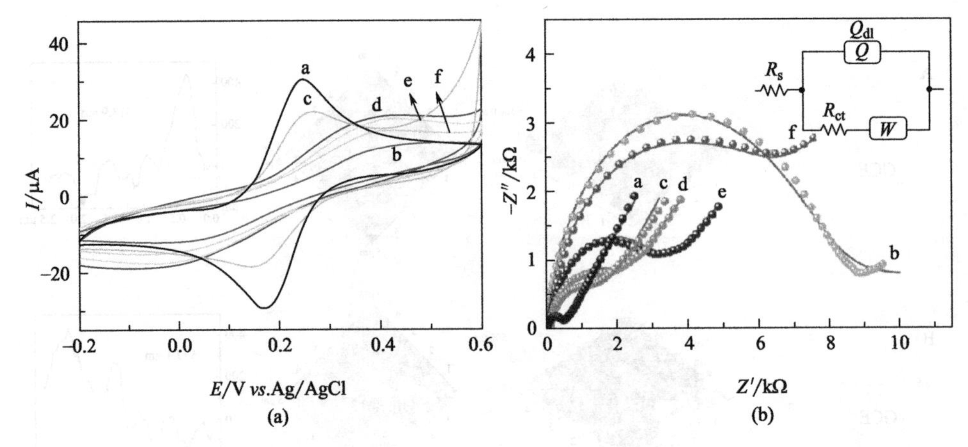

图 4-30 (a) 不同电极在 $[Fe(CN)_6]^{3-/4-}$ 溶液中的循环伏安和 (b) 电化学阻抗表征

a—裸 GCE；b—$Cu_2(CHDC)_2$/GCE；c—AuNPs/$Cu_2(CHDC)_2$/GCE；

d—TBA/AuNPs/$Cu_2(CHDC)_2$/GCE；e—MCH/TBA/AuNPs/$Cu_2(CHDC)_2$/GCE；

f—Thro/MCH/TBA/AuNPs/$Cu_2(CHDC)_2$/GCE

Nyquist 图。利用等效电路模型拟合阻抗结果［图 4-30(b)，插图］，其中 R_s 是溶液电阻，R_{ct} 是电极/电解质界面处的电荷转移电阻，Q_{dl} 代表双层电容，W 代表基于电极表面传质的 Warburg 阻抗。拟合结果表明，等效电路模型（实线）与实际实验数据（虚线）一致，等效电路模型中所有组件值如表 4-6 所示。在裸 GCE 上，可观察到最小 R_{ct}（0.46 kΩ）（曲线 a），这说明 $[Fe(CN)_6]^{3-/4-}$ 在裸 GCE 上的电子转移不受阻碍；将 $Cu_2(CHDC)_2$ 固定在 GCE 表面后，发现高频区 Nyquist 图的半圆直径显著增加（曲线 b），R_{ct} 值为 8.9 kΩ，表明 $[Fe(CN)_6]^{3-/4-}$ 的电子转移受到 $Cu_2(CHDC)_2$ 膜的严重抑制，这种抑制主要来自 $Cu_2(CHDC)_2$ 膜较差的导电性以及由材料表面残留的羧基基团的静电排斥力造成的；当 AuNPs 在 $Cu_2(CHDC)_2$ 修饰电极表面锚定时，由于 AuNPs 良好的导电性，R_{ct} 急剧下降至 1.8 kΩ（曲线 c），这也表明 AuNPs 已成功组装在修饰电极表面；当 TBA 嫁接到 AuNPs/$Cu_2(CHDC)_2$/GCE 表面后，R_{ct} 值显著增加至 2.1 kΩ（曲线 d），这归因于 TBA 带负电荷的磷酸盐骨架与 $[Fe(CN)_6]^{3-/4-}$ 之间静电排斥作用造成的扩散动力学障碍；当 AuNPs 上的冗余活性位点被 MCH 阻断时，R_{ct} 值进一步提高至 3.2 kΩ（曲线 e）。在适体与靶凝血酶分子相互作用后，R_{ct} 值显著增加至 6.7 kΩ（曲线 f），表明凝血酶与 TBA 链杂交后，进一步阻止了 $[Fe(CN)_6]^{3-/4-}$ 接近传感器表面。实验结果表明，该传感界面已成功构建，并可用于目标分子的识别。

表 4-6 不同修饰电极拟合等效电路值

电极	R_s /(Ω·cm²)	Q_{dl} /(μF·cm²)	n	R_{ct} /(kΩ·cm²)	W /(mΩ·cm²)
GCE	105.2	2.728	0.800	0.46	0.371
$Cu_2(CHDC)_2$/GCE	94.3	7.455	0.894	8.92	0.147
AuNPs/$Cu_2(CHDC)_2$/GCE	1114.5	3.640	0.688	1.83	0.322
TBA/AuNPs/$Cu_2(CHDC)_2$/GCE	91.8	13.37	0.809	2.09	0.360
MCH/TBA/AuNPs/$Cu_2(CHDC)_2$/GCE	94.2	7.036	0.841	3.23	0.361
Thrombin/MCH/TBA/AuNPs/$Cu_2(CHDC)_2$/GCE	103.7	6.631	0.841	6.77	0.331

4.4.7 传感器的电化学行为

图 4-31(a) 显示了扫描速率为 0.10 V/s 在 0.01 mol/L PBS（pH=6.86）中各种修饰电极的 CV 响应。在 $Cu_2(CHDC)_2$/GCE 上观察到一对峰电位分别为 0.01 V 和 −0.28 V 的氧化还原峰（曲线 a），根据文献报道，该电流响应可归属于 $Cu_2(CHDC)_2$ 的 Cu(Ⅱ)/Cu(Ⅰ) 电对的氧化还原过程，其中 MOF 中丰富的 Cu^{2+} 活性位点提供了高电化学响应，说明 $Cu_2(CHDC)_2$ 在裸 GCE 上修饰后表现出良好的氧化还原过程。当 AuNPs 电沉积在 $Cu_2(CHDC)_2$ 修饰的 GCE 表面时，氧化还原峰的电流响应明显增加（曲线 b），表明 AuNPs 在 $Cu_2(CHDC)_2$/GCE 表面有效地改善了 $Cu_2(CHDC)_2$ 的电化学信号。因此，在本研究中，AuNPs 具有两个功能，即 TBA 探针的固定平台和 $Cu_2(CHDC)_2$ 电化学响应的电催化剂。当 TBA 组装在 AuNPs/$Cu_2(CHDC)_2$/GCE 上时，电化学响应明显降低（曲线 c），这一结果表明 TAB 覆盖了 AuNPs 的部分表面。MCH 阻断 AuNPs 残余位点后，氧化还原峰的电流响应进一步降低。

图 4-31(b) 显示了传感器在 0.01 mol/L PBS（pH=6.86）中不同扫描速率（v）的 CV 响应结果，氧化还原峰电流随扫描速率的增加而逐渐增加，氧化峰电流（I_{pa}）与扫描速率（v，插图）之间存在良好的相关性，线性回归方程为 $I_{pa}(\mu A) = -0.43 + 122.93v(V/s)$（$R=0.998$），这证实了传感材料在电极界面上的动力学行为是吸附控制过程。

4.4.8 实验条件优化

为了获得最佳的分析信号，$Cu_2(CHDC)_2$ 在电极表面上的滴涂量、与

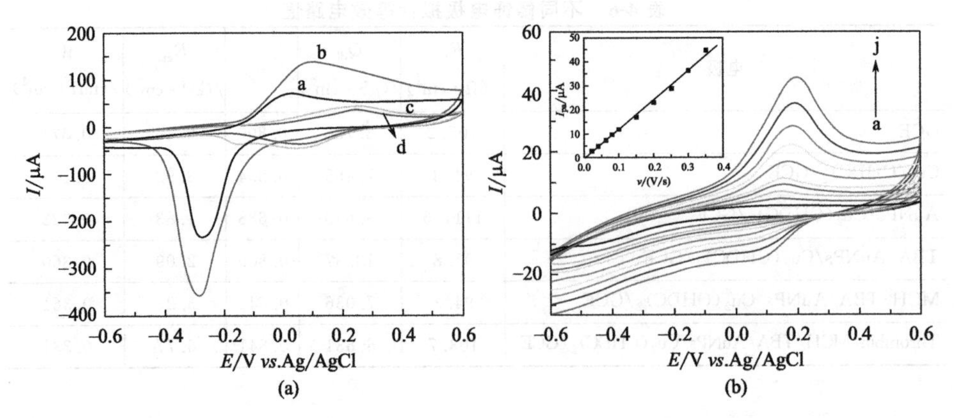

图 4-31 (a) $Cu_2(CHDC)_2$/GCE、AuNPs/$Cu_2(CHDC)_2$/GCE、TBA/AuNPs/$Cu_2(CHDC)_2$/GCE 和 MCH/TBA/AuNPs/$Cu_2(CHDC)_2$/GCE 在 0.01 mol/L PBS (pH=6.86) 溶液中的 CV 图（扫描速率为 0.10 V/s）；(b) MCH/TBA/AuNPs/$Cu_2(CHDC)_2$/GCE 不同扫描速率（a→j：0.02 V/s→0.35 V/s）循环伏安图（插图：I_{pa} 与扫描速率 v 的线性关系）

a—$Cu_2(CHDC)_2$/GCE；b—AuNPs/$Cu_2(CHDC)_2$/GCE；c—TBA/AuNPs/$Cu_2(CHDC)_2$/GCE；d—MCH/TBA/AuNPs/$Cu_2(CHDC)_2$/GCE

TBA 的键合时间（t_{TBA}）、TBA 浓度（c_{TBA}）和凝血酶杂交时间（t_{Thro}）等分析条件进行了优化。图 4-32(a) 显示了 DPV 信号和电极表面上 $Cu_2(CHDC)_2$ [$V_{Cu_2(CHDC)_2}$] 滴涂量的相关性及其对应的氧化峰值电流（I_{pa}）与 $V_{Cu_2(CHDC)_2}$ 的变化趋势图，图中 I_{pa} 值随着 $Cu_2(CHDC)_2$ 滴涂量的增加而增加，表明电极的电化学响应与 $Cu_2(CHDC)_2$ 修饰量有关，当滴涂体积从 10 μL 增加到 14 μL 时，I_{pa} 值达到恒定，此时说明 $Cu_2(CHDC)_2$ 在裸电极上的滴涂量达到饱和。因此，$Cu_2(CHDC)_2$ 在电极表面的最佳修饰量为 10 μL。

将 AuNPs/$Cu_2(CHDC)_2$/GCE 浸入 1 μmol/L TBA 溶液中不同时间（10～70 min），研究 TBA 在 AuNPs/$Cu_2(CHDC)_2$/GCE 上的最佳组装时间（t_{TBA}）。结果表明，DPV 峰值电流（I_p）随时间从 10 min 增加到 60 min 而逐渐减小 [图 4-32(b)]，之后随着 t_{TBA} 的进一步增加到 70 min，I_p 值仅有微小变化，表明浸泡时间为 60 min 时 TBA 在电极上的固定化基本完成，因此，选择 60 min 作为 TBA 和 AuNPs 之间的最佳自组装时间。c_{TBA} 对电极修饰的影响效果如图 4-32(c) 所示，其氧化峰电流随着 c_{TBA} 从 0.2 μmol/L 增加到 1.0 μmol/L 而不断下降，当 c_{TBA} 达到 1.2 μmol/L 时，峰值电流趋于稳定，因此，选择浓度含量为 1.0 μmol/L TBA 溶液作为 TBA 固定液。

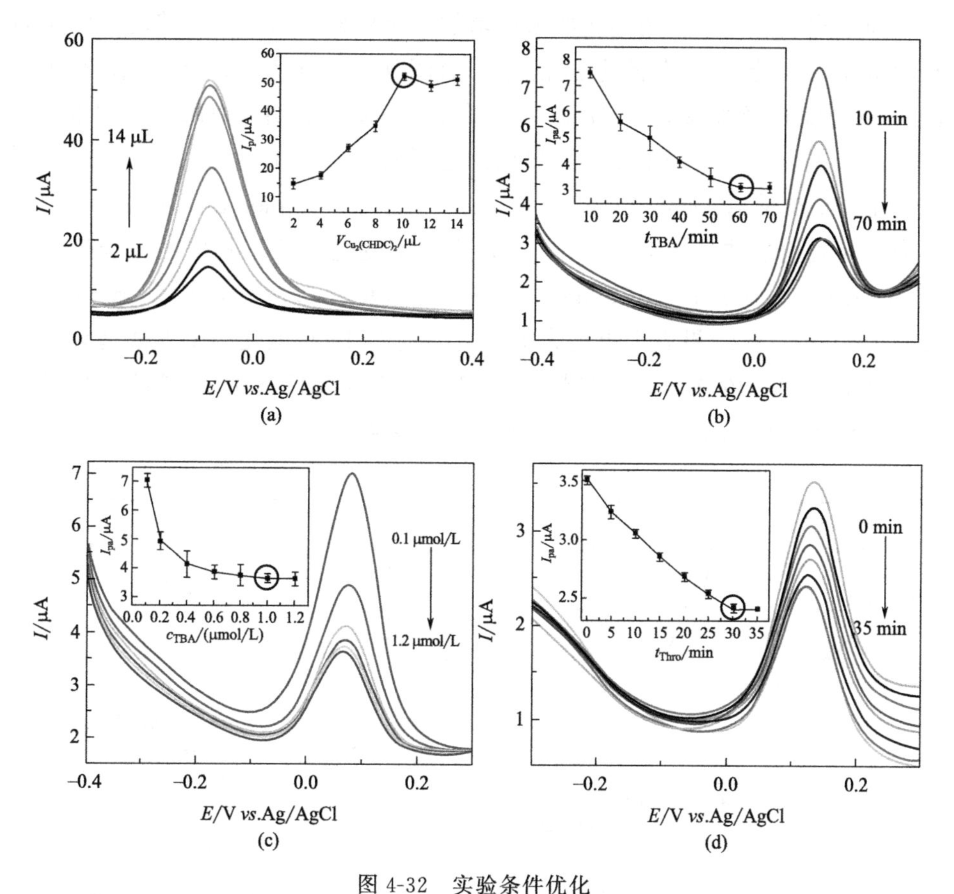

图 4-32 实验条件优化

(a) $Cu_2(CHDC)_2$ 的滴涂量；(b) TBA 键合时间；(c) TBA 浓度；(d) Thro 孵育时间

最后，评估了凝血酶在电极表面的培养时间（t_{Thro}）对分析信号的影响。图 4-32(d) 显示了 TBA/AuNPs/$Cu_2(CHDC)_2$/GCE 在 37 ℃下与 0.1 pmol/L 凝血酶不同培育时间的 DPV 信号，可以发现，当凝血酶的孵育时间从 0 min 增加到 30 min 时，DPV 响应逐渐降低，证明传感器上 TBA 捕获的凝血酶量随时间延长不断增加。当培养时间超过 30 min 时，I_p 值达到恒定，表明传感器表面对凝血酶的结合已饱和。因此，在接下来的试验中，凝血酶与生物传感器的反应时间选择为 30 min。

4.4.9 传感器的分析性能

在优化条件下，通过传感器与不同浓度凝血酶杂交，研究传感器的分析性能。适体与目标分子结合时具有较高的结合亲和力，其折叠形态可形成三维空间结构，而三维空间结构的形成增加了传感器界面电子转移的空间位阻和静电斥力，能有效降低电流信号。如图 4-33(a) 所示，传感器界面的 DPV 响应随着凝血酶浓度（c_{Thro}）的增加而下降，表明凝血酶的增加量已被 TBA 有效捕获，并阻碍了传感器界面的电子转移。图 4-33(b) 显示了传感器与凝血酶杂交前后 DPV 响应的差异（ΔI_p），在 0.01 fmol/L 至 10 nmol/L 范围内，随凝血酶浓度的对数（$\lg c_{Thro}$）成比例变化趋势，其校准曲线确定为 $\Delta I_p(\mu A) = 3.089 + 0.157\ \lg c_{Thro}(mol/L)(R = 0.995)$，检测限确定为 0.01 fmol/L，该结果表现出比先前报道的基于 TBA 电化学凝血酶适体传感器更好的性能，传感器的优异性能可归因于 $Cu_2(CHDC)_2$ 优异的电化学行为及其用于 TBA 固定和凝血酶捕获的高比表面积。

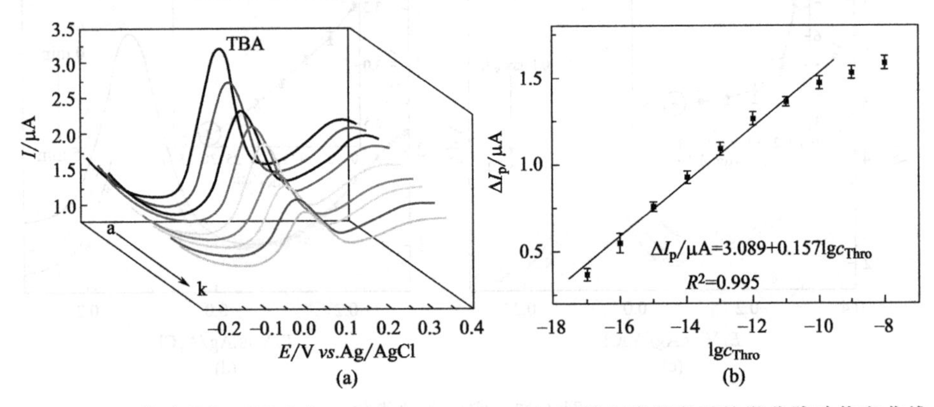

图 4-33 (a) 传感器与不同浓度（a→k：0→10 nmol/L）凝血酶反应后的微分脉冲伏安曲线；(b) 峰值电流（ΔI_p）与凝血酶浓度对数（$\lg c_{Thro}$）的线性关系

4.4.10 传感器的选择性、重现性和稳定性

此外，本实验还对所构建传感器的选择性、重现性和稳定性进行了探讨。选择性的考察通过传感器对 Thro 和包括牛血清白蛋白（BSA）、血红蛋白（Hb）和胰蛋白酶（Try）在内的其他蛋白的电化学检测实现的。当传感器作用于含有 0.1 nmol/L Thro 的溶液和分别含有 0.1 nmol/L Thro、1 nmol/L BSA、Hb 和 Try 的混合溶液时，可观察到明显的电流变化和接近的 ΔI_p 值 [图 4-34(a)]。然而，在相同的实验条件下，当传感器与 1 nmol/L BSA、Hb 或 Try 分别反应时，仅获得微弱的 DPV 响应变化，这表明传感器在存在常见蛋白干扰物种的情况下对 Thro 仍保持出色的选择性。

为了检验传感器的重现性，平行制备了7根TBA/AuNPs/$Cu_2(CHDC)_2$修饰电极。图4-34(b)显示，平行制备的7根传感器在与0.1 nmol/L凝血酶杂交前后得到几乎相等的ΔI_p，其相对标准偏差（RSD)为1.01%，表明构建的凝血酶适体传感器的高再现性。通过考察传感器在4 ℃条件下储存4周前后DPV响应的变化，证明了传感器具有良好的稳定性，峰值电流仅有2.94%的微小变化。

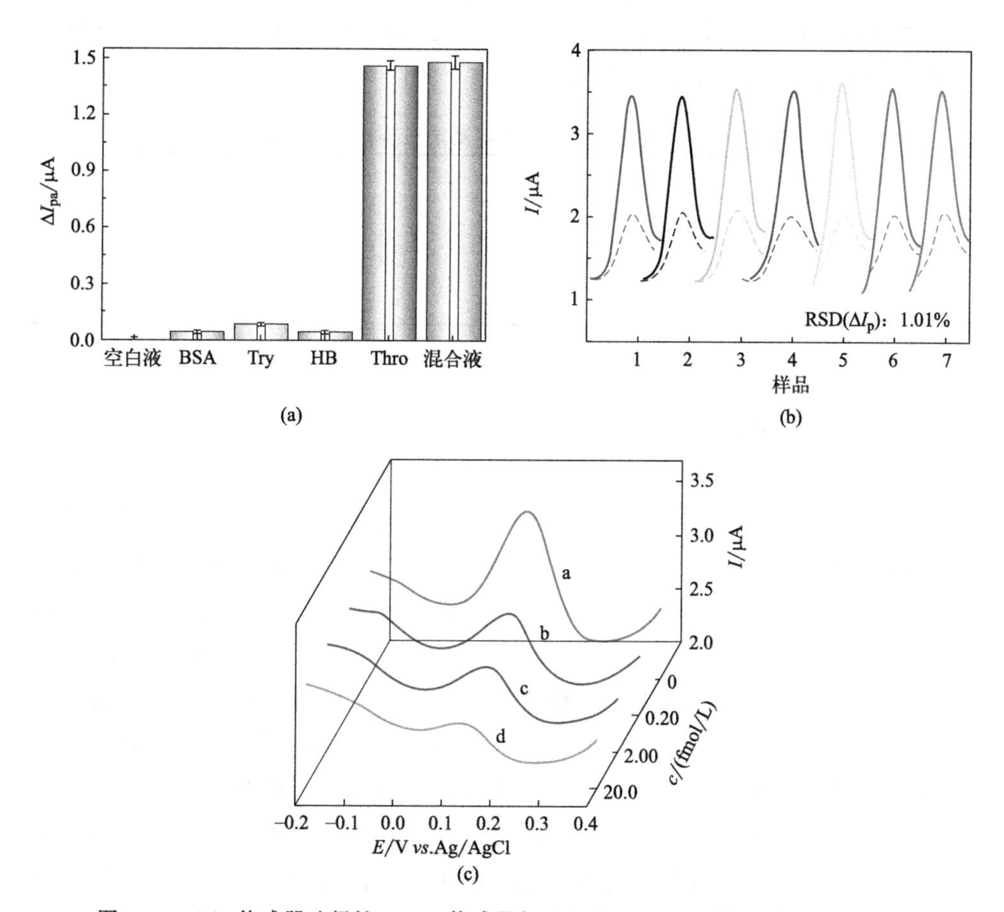

图4-34 (a) 传感器选择性；(b) 传感器与重现性；(c) 血清样品加0 fmol/L、0.20 fmol/L、2.00 fmol/L和20.0 fmol/L Thro标样

a—0 fmol/L；b—0.20 fmol/L；c—2.00 fmol/L；d—20.0 fmol/L

4.4.11 血清实际样品的分析

传感器通过与稀释在人体血清样本中不同浓度的凝血酶作用后测定其电

化学信号响应，来考察传感器在实际样品中的应用潜力（血清样本来自福建医科大学漳州附属医院）。本书编著者团队采用标准加入法考察在实际样品中凝血酶适体传感器的分析能力，在用 0.9%氯化钠（NaCl）溶液稀释 100 倍的样品中，图 4-34(c) 显示了应用传感器测定人体血清样本中包括 0 fmol/L、0.20 fmol/L、2.00 fmol/L、20.0 fmol/L 凝血酶的 DPV 响应，结果如预期所料，电流信号随着凝血酶浓度的增加而减少。分析结果如表 4-7 所示，回收率介于 96.0%～102.1%之间，表明开发的传感器对复杂生物样品中凝血酶的检测是可靠的。

表 4-7　应用开发的适体传感器测定血清样品中的凝血酶

血清样品	加标量/(fmol/L)	检测值/(fmol/L)	回收率/%
1	0.20	0.192	96.0
2	2.00	1.950	97.5
3	20.0	20.42	102.1

4.4.12 展望

$Cu_2(CHDC)_2$ 的柔性金属有机骨架由于其二聚体桨轮 $Cu_2(COO)_4$ 核以及其轻微弹性和疏水性的—CHDC 连接链而具有较高的热稳定性和机械稳定性。本实验通过简单的水热法合成柔性 $Cu_2(CHDC)_2$，物理表征显示其纳米团簇结构具有高比表面积。基于 $Cu_2(CHDC)_2$ 优异的电化学活性、较好的稳定性和高比表面积，提出了一种无标记电化学适体传感器用于凝血酶的超灵敏检测。该凝血酶适体传感器线性范围宽，检测限超低，稳定性好，重现性好。此外，该传感器还成功应用于人血清中凝血酶的检测，表明该传感器可用于临床诊断和监测。然而，由于核酸适体探针与靶分子之间的强亲和力，本实验所提出的凝血酶适体传感器的可重用性很弱，这是一个亟待解决的问题。

参考文献

[1] Wang X Y，Shan Y Q，Gong M. A novel electrochemical sensor for ochratoxin A based on the hairpin aptamer and double report DNA via multiple signal amplification strategy [J]. Sens Actuators B，2019，281：595-601.

[2] Zhu C X，Liu D，Li Y Y，et al. Ratiometric electrochemical aptasensor for ultrasensitive detection of Ochratoxin A based on a dual signal amplification strategy：engineering the binding of methylene blue

to DNA [J]. Biosens Bioelectron, 2020, 150: 111814.

[3] Tang Z W, Liu X, Su B, et al. Ultrasensitive and rapid detection of ochratoxin A in agro-products by a nanobody-mediated FRET-based immunosensor [J]. Hazard Mater, 2020, 387: 121678.

[4] Alsharif A M A, Choo Y M, Tan G H, et al. Determination of Mycotoxins Using Hollow Fiber Dispersive Liquid-Liquid-Microextraction (HF-DLLME) Prior to High-Performance Liquid Chromatography - Tandem Mass Spectrometry (HPLC-MS/MS) [J]. Anal Lett, 2019, 52: 1976-1990.

[5] Sun Z C, Wang X R, Tang Z W, et al. Development of a biotin-streptavidin-amplified nanobody-based ELISA for ochratoxin A in cereal [J]. Ecotoxicol Environ Saf, 2019, 171: 382-388.

[6] Sun C N, Liao X F, Huang P X, et al. A self-assembled electrochemical immunosensor for ultra-sensitive detection of ochratoxin A in medicinal and edible malt [J]. Food Chem, 2020, 315: 126289.

[7] Li P P, Cao Y, Mao C J, et al. TiO_2/g-C_3N_4/CdS nanocomposite-based photoelectrochemical biosensor for ultrasensitive evaluation of T4 polynucleotide kinase activity [J]. Anal Chem, 2019, 91: 1563-1570.

[8] Chang J F, Wang X, Wang J, et al. Nucleic acid-functionalized metal-organic framework-based homogeneous electrochemical biosensor for simultaneous detection of multiple tumor biomarkers [J]. Anal Chem, 2019, 91: 3604-3610.

[9] Colozza N, Kehe K, Dionisi G, et al. A wearable origami-like paper-based electrochemical biosensor for sulfur mustard detection [J]. Biosens Bioelectron, 2019, 129: 15-23.

[10] Yi J L, Liu Z, Liu J H, et al. A label-free electrochemical aptasensor based on 3D porous CS/rGO/GCE for acetamiprid residue detection [J]. Biosens Bioelectron, 2020, 148: 111827.

[11] Li Y Y, Liu D, Zhu C X, et al. Sensitivity programmable ratiometric electrochemical aptasensor based on signal engineering for the detection of aflatoxin B1 in peanut [J]. J Hazard Mater, 2020, 387: 122001.

[12] Duan Y Y, Wang N, Huang Z X, et al. Electrochemical endotoxin aptasensor based on a metal-organic framework labeled analytical platform [J]. Mater Sci Eng, C, 2020, 108: 110501.

[13] Han Z, Tang Z M, Jiang K Q, et al. Dual-target electrochemical aptasensor based on co-reduced molybdenum disulfide and Au NPs ($rMoS_2$-Au) for multiplex detection of mycotoxins [J]. Biosens Bioelectron, 2020, 150: 111894.

[14] Ren R H, Shi K, Yang J M. DNA three way junction-mediated recycling amplification for sensitive electrochemical monitoring of uracil-DNA glycosylase activity and inhibition [J]. Sens Actuators, B, 2018, 258: 783-788.

[15] Zheng W X, Liu X Y, Li Q W, et al. A simple electrochemical aptasensor for saxitoxin detection [J]. RSC Adv, 2022, 12 (37): 23801-23807.

[16] Zhang X Y, Song C X, Yang K, et al. Photoinduced regeneration of an aptamer-based electrochemical sensor for sensitively detecting adenosine triphosphate [J]. Anal Chem, 2018, 90: 4968-4971.

[17] Gao XL, Sun Z C, Wang X Y, et al. Construction of a ratiometric electrochemical aptasensor based on graphdiyne-methylene blue and Fc-labeled hairpin for cyclic signal amplification detection of kanamycin [J]. Sens Actuators, B, 2022, 373: 132706.

[18] Swensen J S, Xiao Y, Ferguson B S, et al. Continuous, real-time monitoring of cocaine in undiluted blood serum via a microfluidic, electrochemical aptamer-based sensor [J]. J Am Chem Soc, 2009,

131: 4262-4266.
[19] Arroyo-Currás N, Somerson J, Vieira P A, et al. Real-time measurement of small molecules directly in awake, ambulatory animals [J]. Proc Natl Acad Sci, U. S. A., 2017, 114: 645-650.
[20] Song J, Li S L, Gao F, et al. An in situ assembly strategy for the construction of a sensitive and reusable electrochemical aptasensor [J]. Chem Commun, 2019, 55: 905-908.
[21] Li Y, Hu M Y, Huang X Y, et al. Multicomponent zirconium-based metal-organic frameworks for impedimetric aptasensing of living cancer cells [J]. Sens Actuators, B, 2020, 306: 127608.
[22] Wang S Z, McGuirk C M, Ross M B, et al. General and direct method for preparing oligonucleotide-functionalized metal-organic framework nanoparticles [J]. J Am Chem Soc, 2017, 139: 9827-9830.
[23] Sun Z W, Wang L, Wu S, et al. An electrochemical biosensor designed by using Zr-based metal-organic frameworks for the detection of glioblastoma-derived exosomes with practical application [J]. Anal Chem, 2020, 92: 3819-3826.
[24] Coulouarn C, Factor V M, Andersen J B, et al. Loss of miR-122 expression in liver cancer correlates with suppression of the hepatic phenotype and gain of metastatic properties [J]. Oncogene, 2009, 28: 3526-3536.
[25] Xu P, Guo A L, Xu J C, et al. Evaluation of a combinational use of serum microRNAs as biomarkers for liver diseases [J]. Clin Res Hepatol Gastroenterol, 2017, 41: 254-261.
[26] Lin H X, Ewing L E, Koturbash I, et al. MicroRNAs as biomarkers for liver injury: Current knowledge, challenges and future prospects [J]. Food Chem Toxicol, 2017, 110: 229-239.
[27] Amr K S, Atia H A E, Elbnhawy R A E, et al. Early diagnostic evaluation of miR-122 and miR-224 as biomarkers for hepatocellular carcinoma [J]. Gene Dis, 2017, 4: 215-221.
[28] Wei X, Liu H, Li X, et al. Over-expression of MiR-122 promotes apoptosis of hepatocellular carcinoma via targeting TLR4 [J]. Ann Hepatol, 2019, 18 (6): 869-878.
[29] Labib M, Khan N, Ghobadloo S M, et al. Three-mode electrochemical sensing of ultralow microRNA levels [J]. J Am Chem Soc, 2013, 135: 3027-3038.
[30] Gao F, Song J, Zhang B, et al. Synthesis of core-shell structured Au@Bi_2S_3 nanorod and its application as DNA immobilization matrix for electrochemical biosensor construction [J]. Chin Chem Lett, 2020, 31: 181-184.
[31] Xie H, Di K L, Huang R R, et al. Extracellular vesicles based electrochemical biosensors for detection of cancer cells: a review [J]. Chin Chem Lett, 2020, 31 (7): 1737-1745.
[32] Luo J, Li T, Yang M H. Detection protein biomarker with gold nanoparticles functionalized hollow mesoporous Prussian blue nanoparticles as electrochemical probes [J]. Chin Chem Lett, 2020, 31 (1): 202-204.
[33] García T, Revenga-Parra M, Abruña H D, et al. Single-mismatch position-sensitive detection of DNA based on a bifunctional ruthenium complex [J]. Anal Chem, 2008, 80: 77-84.
[34] Song J, Ni J C, Wang Q H, et al. A planar and uncharged copper (Ⅱ)-picolinic acid chelate: its intercalation to duplex DNA by experimental and theoretical studies and electrochemical sensing application [J]. Biosen Bioelectron, 2019, 141: 111405.
[35] Zhang D C, Yan Y R, Que H Y, et al. CRISPR/Cas12a-mediated interfacial cleaving of hairpin DNA

reporter for electrochemical nucleic acid sensing [J]. ACS Sens, 2020, 5 (2): 557-562.
[36] Hasegawa Y, Takada T, Nakamura M, et al. Ferrocene conjugated oligonucleotide for electrochemical detection of DNA base mismatch [J]. Bioorg Med Chem Lett, 2017, 27 (15): 3555-3557.
[37] Itaya K, Uchida I, Neff V D. Electrochemistry of polynuclear transition metal cyanides: prussian blue and its analogues [J]. Acc Chem Res, 1986, 19: 162-168.
[38] 张国正，梁岩，蔺亚晖，等．高敏心肌肌钙蛋白Ⅰ浓度及变化诊断急性心肌梗死的中国人群临床应用研究 [J]. 中国循环杂志，2019，34 (1)：44-49.
[39] Mokhtari Z, Khajehsharifi H, Hashemnia S, et al. Evaluation of molecular imprinted polymerized methylene blue/aptamer as a novel hybrid receptor for Cardiac Troponin Ⅰ (cTnⅠ) detection at glassy carbon electrodes modified with new biosynthesized ZnONPs [J]. Sens Actuators, B, 2020, 320: 128316.
[40] Bao C Z, Liu X, Shao X R, et al. Cardiac troponin I photoelectrochemical sensor: $\{Mo_{368}\}$ as electrode donor for Bi_2S_3 and Au co-sensitized FeOOH composite [J]. Biosens Bioelectron, 2020, 157: 112157.
[41] Kar P, Pandey A, Greer J J, et al. Ultrahigh sensitivity assays for human cardiac troponin Ⅰ using TiO_2 nanotube arrays [J]. Lab Chip, 2012, 12 (4): 821-828.
[42] Apple F S, Falahati A, Paulsen P R, et al. Improved detection of minor ischemic myocardial injury with measurement of serum cardiac troponin Ⅰ [J]. Clin Chem, 1997, 43 (11): 2047-2051.
[43] 广宇，申有名．基于双醛基功能化离子液体构建电化学免疫传感器 [J]，分析试验室，2020，39 (1)：62-66.
[44] Gao F, Song J, Zhang B, et al. Synthesis of core-shell structured Au@Bi_2S_3 nanorod and its application as DNA immobilization matrix for electrochemical biosensor construction [J]. Chin Chem Lett, 2020, 31 (1): 181-184.
[45] Eggers P K, Darwish N, Paddon-Row M N, et al. Surface-bound molecular rulers for probing the electrical double layer [J]. J Am Chem Soc, 2012, 134 (17): 7539-7544.
[46] Chen D M, Li B, Jiang L, et al. Highly efficient colorimetric detection of cancer cells utilizing Fe-MIL-101 with intrinsic peroxidase-like catalytic activity over a broad pH range [J]. RSC Adv, 2015, 5 (119): 97910-97917.
[47] Tang X Q, Zhang Y D, Jiang Z W, et al. Fe_3O_4 and metal-organic framework MIL-101 (Fe) composites catalyze luminol chemiluminescence for sensitively sensing hydrogen peroxide and glucose [J]. Talanta, 2018, 179: 43-50.
[48] Song J, Li S, Gao F, et al. An in situ assembly strategy for the construction of a sensitive and reusable electrochemical aptasensor [J]. Chem Commun, 2019, 55 (7): 905-908.
[49] Lin T X, Lai P X, Mao J Y, et al. Supramolecular aptamers on graphene oxide for efficient inhibition of thrombin activity [J]. Front Chem, 2019, 7: 280.
[50] Pourreza N, Ghomi M. Hydrogel based aptasensor for thrombin sensing by Resonance Rayleigh Scattering [J]. Anal Chim Acta, 2019, 1079: 180-191.
[51] Wang C, Sun L, Zhao Q. A simple aptamer molecular beacon assay for rapid detection of aflatoxin B1 [J]. Chin Chem Lett, 2019, 30 (5): 1017-1020.
[52] Sun D, Lu J, Zhang L, et al. Aptamer-based electrochemical cytosensors for tumor cell detection in

cancer diagnosis: A review [J]. Anal Chim Acta, 2019, 1082: 1-17.

[53] Ghorbani F, Abbaszadeh H, Dolatabadi J E N, et al. Application of various optical and electrochemical aptasensors for detection of human prostate specific antigen: A review [J]. Biosens Bioelectron, 2019, 142: 111484.

[54] Pol L, Acosta L K, Ferré-Borrull J, et al. Aptamer-based nanoporous anodic alumina interferometric biosensor for real-time thrombin detection [J]. Sensors, 2019, 19 (20): 4543.

[55] Wang X F, Zhang B H, Lu X Q, et al. Beraprost sodium, a stable analogue of PGI2, inhibits the renin-angiotensin system in the renal tissues of rats with chronic renal failure [J]. Kidney Blood Press Res, 2018, 43 (4): 1231-1244.

[56] Saa L, Díez-Buitrago B, Briz N, et al. CdS quantum dots generated in-situ for fluorometric determination of thrombin activity [J]. Microchim Acta, 2019, 186 (9): 657.

[57] Li C, Fan P, Liang A, et al. Using Ca-doped carbon dots as catalyst to amplify signal to determine ultratrace thrombin by free-label aptamer-SERS method [J]. Mater Sci Eng, C, 2019, 99: 1399-1406.

[58] Shi Z, Li G, Hu Y. Progress on the application of electrochemiluminescence biosensor based on nanomaterials [J]. Chin Chem Lett, 2019, 30 (9): 1600-1606.

[59] Yang Y Z, Wang Q X, Qiu W W, et al. Covalent immobilization of $Cu_3(btc)_2$ at chitosane-electroreduced graphene oxide hybrid film and its application for simultaneous detection of dihydroxybenzene isomers [J]. J Phys Chem C, 2016, 120: 9794-9803.

[60] Qiu W W, Gao F, Gao F, et al. Yolkeshell-structured SnO_2-C and poly-tyrosine composite films as an impedimetric "Signal-Off" sensing platform for transgenic soybean screening [J]. J Phys Chem C, 2019, 123 (30): 18685-18692.

[61] Chen S, Liu P, Su K, et al. Electrochemical aptasensor for thrombin using co-catalysis of hemin/G-quadruplex DNAzyme and octahedral Cu_2O-Au nanocomposites for signal amplification [J]. Biosens Bioelectron, 2018, 99: 338-345.

[62] Firooz S K, Armstrong D W. Metal-organic frameworks in separations: A review [J]. Anal Chim Acta, 2022: 340208.

[63] Molavi H, Shojaei A. Mixed-matrix composite membranes based on UiO-66-derived MOFs for CO_2 separation [J]. ACS Appl Mater Interfaces, 2019, 11 (9): 9448-9461.

[64] Kondo M, Yoshitomi T, Matsuzaka H, et al. Three-dimensional framework with channeling cavities for small molecules: $\{[M_2(4,4'\text{-bpy})_3(NO_3)_4]\cdot xH_2O\}_n$ (M=Co, Ni, Zn) [J]. Angew Chem Int Ed, 1997, 36 (16): 1725-1727.

[65] Schneemann A, Bon V, Schwedler I, et al. Flexible metal-organic frameworks [J]. Chem Soc Rev, 2014, 43 (16): 6062-6096.

[66] Lin Z J, Lü J, Hong M, et al. Metal-organic frameworks based on flexible ligands (FL-MOFs): structures and applications [J]. Chem Soc Rev, 2014, 43 (16): 5867-5895.

[67] ZareKarizi F, Joharian M, Morsali A. Pillar-layered MOFs: functionality, interpenetration, flexibility and applications [J]. J Mater Chem, 2018, 6 (40): 19288-19329.

[68] Kumagai H, Akita-Tanaka M, Inoue K, et al. Metal-organic frameworks from copper dimers with cis-and trans-1, 4-cyclohexanedicarboxylate and cis-1, 3, 5-cyclohexanetricarboxylate [J]. Inorg Chem, 2007, 46 (15): 5949-5956.